# 微积分——经济应用数学

程贞敏　司婉婉　主　编
王小清　汤美润　副主编

中国财经出版传媒集团
经济科学出版社
Economic Science Press

**图书在版编目（CIP）数据**

微积分：经济应用数学/程贞敏，司婉婉主编 . --
北京：经济科学出版社，2022.6
ISBN 978 - 7 - 5218 - 3734 - 6

Ⅰ. ①微…　Ⅱ. ①程…②司…　Ⅲ. ①微积分 - 高等
学校 - 教材　Ⅳ. ①O172

中国版本图书馆 CIP 数据核字（2022）第 103099 号

责任编辑：赵泽蓬
责任校对：孙　晨　靳玉环
责任印制：邱　天

**微积分——经济应用数学**

程贞敏　司婉婉　主　编
王小清　汤美润　副主编
经济科学出版社出版、发行　新华书店经销
社址：北京市海淀区阜成路甲 28 号　邮编：100142
总编部电话：010 - 88191217　发行部电话：010 - 88191522
网址：www. esp. com. cn
电子邮箱：esp@ esp. com. cn
天猫网店：经济科学出版社旗舰店
网址：http: //jjkxcbs. tmall. com
北京时捷印刷有限公司印装
787 × 1092　16 开　15.75 印张　380000 字
2022 年 6 月第 1 版　2022 年 6 月第 1 次印刷
ISBN 978 - 7 - 5218 - 3734 - 6　定价：58.00 元
（图书出现印装问题，本社负责调换。电话：010 - 88191510）
（版权所有　侵权必究　打击盗版　举报热线：010 - 88191661
QQ：2242791300　营销中心电话：010 - 88191537
电子邮箱：dbts@ esp. com. cn）

本书感谢相关基金支持:

(1) 贵州省哲学社会科学规划一般课题"新时代贵州经济高质量发展与绿色发展耦合协调机制研究"(21GZYB11);

(2) 贵州大学文科研究一般项目"科技创新驱动高质量发展的影响因素研究"(GDYB2021021);

(3) 贵州大学文科研究一般项目"贵州省智慧城市高质量发展研究"(GDYB2021024);

(4) 贵州省哲学社会科学规划一般课题"新时代贵州培育良好营商环境研究"(19GZYB71);

(5) 贵州省教育厅高校人文社会科学研究项目"新时代下贵州省企业家精神培育的研究"(2018GH02)。

# PREFACE 前言

　　数学科学是一门基础课程，也是培养学生敏锐意识、思维逻辑能力、概括抽象能力的重要课程。换言之，数学科学要培养学生敏锐的头脑，使其善于从纷乱复杂的自然现象中提取规律，并用科学的语言表达出来，利用严谨的思辨和科学的研究模式去探索世界的奥秘。学生对数学知识的掌握和抽象逻辑思维能力的训练为后续课程的学习打下基础。

　　微积分是人类历史上的伟大思想成就之一，也是数学领域不可或缺的一个重要分支。其从酝酿到萌芽，到建立、发展、完善，凝结着两千多年来无数数学家的心血。本书面向经管类文科学生，对于微积分的讲解，其指导思想为：要求不降，门槛降低；目标持平，坡度减缓。选择具有典型意义推导来支持必要的逻辑性，尽可能辅以直观图像以利理解。整合资源，突出重点；提炼思想，兼顾技巧；繁简有致，掌握为本。总之，作者希望教材界面亲切，脉络清晰。杨朗（R. Courant）教授在《微分方程教程》的序言中写道："为了帮助读者掌握精神实质，我宁可有时讲得不太确切然而使人易懂，却不愿意讲得十分准确但使人难于理解。我对于建立一种逻辑上无懈可击的数学结构毫无兴趣，在那样的著作中，定义、定理和严格证明焊接成严密的铜墙铁壁，使得想穿越它而前进的读者望而生畏。……证明的真正作用，是让心目中的读者相信所讲内容是合理的。"这段话对作者的影响是很深的，并且把它总结为三个字："讲明白"，也就是本书所不懈追求的目标。

　　全书以函数、极限、微分、积分、微分方程、级数为主线索，突出数学在实际中的应用，突出数形结合，并能清楚展示用逻辑来构筑的、自下而上一层一层结构的数学知识体系。通过选取恰当的切入点，交替运用演绎与归纳方法将微积分的核心内容整合梳理成可伸可缩的具有包容性、便于理解掌握的教学逻辑链。本书专门设置章节来讲述数学在经济中的应用以及数学建模思想，以注重培养学生数学应用的能力。

本书在编者已经出版过的《微积分——经济应用数学》① 基础上进行重编与改进。感谢刘志刚、张喜娟、陈治老师对本书出版所做的工作。项凯标、周菊、江克花、徐志威、宋慧琳、姚良、黄智柯、王书博、雷鹏、张雨豪、曾进、杜前程、杨梅、李卓君、王迪迪、刘爽等也为本书做了大量有效的贡献，编者在此向他们真诚致谢。

本书成于众人之手，彼此轩轾有别，书中难免存在错误和不妥之处，恳请广大读者批评指正，编者一定虚心学习，以图进取。

**编者**

2021 年 11 月

---

① 刘志刚，张喜娟，程贞敏，任征. 微积分——经济应用数学 [M]. 北京：学苑出版社，2013.

# 内 容 简 介

　　本书根据编者多年教学经验，参照高等学校数学与统计学教学指导委员会发布的"经济管理类本科数学基础课程教学基本要求"，针对经管类、文科类学生学时少的教学特点，对微积分内容进行重新编排，从导数到微分，从一元到多元，内容循序渐进，兼顾基础薄弱的学生，例题及习题题型丰富，结构清晰，通俗易懂。同时应用微积分教程采用图文并茂的方式讲解了数学的应用，增加数学在经济学中的应用，介绍了微积分的主要知识内容。本书可作为高等学校经济管理类各专业微积分课程的教材或教学参考书，也可供与微积分课程相关人员查阅。

# CONT目录

# 第 1 章

# 函数的极限与连续

函数反映变量间的关系，微积分学以函数为研究对象。从研究函数局部的变化性质着手，进而从整体上认识函数。掌握好函数极限理论与方法对学好后续内容——导数的概念与应用、积分及其应用等有重要作用。微积分学研究函数的基本方法是极限的方法和局部线性化的方法。极限理论是微积分中所有重要概念的基础，函数的连续性要通过函数的极限来描述。

## 1.1 函数的极限的定义

函数的极限是一个重要的概念。微积分的基本概念都是在极限的基础上建立起来的。

### 1.1.1 极限定义

$$\lim_{x \to x_0} f(x) = A$$

定义：设 $y = f(x)$ 在 $x_0$ 的某去心邻域 $N^*(x_0, \delta_0)$ 内有定义，若 $\forall \varepsilon > 0$，$\exists \delta > 0 (\delta < \delta_0)$ 及常数 $A$，使当 $0 < |x - x_0| < \delta$ 时，有 $|f(x) - A| < \varepsilon$，则称 $y = f(x)$ 当 $x \to x_0$ 有极限 $A$，特别当 $A = 0$ 时，称 $f(x)$ 为无穷小量（$x \to x_0$）。

【例题 1.1.1】用极限的 $\varepsilon - \delta$ 定义验证以下函数极限。

$$\lim_{x \to 1} \frac{x^2 - 1}{x - 1} = 2$$

证：函数 $f(x) = \dfrac{x^2 - 1}{x - 1}$ 在点 $x = 1$ 没有定义，当 $x \to 1$ 时，$f(x)$ 的极限是否存在仅与去心邻域 $\mathring{U}(1, \delta)$ 内各点的函数值有关。事实上，对于任意给定的正数 $\varepsilon$，不等式 $\left| \dfrac{x^2 - 1}{x - 1} - 2 \right| < \varepsilon$ 在约去非零因子 $x - 1$ 之后，化简为 $|x - 1| < \varepsilon$。因此，只要取 $\delta = \varepsilon$，当 $0 < |x - 1| < \delta$ 时，$|f(x) - 2| < \varepsilon$ 恒成立，根据极限定义，可知：

$$\lim_{x \to 1} \frac{x^2 - 1}{x - 1} = 2$$

**【例题 1.1.2】** 若 $y = x^2$，如何取 $\delta$，可以使当 $|x - 2| < \delta$ 时恒有 $|y - 4| < 0.001$。

解：由于 $|y - 4| = |x^2 - 4| = |x - 2||x + 2|$，当 $x \to 2$ 时，不妨设 $1 < x < 3$，故有 $|x - 2||x + 2| < 5|x - 2|$，从要求 $|y - 4| < 0.001$，可得 $5|x - 2| < 0.001$，即：

$$|x - 2| < 0.0002$$

取 $\delta$ 不大于 0.0002 就能满足要求。

**【例题 1.1.3】**（2004 年·考研数三第 8 题）设 $f(x)$ 在 $(-\infty, +\infty)$ 内有定义，

且 $\lim_{x \to \infty} f(x) = a$，$g(x) = \begin{cases} f\left(\dfrac{1}{x}\right), & x \neq 0 \\ 0, & x = 0 \end{cases}$，则（    ）。

A. $x = 0$ 必是 $g(x)$ 的第一类间断点

B. $x = 0$ 必是 $g(x)$ 的第二类间断点

C. $x = 0$ 必是 $g(x)$ 的连续点

D. $g(x)$ 在点 $x = 0$ 处的连续性与 $a$ 的取值有关

答案：D

解：因为 $\lim_{x \to 0} g(x) = \lim_{x \to 0} f\left(\dfrac{1}{x}\right) = \lim_{u \to \infty} f(u) = a \left(\text{令 } u = \dfrac{1}{x}\right)$，

又 $g(0) = 0$，所以当 $a = 0$ 时，$\lim_{x \to 0} g(x) = 0$，即 $g(x)$ 在点 $x = 0$ 处连续，

当 $a \neq 0$ 时．$\lim_{x \to 0} g(x) \neq g(0)$，即 $x = 0$ 是 $g(x)$ 的第一类间断点，

因此，$g(x)$ 在点 $x = 0$ 处的连续性与 $a$ 的取值有关，故选 D。

**【例题 1.1.4】**（2016 年·考研数二第 20 题）设函数 $f(x) = \dfrac{x}{1 + x}$，$x \in [0, 1]$，定义函数列

$$f_1(x) = f(x)，f_2 = f(f_1(x)，\cdots，f_n(x)) = f(f_{n-1}(x))，\text{则 } f_n(x) = \underline{\hspace{2cm}}。$$

解：$f_1(x) = \dfrac{x}{1 + x}$，$f_2(x) = \dfrac{f_1(x)}{1 + f_1(x)} = \dfrac{\frac{x}{1+x}}{1 + \frac{x}{1+x}} = \dfrac{x}{1 + 2x}$，$f_3(x) = \dfrac{x}{1 + 3x}$，$\cdots$，

利用数学归纳法可得 $f_n(x) = \dfrac{x}{1 + nx}$。

## 1.1.2 重要函数极限 $\lim_{x \to 0} \dfrac{\sin x}{x} = 1$

函数 $f(x) = \dfrac{\sin x}{x}$ 是仅在点 $x = 0$ 处无定义的偶函数。当自变量 $x \to 0$ 的过程中，函数值 $f(x)$ 的变化趋势。由于 $f(x) = f(-x)$，所以 $x$ 从左右两方趋于 0 时，即 $x \to 0^+$ 与 $x \to 0^-$ 时，函数的变化趋势相同。

**【例题 1.1.5】** 求下列函数的极限。

（1）$\lim\limits_{x\to 0}\dfrac{\sin 3x}{x}$

解：令 $u=3x$，当 $x\to 0$ 时 $u\to 0$，故 $\lim\limits_{x\to 0}\dfrac{\sin 3x}{x}=\lim\limits_{x\to 0}\dfrac{3\sin 3x}{3x}=\lim\limits_{u\to 0}3\dfrac{\sin u}{u}=3$。

（2）$\lim\limits_{x\to\frac{\pi}{2}}\dfrac{\cos x}{\dfrac{\pi}{2}-x}$

解：令 $u=\dfrac{\pi}{2}-x$，当 $x\to\dfrac{\pi}{2}$ 时 $u\to 0$，故 $\lim\limits_{x\to\frac{\pi}{2}}\dfrac{\cos x}{\dfrac{\pi}{2}-x}=\lim\limits_{x\to\frac{\pi}{2}}\dfrac{\sin\left(\dfrac{\pi}{2}-x\right)}{\dfrac{\pi}{2}-x}=\lim\limits_{u\to 0}\dfrac{\sin u}{u}=1$。

**【例题 1.1.6】** 写出圆内接正 $n$ 边形的面积 $S_n$，并求 $n\to\infty$ 时 $S_n$ 的极限。

解：圆内接正 $n$ 边形的面积 $S_n=n\cdot\dfrac{R^2}{2}\sin\dfrac{2\pi}{n}$

$$\lim_{n\to\infty}S_n=\frac{R^2}{2}\lim_{n\to\infty}n\cdot\sin\frac{2\pi}{n}=\frac{R^2}{2}\cdot 2\pi\cdot\lim_{n\to\infty}\frac{\sin\dfrac{2\pi}{n}}{\dfrac{2\pi}{n}}=\pi R^2$$

## 1.1.3　单侧极限（左极限与右极限）

若 $\lim\limits_{x\to x_0}f(x)=A$，意味着 $x$ 从点 $x_0$ 左侧（$x<x_0$），与 $x$ 从点 $x_0$ 右侧（$x>x_0$）趋向 $x_0$ 的两个变化过程中函数 $f(x)$ 趋于同一个值 $A$。函数在某点存在极限包含了对双侧变化趋势应当一致的要求。

当 $x$ 从点 $x_0$ 的左侧趋向 $x_0$（记作 $x\to x_0^-$ 或 $x\to x_0-0$）时，如果函数 $f(x)$ 无限接近于常数 $A$，称 $A$ 为函数 $f(x)$ 在点 $x_0$ 处的左极限，即：

$\forall\varepsilon>0$，$\exists\delta>0$，使当 $0<x_0-x<\delta$ 时，恒有 $|f(x)-A|<\varepsilon$，则：

$$\lim_{x\to x_0^-}f(x)=A \text{ 或 } f(x_0-0)=A$$

当 $x$ 从点 $x_0$ 的右侧趋向 $x_0$（记作 $x\to x_0^+$ 或 $x\to x_0+0$）时，如果函数 $f(x)$ 无限接近于常数 $A$，称 $A$ 为函数 $f(x)$ 在点 $x_0$ 处时的右极限，即：

$\forall\varepsilon>0$，$\exists\delta>0$，使当 $0<x-x_0<\delta$ 时，恒有 $|f(x)-A|<\varepsilon$，则：

$$\lim_{x\to x_0^+}f(x)=A \text{ 或 } f(x_0+0)=A$$

函数在点 $x_0$ 处的左右极限都是单侧极限。

显然，函数 $f(x)$ 在点 $x_0$ 处极限存在的充分必要条件是左极限与右极限各自存在并且相等。即：

$$\lim_{x\to x_0}f(x)=\lim_{x\to x_0^-}f(x)=\lim_{x\to x_0^+}f(x)$$

在点 $x_0$ 的去心邻域内有定义的函数 $f(x)$，如果 $f(x_0-0)$ 与 $f(x_0+0)$ 都存在但不相等；或者左极限与右极限中至少有一个不存在，就可以断言 $f(x)$ 在点 $x_0$ 处没有极限。观察函数 $f(x)=\dfrac{1}{x-1}$ 的图形（见图 1-1），从曲线可读出当 $x\to1^+$，$x\to1^-$ 以及 $x\to+\infty$，$x\to-\infty$ 时函数的变化趋势。还可以看到，当 $x\to1^+$ 时，$y\to+\infty$；当 $x\to1^-$ 时，$y\to-\infty$；当 $x\to+\infty$ 时，$y\to0$；当 $x\to-\infty$ 时，$y\to0$。

显然，直线 $x=1$ 与直线 $y=0$ 分别是曲线 $y=\dfrac{1}{x-1}$ 的铅直渐近线与水平渐近线。

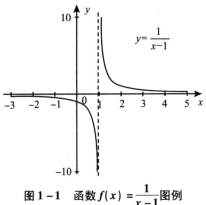

图 1-1　函数 $f(x)=\dfrac{1}{x-1}$ 图例

### 1.1.4　函数极限的性质和运算法则

（1）唯一性：若 $\lim f(x)$ 存在，则必唯一。

（2）局部有界性：若 $\lim\limits_{x\to x_0}f(x)=A$，则 $f(x)$ 在点 $x_0$ 处是局部有界的。

即，若 $\lim\limits_{x\to x_0}f(x)=A$，$\exists M>0$ 和 $\delta>0$，使得 $\forall x\in\mathring{U}(x_0,\delta)$，恒有 $|f(x)|<M$。

（3）局部保号性[①]。

若 $\lim\limits_{x\to x_0}f(x)=A\neq0$，则 $\exists\delta>0$，使得 $\forall x\in\mathring{U}(x_0,\delta)$，恒有 $f(x)$ 与 $A$ 同号。

推论：若 $\forall x\in\mathring{U}(x_0,\delta)$，都有 $f(x)\geq0$（或 $f(x)\leq0$），且 $\lim\limits_{x\to x_0}f(x)=A$ 则 $A\geq0$（或 $A\leq0$）。

（4）局部保序性。

若 $\lim\limits_{x\to x_0}f(x)=A$，$\lim\limits_{x\to x_0}g(x)=B$，且 $\forall x\in\mathring{U}(x_0,\delta)$ 都有 $f(x)\geq g(x)$，则 $A\geq B$。

（5）夹逼定理。

若①$\forall x\in\mathring{U}(x_0,\delta)$，有 $g(x)\leq f(x)\leq h(x)$；②$\lim\limits_{x\to x_0}g(x)=A$，$\lim\limits_{x\to x_0}h(x)=A$，那么

---

① 证：先设 $A>0$，取 $0<\varepsilon\leq A$，根据极限定义，对于取定的正数 $\varepsilon$，必定存在一个正数 $\delta$，使得 $\forall x\in\mathring{U}(x_0,\delta)$ 都能满足 $|f(x)-A|<\varepsilon$，即不等式 $A-\varepsilon<f(x)<A+\varepsilon$ 恒成立。由于 $A-\varepsilon\geq0$，则 $f(x)>0$，与 $A$ 同号。$A<0$ 的情形，同理可证。

则有 $\lim\limits_{x \to x_0} f(x) = A$。

（6）有理运算法则。

若 $\lim\limits_{x} f(x) = A$，$\lim\limits_{x} g(x) = B$，则有：

$$\lim_{x} [f(x) \pm g(x)] = \lim_{x} f(x) \pm \lim_{x} g(x) = A \pm B$$

$$\lim_{x} \frac{f(x)}{g(x)} = \frac{\lim\limits_{x} f(x)}{\lim\limits_{x} g(x)} = \frac{A}{B} \quad (B \neq 0)$$

$$\lim_{x} [f(x) \cdot g(x)] = \lim_{x} f(x) \cdot \lim_{x} g(x) = A \cdot B$$

$$\lim_{x} c f(x) = c \lim_{x} f(x) = cA$$

$$\lim_{x} [f(x)]^n = [\lim_{x} f(x)]^n = A^n \quad (n \in N)$$

式中，$\lim\limits_{x}$ 既可表示 $x \to x_0$（包含 $x \to x_0^-$ 与 $x \to x_0^+$）时的极限，又可表示当 $x \to \infty$（包含 $x \to +\infty$ 与 $x \to -\infty$）时的极限，等式两侧自变量 $x$ 属于同一变化过程。

（7）复合运算法则。

对于由 $y = y(u)$ 和 $u = u(x)$ 复合而成的函数 $y = y[u(x)]$，如果 $\lim\limits_{x \to x_0} u(x) = u_0$，$\lim\limits_{u \to u_0} y(u) = A$，且在 $x_0$ 的某去心邻域 $\mathring{U}(x_0, \delta_0)$ 中，都有 $u(x) \neq u_0$，当 $x \to x_0$ 时复合函数 $y = y[u(x)]$ 的极限存在，有：

$$\lim_{x \to x_0} y[u(x)] = \lim_{u \to u_0} y(u) = A^{①}$$

如果 $\lim\limits_{x \to \infty} u(x) = u_0$，且 $\lim\limits_{u \to u_0} y(u) = A$，同样有 $\lim\limits_{x \to \infty} y[u(x)] = A = \lim\limits_{u \to u_0} y(u)$

如果 $\lim\limits_{x \to x_0} u(x) = \infty$，且 $\lim\limits_{u \to \infty} y(u) = A$，同样有 $\lim\limits_{x \to x_0} y[u(x)] = A = \lim\limits_{u \to \infty} y(u)$

如果 $\lim\limits_{x \to \infty} u(x) = \infty$，且 $\lim\limits_{u \to \infty} y(u) = A$，同样有 $\lim\limits_{x \to \infty} y[u(x)] = A = \lim\limits_{u \to \infty} y(u)$

【例题 1.1.7】多项式函数 $f(x) = a_0 + a_1 x + a_2 x^2 + \cdots + a_n x^n = \sum\limits_{i=0}^{n} a_i x^i$，求：$\lim\limits_{x \to x_0} f(x)$。

解：$\lim\limits_{x \to x_0} f(x) = \lim\limits_{x \to x_0} \sum\limits_{i=0}^{n} a_i x^i = \sum\limits_{i=0}^{n} \lim\limits_{x \to x_0} a_i x^i = \sum\limits_{i=0}^{n} a_i (\lim\limits_{x \to x_0} x)^i = \sum\limits_{i=0}^{n} a_i x_0^i = f(x_0)$

只要把 $x_0$ 代入有理整函数中，即可求出当 $x \to x_0$ 时的多项式函数的极限。

如果有理分式函数 $F(x) = \dfrac{P(x)}{Q(x)}$ 的分子、分母都是多项式函数，且 $Q(x_0) \neq 0$，求当 $x \to x_0$ 时的极限，有：

---

① 证：由于 $\lim\limits_{u \to u_0} y(u) = A$，那么 $\forall \varepsilon > 0$，$\exists \eta > 0$ 使得当 $0 < |u - u_0| < \eta$ 时，恒有

$$|y(u) - A| < \varepsilon$$

又由于 $\lim\limits_{x \to x_0} u(x) = u_0$，对于前述正数 $\eta$，$\exists \delta_1 > 0$ 使得当 $0 < |x - x_0| < \delta_1$ 时，都有 $0 < |u(x) - u_0| < \eta$。

根据条件 $\forall x \in \mathring{U}(x_0, \delta_0)$，都有 $u(x) \neq u_0$，取 $\delta = \min(\delta_0, \delta_1)$，则 $\forall x \in \mathring{U}(x_0, \delta)$ 恒有 $0 < |u(x) - u_0| < \eta$，从而得 $|y[u(x)] - A| < \varepsilon$。故 $\lim\limits_{x \to x_0} y[u(x)] = A = \lim\limits_{u \to u_0} y(u)$。

$$\lim_{x \to x_0} F(x) = \frac{\lim\limits_{x \to x_0} P(x)}{\lim\limits_{x \to x_0} Q(x)} = \frac{P(x_0)}{Q(x_0)} = F(x_0)$$

如果 $Q(x_0) = 0$ 时，分式函数在 $x_0$ 处无定义，其极限值需要另外考虑。

**【例题 1.1.8】** 求下列函数极限。

（1）$\lim\limits_{x \to 2} \dfrac{x-2}{x^2-4}$

解：当 $x \to 2$ 时分子、分母都趋于 $0$，但 $x \to 2$ 时 $x \neq 2$。可约去公因子 $x-2$：

$$\lim_{x \to 2} \frac{x-2}{x^2-4} = \lim_{x \to 2} \frac{1}{x+2} = \frac{1}{4}$$

（2）$\lim\limits_{x \to 0} \dfrac{\sin(\tan x)}{\tan x}$

解：令 $u = \tan x$，则 $\lim\limits_{x \to 0} u = \lim\limits_{x \to 0} \tan x = 0$，根据复合函数求极限法则。

$$\lim_{x \to 0} \frac{\sin(\tan x)}{\tan x} = \lim_{u \to 0} \frac{\sin u}{u} = 1$$

（3）$\lim\limits_{x \to 0} \dfrac{\sin 2x}{x^2+3x}$

解：$\lim\limits_{x \to 0} \dfrac{\sin 2x}{x^2+3x} = \lim\limits_{x \to 0} \dfrac{\sin 2x}{x(x+3)} = \lim\limits_{x \to 0} \dfrac{\sin 2x}{2x} \cdot \lim\limits_{x \to 0} \dfrac{2}{x+3} = \dfrac{2}{3}$

（4）$\lim\limits_{x \to 0} \dfrac{\tan x}{x}$

解：$\lim\limits_{x \to 0} \dfrac{\tan x}{x} = \lim\limits_{x \to 0} \left( \dfrac{\sin x}{x} \cdot \dfrac{1}{\cos x} \right) = \lim\limits_{x \to 0} \dfrac{\sin x}{x} \cdot \lim\limits_{x \to 0} \dfrac{1}{\cos x} = 1$

（5）$\lim\limits_{x \to 0} \dfrac{1-\cos x}{x^2}$

解：$\lim\limits_{x \to 0} \dfrac{1-\cos x}{x^2} = \lim\limits_{x \to 0} \dfrac{2\sin^2 \frac{x}{2}}{x^2} = \dfrac{1}{2} \lim\limits_{x \to 0} \left( \dfrac{\sin \frac{x}{2}}{\frac{x}{2}} \right) = \dfrac{1}{2}$

## 1.2 无穷小与无穷大

### 1.2.1 无穷小

#### 1.2.1.1 无穷小量的概念

在确定变化过程中以零为极限的函数称为无穷小。不要把无穷小与很小的常数混为一谈。

定义：当 $x \to x_0$（或 $x \to \infty$）时，如果 $\lim f(x) = 0$，称函数 $f(x)$ 为当 $x \to x_0$（或 $x \to \infty$）时的无穷小。

按函数极限为零的定义，当 $x \to x_0$ 时 $f(x)$ 为无穷小的含义是：

$\forall \varepsilon > 0$，$\exists \delta > 0$，使当 $0 < |x - x_0| < \delta$ 时，恒有 $|f(x)| < \varepsilon$，则 $\lim\limits_{x \to x_0} f(x) = 0$。

当 $x \to \infty$ 时 $f(x)$ 为无穷小的含义是：

$\forall \varepsilon > 0$，$\exists X > 0$，使当 $|x| > X$ 时，恒有 $|f(x)| < \varepsilon$，$\lim\limits_{x \to \infty} f(x) = 0$。

无穷小的绝对值小于任意给定的正数，零是无穷小中唯一的常数。

### 1.2.1.2　函数极限与无穷小的关系

定理 1：在自变量的同一变化过程 $x \to x_0$（含 $x \to x_0^-$，$x \to x_0^+$），或者 $x \to \infty$（含 $x \to +\infty$，$x \to -\infty$）中，函数 $f(x)$ 具有极限 $A$ 的充分必要条件是 $f(x) = A + \alpha(x)$，$\alpha(x)$ 为同一变化过程的无穷小。

证：（1）必要性。

设 $\lim f(x) = A$，则 $\lim[f(x) - A] = 0$，令 $\alpha(x) = f(x) - A$，显然它是无穷小量，即 $f(x) = A + \alpha(x)$。

（2）充分性。

设 $f(x) = A + \alpha(x)$，其中 $\alpha(x)$ 是无穷小，即 $\lim \alpha(x) = 0$。

故 $\lim f(x) = \lim[A + \alpha(x)] = A$。

定理表明有极限的函数可以表示为其极限值与同一变化过程中一无穷小量的和。

### 1.2.1.3　无穷小的运算性质

定理 2：有限个无穷小的和（或乘积）也是无穷小。

定理 3：有界函数（含常数）与无穷小量的乘积也是无穷小[①]。

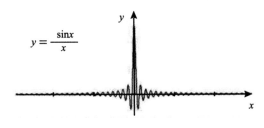

$y = \dfrac{\sin x}{x}$

**图 1 - 2　例题 1.2.1 $y = \dfrac{\sin x}{x}$ 图示**

---

① 证：设函数 $f(x)$ 在去心邻域 $\mathring{U}(x_0, \delta_1)$ 内有界，即 $\exists M > 0$，使得当 $0 < |x - x_0| < \delta_1$ 时都有 $|f(x)| < M$。
设 $\lim\limits_{x \to x_0} \alpha(x) = 0$，即 $\forall \varepsilon > 0$，$\exists \delta_2 > 0$，当 $0 < |x - x_0| < \delta_2$ 时，恒有 $|\alpha(x)| < \dfrac{\varepsilon}{M}$。取 $\delta = \min(\delta_1, \delta_2)$，则当 $0 < |x - x_0| < \delta$ 时，恒有 $|\alpha(x) f(x)| < \varepsilon$。
即 $\lim\limits_{x \to x_0} \alpha(x) f(x) = 0$，有界函数与无穷小的乘积仍是无穷小。

**【例题 1.2.1】** 求函数极限。

（1） $\lim\limits_{x\to\infty}\dfrac{\sin x}{x}$

解：$\lim\limits_{x\to\infty}\dfrac{\sin x}{x}=\lim\limits_{x\to\infty}\left(\sin x\cdot\dfrac{1}{x}\right)$，当 $x\to\infty$ 时，$\sin x$ 的极限不存在，但是有界函数，而 $\dfrac{1}{x}$ 是无穷小，故 $\lim\limits_{x\to\infty}\dfrac{\sin x}{x}=0$。

（2） $\lim\limits_{x\to0}x^2\cos\dfrac{1}{x}$

解：当 $x\to0$ 时，$x^2\to0$，$\cos\dfrac{1}{x}$ 无极限但有界。故 $\lim\limits_{x\to0}x^2\cos\dfrac{1}{x}=0$。

## 1.2.2 无穷大

### 1.2.2.1 无穷大量的概念

当 $x\to x_0$（或 $x\to\infty$）时，如果函数的绝对值 $|f(x)|$ 无限增大，大于任意给定的正数，就把函数 $f(x)$ 称为这一过程的无穷大。

当 $x\to x_0$ 时，$f(x)$ 为无穷大的含义：

$\forall M>0$，$\exists\delta>0$，使当 $0<|x-x_0|<\delta$ 时，恒有 $|f(x)|>M$，则 $\lim\limits_{x\to x_0}f(x)=\infty$。

当 $x\to\infty$ 时，$f(x)$ 为无穷大的含义：

$\forall M>0$，$\exists X>0$，使当 $|x|>X$ 时，恒有 $|f(x)|>M$，则 $\lim\limits_{x\to\infty}f(x)=\infty$。

函数 $f(x)=\dfrac{1}{x}$ 在 $x\to0^+$ 时趋于正无穷大，在 $x\to0^-$ 时趋于负无穷大，合并表述为当 $x\to0$ 时，$\left|\dfrac{1}{x}\right|\to\infty$，称 $\dfrac{1}{x}$ 为 $x\to0$ 时的无穷大。

函数 $f(x)=e^{\frac{1}{x}}$，在 $x\to0^+$ 和 $x\to0^-$ 的两个逼近过程中有完全不同的变化趋势，

$$\lim\limits_{x\to0^+}e^{\frac{1}{x}}=+\infty \text{ 而 } \lim\limits_{x\to0^-}e^{\frac{1}{x}}=\lim\limits_{x\to0^+}\dfrac{1}{e^{\frac{1}{x}}}=0$$

因此，$e^{\frac{1}{x}}$ 不是 $x\to0$ 时的无穷大（$e^{\frac{1}{x}}$ 是 $x\to0^+$ 时的无穷大，是 $x\to0^-$ 时的无穷小）。

一般来说，$f(x)$ 在 $x\to x_0$（或 $x\to\infty$）时是无穷大的充分必要条件是在 $x\to x_0^-$ 和 $x\to x_0^+$（或 $x\to-\infty$ 和 $x\to+\infty$）时都是无穷大。

$$\lim\limits_{x\to0^+}\dfrac{1}{x^2}=\lim\limits_{x\to0^-}\dfrac{1}{x^2}=+\infty$$

无穷大也是依赖自变量的一个变化过程的变量，不可与一个很大的数混为一谈。无界函数不一定是无穷大。

### 1.2.2.2　无穷大与无穷小的关系——互为倒数

定理 4：当 $x \to x_0$（或 $x \to \infty$）时，若 $f(x)$ 为无穷大，它的倒数 $\dfrac{1}{f(x)}$ 为无穷小。反之，当 $x \to x_0$（或 $x \to \infty$）时，若 $f(x)$ 为不等于零的无穷小，则 $\dfrac{1}{f(x)}$ 为无穷大。

例如：$\lim\limits_{x \to 1}(x-1) = 0$ 当 $x \to 1$ 时，$x-1$ 是无穷小。而 $\lim\limits_{x \to 1^+} \dfrac{1}{x-1} = +\infty$，$\lim\limits_{x \to 1^-} \dfrac{1}{x-1} = -\infty$，即当 $x \to 1$ 时，$\dfrac{1}{x-1}$ 是无穷大。$x = 1$ 是函数 $y = \dfrac{1}{x-1}$ 图形的铅直渐近线。

一般地说，如果 $\lim\limits_{x \to x_0} f(x) = \infty$（或者只有 $\lim\limits_{x \to x_0^-} f(x) = \infty$，或者只有 $\lim\limits_{x \to x_0^+} f(x) = \infty$）则 $x = x_0$ 是函数 $y = f(x)$ 图形的铅直渐近线。

### 1.2.2.3　无穷大的运算性质

定理 5：有限个无穷大的乘积是无穷大。

两个无穷大量的代数和不一定是无穷大量。$\infty - \infty$ 是不定型极限。

定理 6：无穷大与有界量之和是无穷大。

无穷大量与有界量的乘积，也不一定是无穷大。$0 \cdot \infty$ 也是不定型极限。

【例题 1.2.2】（2004 年·考研数三第 15 题）求 $\lim\limits_{x \to 0}\left(\dfrac{1}{\sin^2 x} - \dfrac{\cos^2 x}{x^2}\right)$。

解：$\lim\limits_{x \to 0}\left(\dfrac{1}{\sin^2 x} - \dfrac{\cos^2 x}{x^2}\right) = \lim\limits_{x \to 0} \dfrac{x^2 - \sin^2 x \cos^2 x}{x^2 \sin^2 x}$

$$= \lim\limits_{x \to 0} \dfrac{x^2 - \dfrac{1}{4}\sin^2 2x}{x^4} = \lim\limits_{x \to 0} \dfrac{2x - \dfrac{1}{2}\sin 4x}{4x^3}$$

$$= \lim\limits_{x \to 0} \dfrac{1 - \cos 4x}{6x^2} = \lim\limits_{x \to 0} \dfrac{\dfrac{1}{2}(4x)^2}{6x^2} = \dfrac{4}{3}$$

## 1.2.3　两个无穷小的比较

虽然无穷小都是以零为极限的函数，但在自变量的同一变化过程中，函数趋于零的快慢不同。计算在这一变化过程中两个无穷小商的极限，根据得到的极限值，可以比较这两个无穷小。

例如：当 $x \to 0$ 时，$2x$，$x^2$，$\sin x$，$1 - \cos x$，$\tan 2x$ 都是无穷小，而：

$$\lim\limits_{x \to 0} \dfrac{x^2}{2x} = 0, \quad \lim\limits_{x \to 0} \dfrac{\sin x}{x^2} = \infty, \quad \lim\limits_{x \to 0} \dfrac{1 - \cos x}{x^2} = \dfrac{1}{2}, \quad \lim\limits_{x \to 0} \dfrac{2x}{\tan 2x} = 1$$

两个无穷小商的极限，对这两个函数在同一变化过程中趋于零的快慢做出了比较。

设函数 $\alpha(x)$、$\beta(x)$ 是同一变化过程中的无穷小，其中 $\alpha(x)\neq 0$，$\lim\dfrac{\beta}{\alpha}$ 是这个变化过程中两个无穷小商的极限：

若 $\lim\dfrac{\beta}{\alpha}=0$，就称 $\beta$ 是比 $\alpha$ 高阶的无穷小，记作 $\beta=o(\alpha)$；

若 $\lim\dfrac{\beta}{\alpha}=\infty$，就称 $\beta$ 是比 $\alpha$ 低阶的无穷小；

若 $\lim\dfrac{\beta}{\alpha}=c\neq 0$，就称 $\beta$ 与 $\alpha$ 是同阶无穷小；

若 $\lim\dfrac{\beta}{\alpha^k}=c\neq 0 \quad k>0$，就称 $\beta$ 是关于 $\alpha$ 的 $k$ 阶无穷小；

若 $\lim\dfrac{\beta}{\alpha}=1$，就称 $\beta$ 与 $\alpha$ 是等价无穷小，记作 $\beta\sim\alpha$。

**【例题 1.2.3】** 当 $x\to 0$ 时，试比较下列无穷小：

（1） $x^3+3x^2$ 和 $3x^2$

解：由于 $\lim\limits_{x\to 0}\dfrac{x^3+3x^2}{3x^2}=\lim\limits_{x\to 0}\left(\dfrac{x}{3}+1\right)=1$，故 $x^3+3x^2\sim 3x^2$。

（2） $\arctan x$ 和 $x$

解：令 $x=\tan u$，则 $u=\arctan x$，当 $x\to 0$ 时，$u\to 0$

$$\lim\limits_{x\to 0}\frac{\arctan x}{x}=\lim\limits_{u\to 0}\frac{u}{\tan u}=\lim\limits_{u\to 0}\left(\frac{u}{\sin u}\cdot\cos u\right)=\lim\limits_{u\to 0}\frac{u}{\sin u}\cdot\lim\limits_{u\to 0}\cos u=1$$

所以 $\arctan x\sim x$。

整理前面做过的极限计算，已然得到了当 $x\to 0$ 时的 5 对等价无穷小：

$$\sin x\sim x,\ \tan x\sim x,\ 1-\cos x\sim\frac{x^2}{2},\ \arcsin x\sim x,\ \arctan x\sim x$$

定理 7：若 $\alpha$，$\beta$，$\alpha'$，$\beta'$ 都是无穷小，其中 $\alpha\sim\alpha'$，$\beta\sim\beta'$，且 $\lim\dfrac{\beta'}{\alpha'}$ 存在，则 $\lim\dfrac{\beta}{\alpha}=\lim\dfrac{\beta'}{\alpha'}$。

证：由于 $\lim\dfrac{\alpha}{\alpha'}=\lim\dfrac{\beta'}{\beta}=1$，故 $\lim\dfrac{\beta}{\alpha}=\lim\dfrac{\beta}{\alpha}\cdot\dfrac{\alpha}{\alpha'}\cdot\dfrac{\beta'}{\beta}=\lim\dfrac{\beta'}{\alpha'}$。

这个定理意味着：求两个无穷小之比的极限时，可用等价无穷小置换乘积因子中的无穷小。为计算函数极限提供了一种便捷的方法。

**【例题 1.2.4】** 当 $x\to 1$ 时，无穷小 $1-x$ 与无穷小 $1-x^3$ 是什么关系？

解：由于 $\lim\limits_{x\to 1}\dfrac{1-x^3}{1-x}=\lim\limits_{x\to 1}(1+x+x^2)=3$，故当 $x\to 1$ 时，$1-x$ 与 $1-x^3$ 是同阶无穷小。

**【例题 1.2.5】** 求函数极限。

（1） $\lim\limits_{x\to 0}\dfrac{\tan x}{x^2+2x}$

解：当 $x \to 0$ 时，有 $\tan x \sim x$，故 $\lim\limits_{x \to 0} \dfrac{\tan x}{x^2 + 2x} = \lim\limits_{x \to 0} \dfrac{x}{x(x+2)} = \dfrac{1}{2}$

（2）$\lim\limits_{x \to 0} \dfrac{\sin(x^n)}{(\sin x)^m}$，$n$，$m \in \mathbf{N}$

解：当 $x \to 0$ 时，有 $\sin(x^n) \sim x^n$，$\sin x \sim x$，故：

$$\lim\limits_{x \to 0} \frac{\sin(x^n)}{(\sin x)^m} = \lim\limits_{x \to 0} \frac{x^n}{x^m} = \begin{cases} 0 & (n > m) \\ 1 & (n = m) \\ \infty & (n < m) \end{cases}$$

（3）$\lim\limits_{x \to a} \dfrac{\sin(x-a)}{x^2 - a^2}$　$(a \neq 0)$

解：当 $x \to a$ 时，有 $\sin(x-a) \sim (x-a)$，故：

$$\lim\limits_{x \to a} \frac{\sin(x-a)}{x^2 - a^2} = \lim\limits_{x \to a} \frac{x-a}{x^2 - a^2} = \lim\limits_{x \to a} \frac{1}{x+a} = \frac{1}{2a}$$

（4）$\lim\limits_{x \to 0} \dfrac{\cos bx - \cos ax}{x^2}$

解：$\lim\limits_{x \to 0} \dfrac{\cos bx - \cos ax}{x^2} = \lim\limits_{x \to 0} \left( \dfrac{1 - \cos ax}{x^2} - \dfrac{1 - \cos bx}{x^2} \right)$

$$= a^2 \lim\limits_{x \to 0} \frac{1 - \cos ax}{(ax)^2} - b^2 \lim\limits_{x \to 0} \frac{1 - \cos bx}{(bx)^2}$$

当 $x \to 0$ 时，有 $1 - \cos ax \sim \dfrac{(ax)^2}{2}$，故：

$$a^2 \lim\limits_{x \to 0} \frac{1 - \cos ax}{(ax)^2} - b^2 \lim\limits_{x \to 0} \frac{1 - \cos bx}{(bx)^2}$$

$$= \frac{a^2 - b^2}{2}$$

定理 8：$\beta$ 与 $\alpha$ 是等价无穷小的充分必要条件是 $\beta = \alpha + o(\alpha)$。

证：充分性：若 $\beta = \alpha + o(\alpha)$，则 $\lim \dfrac{\beta}{\alpha} = \lim \dfrac{\alpha + o(\alpha)}{\alpha} = \lim \left[ 1 + \dfrac{o(\alpha)}{\alpha} \right] = 1$，即 $\beta \sim \alpha$。

必要性：若 $\lim \dfrac{\beta}{\alpha} = 1$，则 $\lim \left( \dfrac{\beta}{\alpha} - 1 \right) = \lim \dfrac{\beta - \alpha}{\alpha} = 0$，即 $\beta - \alpha = o(\alpha)$，故 $\beta = \alpha + o(\alpha)$

由此可知，$\sin x = x + o(x)$，$1 - \cos x = \dfrac{x^2}{2} + o\left( \dfrac{x^2}{2} \right)$ 即 $\cos x = 1 - \dfrac{x^2}{2} - o\left( \dfrac{x^2}{2} \right)$。

**【例题 1.2.6】**（2016 年·考研数二第 1 题）当 $x \to 0^+$ 时，若 $\ln^a(1+2x)$，$(1 - \cos x)^{\frac{1}{a}}$，均是比 $x$ 高阶的无穷小，则 $\alpha$ 的可能取值范围是多少？

解：$\ln^a(1+2x) \sim 2^a x^a$，是 $\alpha$ 阶无穷小，$(1 - \cos x)^{\frac{1}{a}} \sim \dfrac{1}{2^{\frac{1}{a}}} x^{\frac{2}{a}}$ 是 $\dfrac{2}{a}$ 阶无穷小，由题意

可知 $\begin{cases} a > 1 \\ \dfrac{2}{a} > 1 \end{cases}$，

所以 $\alpha$ 的可能取值范围是（1，2）。

## 1.3 数 e

### 1.3.1 数列 $x_n = \left(1 + \dfrac{1}{n}\right)^n$ 单调增加并有界

为了肯定这个数列收敛，存在极限，根据定理3，需要证明这个数列既单调又是有界的。利用二项式定理将数列通项展开：

$$x_n = \left(1 + \frac{1}{n}\right)^n = 1 + n \cdot \frac{1}{n} + \frac{n(n-1)}{2!} \cdot \frac{1}{n^2} + \frac{n(n-1)(n-2)}{3!} \cdot \frac{1}{n^3} + \cdots + \frac{n!}{n!} \cdot \frac{1}{n^n}$$

$$= 1 + 1 + \frac{1}{2!}\left(1 - \frac{1}{n}\right) + \frac{1}{3!}\left(1 - \frac{1}{n}\right)\left(1 - \frac{2}{n}\right) + \cdots + \frac{1}{n!}\left(1 - \frac{1}{n}\right)\left(1 - \frac{2}{n}\right)\cdots\left(1 - \frac{n-1}{n}\right)$$

类似地，

$$x_{n+1} = \left(1 + \frac{1}{n+1}\right)^{n+1} = 1 + 1 + \frac{1}{2!}\left(1 - \frac{1}{n+1}\right) + \frac{1}{3!}\left(1 - \frac{1}{n+1}\right)\left(1 - \frac{2}{n+1}\right) + \cdots$$

$$+ \frac{1}{n!}\left(1 - \frac{1}{n+1}\right)\left(1 - \frac{2}{n+1}\right)\cdots\left(1 - \frac{n-1}{n+1}\right) + \frac{1}{(n+1)!}\left(1 - \frac{1}{n+1}\right)\left(1 - \frac{2}{n+1}\right)\cdots\left(1 - \frac{n}{n+1}\right)$$

比较 $x_{n+1}$ 与 $x_n$ 的展开式，除了前两项外，$x_{n+1}$ 的每一项都大于 $x_n$ 的对应项，$x_{n+1}$ 还多了大于零的最后一项，所以 $x_n < x_{n+1}$，即此数列单调增加。

将 $x_n$ 展开式中各项小括号内的数全用 1 代替，放大等式右侧，得不等式：

$$x_n < 1 + 1 + \frac{1}{2!} + \frac{1}{3!} + \cdots + \frac{1}{n!}$$

而 $\dfrac{1}{2!} = \dfrac{1}{2^{2-1}}$，$\dfrac{1}{3!} < \dfrac{1}{2^{3-1}}$，$\cdots$，$\dfrac{1}{n!} < \dfrac{1}{2^{n-1}}$，继续放大不等式右侧，得：

$$x_n < 1 + 1 + \frac{1}{2} + \frac{1}{2^2} + \cdots + \frac{1}{2^{n-1}}$$

$$x_n < 1 + \left[1 + \frac{1}{2} + \frac{1}{2^2} + \cdots + \frac{1}{2^{n-1}} + \frac{1}{2^n} + \cdots\right] = 3$$

所以 $x_n < 3(\forall n \in \mathbf{N})$，表明数列有界。

### 1.3.2 数 e

单调有界数列必收敛，所以数列 $x_n = \left(1 + \dfrac{1}{n}\right)^n$ 的极限存在，用 e 表示这个极限：

$$\lim_{n \to \infty} \left(1 + \frac{1}{n}\right)^n = e = 2.7182818284590452354\cdots$$

以 e 为底的对数称为自然对数（natural logarithm），记作 $\ln x = \log_e x$，与指数函数 $e^x$ 互为反函数。

### 1.3.3　当 $x \to \infty$ 时，函数 $f(x) = \left(1 + \dfrac{1}{x}\right)^x$ 的极限

下面将证明 $\lim\limits_{x \to \infty} \left(1 + \dfrac{1}{x}\right)^x = e$，为此先证 $\lim\limits_{x \to +\infty} \left(1 + \dfrac{1}{x}\right)^x = e$。

设 $[x] = n$，则 $n \leqslant x < n + 1$，有：

$$\left(1 + \frac{1}{n+1}\right)^n < \left(1 + \frac{1}{x}\right)^x < \left(1 + \frac{1}{n}\right)^{n+1}$$

当 $x$ 与 $n$ 同步趋向 $+\infty$ 时，

$$\lim_{n \to +\infty} \left(1 + \frac{1}{n+1}\right)^n = \lim_{n \to +\infty} \frac{\left(1 + \dfrac{1}{n+1}\right)^{n+1}}{\left(1 + \dfrac{1}{n+1}\right)} = e, \quad \lim_{n \to +\infty} \left(1 + \frac{1}{n}\right)^{n+1} = \lim_{n \to +\infty} \left(1 + \frac{1}{n}\right)^n \left(1 + \frac{1}{n}\right) = e$$

根据极限的夹逼定理，可知：

$$\lim_{x \to +\infty} \left(1 + \frac{1}{x}\right)^x = e$$

$$\text{再求} \lim_{x \to -\infty} \left(1 + \frac{1}{x}\right)^x$$

令 $x = -(u+1)$，则 $u = -x + 1$，$x \to -\infty$，$u \to +\infty$

故：

$$\lim_{x \to -\infty} \left(1 + \frac{1}{x}\right)^x = \lim_{u \to +\infty} \left(\frac{u}{1+u}\right)^{-(u+1)}$$

$$= \lim_{u \to +\infty} \left(1 + \frac{1}{u}\right)^{u+1} = e$$

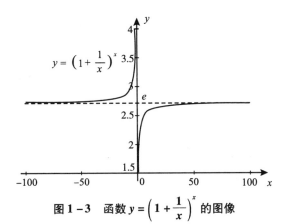

图 1-3　函数 $y = \left(1 + \dfrac{1}{x}\right)^x$ 的图像

综上所述，有：

$$\lim_{x \to \infty} \left(1 + \frac{1}{x}\right)^x = e$$

这个极限更一般的结论是：如果 $\lim \alpha(x) = 0$（即无论 $x \to x_0$ 还是 $x \to \infty$，$\alpha(x)$ 是无穷小），则有：

$$\lim \left[1 + \alpha(x)\right]^{\frac{1}{\alpha(x)}} = e$$

**【例题 1.3.1】**（2009 年·考研数三第 9 题）求极限 $\lim\limits_{x \to 0} \dfrac{e - e^{\cos x}}{\sqrt[3]{1 + x^2} - 1}$。

解：$\lim\limits_{x \to 0} \dfrac{e - e^{\cos x}}{\sqrt[3]{1 + x^2} - 1} = \lim\limits_{x \to 0} \dfrac{e(1 - e^{\cos x - 1})}{\sqrt[3]{1 + x^2} - 1} = \lim\limits_{x \to 0} \dfrac{e(1 - \cos x)}{\frac{1}{3}x^2} = \lim\limits_{x \to 0} \dfrac{e \cdot \frac{1}{2}x^2}{\frac{1}{3}x^2} = \dfrac{3}{2}e$

**【例题 1.3.2】** 讨论函数 $f(x) = \dfrac{e^{1/x} - 1}{e^{1/x} + 1}$ 在 $x \to 0$ 时是否存在极限。

解：由 $\lim\limits_{x \to 0^-} \dfrac{1}{x} = -\infty$，得 $\lim\limits_{x \to 0^-} e^{1/x} = 0$；

而 $\lim\limits_{x \to 0^+} \dfrac{1}{x} = +\infty$，故 $\lim\limits_{x \to 0^+} e^{1/x} = +\infty$，$\lim\limits_{x \to 0^+} e^{-1/x} = 0$。

函数在 $x \to 0$ 时的左极限 $\lim\limits_{x \to 0^-} f(x) = \lim\limits_{x \to 0^-} \dfrac{e^{1/x} - 1}{e^{1/x} + 1} = \dfrac{0 - 1}{0 + 1} = -1$，

函数在 $x \to 0$ 时的右极限 $\lim\limits_{x \to 0^+} f(x) = \lim\limits_{x \to 0^+} \dfrac{e^{1/x} - 1}{e^{1/x} + 1} = \lim\limits_{x \to 0^+} \dfrac{1 - e^{-1/x}}{1 + e^{1/x}} = \dfrac{1 - 0}{1 + 0} = 1$，

因为 $\lim\limits_{x \to 0^-} f(x) \neq \lim\limits_{x \to 0^+} f(x)$，所以函数在 $x \to 0$ 时的极限不存在。

**【例题 1.3.3】**（2004 年·考研数三第 1 题）若 $\lim\limits_{x \to 0} \dfrac{\sin x}{e^x - a}(\cos x - b) = 5$，则 $a = $ _____，$b = $ _____。

解：因为 $\lim\limits_{x \to 0} \dfrac{\sin x}{e^x - a}(\cos x - b) = 5$，且 $\lim\limits_{x \to 0} \sin x \cdot (\cos x - b) = 0$，所以：

$\lim\limits_{x \to 0}(e^x - a) = 0$，得 $a = 1$，极限化为：

$\lim\limits_{x \to 0} \dfrac{\sin x}{e^x - a}(\cos x - b) = \lim\limits_{x \to 0} \dfrac{x}{x}(\cos x - b) = 1 - b = 5$，得 $b = -4$。

因此，$a = 1$，$b = -4$。

## 1.4  函数的连续性

### 1.4.1  函数在某点的连续性

连续（continuous）是间断、突变、跳跃、分立、离散的对立面。

在数轴上，点 $x_0$ 到邻近点 $x$ 的距离 $|\Delta x| = |x - x_0|$ 可以小于任意给定的正数 $\varepsilon$，显示了自变量 $x$ 变化的连续性。函数 $y = f(x)$ 在 $x_0$ 点的连续性应当这样来认识：

自变量增量（又称自变量的变化量）$\Delta x = x - x_0$ 将引起相应的函数增量（又称函数的变化量）$\Delta y = f(x) - f(x_0) = f(x_0 + \Delta x) - f(x_0)$

$\Delta x$ 变化，$\Delta y$ 将随之变化。如果自变量增量趋于零时函数增量也应趋于零，意味着函数在点 $x_0$ 处是连续的。换言之，函数在点 $x_0$ 处连续排除了在 $x_0$ 点附近自变量微小变化引发函数有限增值（突变）的情况。或者说在函数的连续点，自变量的增量是无穷小时，函数的增量也必须是无穷小（不一定同阶）。

定义 1：设函数 $y = f(x)$ 在点 $x_0$ 的某一邻域内有定义，与自变量增量 $\Delta x = x - x_0$ 趋于零对应的函数增量 $\Delta y = f(x) - f(x_0) = f(x_0 + \Delta x) - f(x_0)$ 也趋于零，就称函数 $y = f(x)$ 在点 $x_0$ 连续。否则，函数在点 $x_0$ 处间断。

在此定义中，$\Delta x \to 0$ 等同于 $x \to x_0$（$\Delta x$ 可正、可负、可为零），$\Delta y \to 0$ 等同于 $f(x) \to f(x_0)$，所以 $\lim\limits_{\Delta x \to 0} \Delta y = 0$，就是 $\lim\limits_{x \to x_0} f(x) = f(x_0)$。所以函数 $f(x)$ 在点 $x_0$ 处连续也可等价定义为：

定义 2：设函数 $y = f(x)$ 在 $U(x_0)$ 内有定义，如果当 $x \to x_0$ 时函数 $f(x)$ 的极限存在，且等于它在点 $x_0$ 处的函数值 $f(x_0)$，即满足 $\lim\limits_{x \to x_0} f(x) = f(x_0)$，则称函数 $f(x)$ 在点 $x_0$ 连续。

显然，函数 $f(x)$ 在点 $x_0$ 处连续必须满足三个条件：

（1）函数在（非去心）邻域 $U(x_0)$ 内有定义；

（2）当 $x \to x_0$ 时，函数的极限值 $\lim\limits_{x \to x_0} f(x)$ 存在；

（3）在点 $x_0$ 处，函数的极限值等于函数值 $\lim\limits_{x \to x_0} f(x) = f(x_0)$。

## 1.4.2　区间上的连续函数

如果函数 $f(x)$ 在开区间 $(a, b)$ 内每一点都连续，则称 $f(x)$ 是开区间 $(a, b)$ 内的连续函数。对于闭区间 $[a, b]$，还需要考虑函数在区间端点处的连续性，即建立在一点处函数单侧连续的概念。

如果 $\lim\limits_{x \to x_0^+} f(x) = f(x_0)$ 称函数 $f(x)$ 在点 $x_0$ 处右连续；如果 $\lim\limits_{x \to x_0^-} f(x) = f(x_0)$ 称函数 $f(x)$ 在点 $x_0$ 处左连续。

显然，函数 $f(x)$ 在点 $x_0$ 处既左连续又右连续，函数 $f(x)$ 在点 $x_0$ 处才连续。

若函数 $f(x)$ 在开区间 $(a, b)$ 内连续，又在闭区间 $[a, b]$ 的左端点 $x = a$ 处右连续，在右端点 $x = b$ 处左连续，则称 $f(x)$ 是闭区间 $[a, b]$ 上的连续函数。

函数 $y = f(x)$ 连续的几何表现是它的曲线连续而不间断。

通常将区间 $[a, b]$ 或 $(a, b)$ 上全体连续函数组成的集合表示为 $C[a, b]$ 或 $C(a, b)$。用记号 $f \in C(I)$ 表示函数 $f(x)$ 在区间 $I$ 上连续。

**【例题 1.4.1】** 证明函数 $y = \cos x$ 在定义域 $D(-\infty, +\infty)$ 内是连续函数。

证：在 $(-\infty, +\infty)$ 内任取一点 $x$，当 $x$ 有增量 $\Delta x$ 时，函数增量

$$\Delta y = \cos(x + \Delta x) - \cos x = -2\sin\left(x + \frac{\Delta x}{2}\right)\sin\frac{\Delta x}{2}$$

由于 $\left|-\sin\left(x + \frac{\Delta x}{2}\right)\right| \leqslant 1$，可知 $|\Delta y| \leqslant 2\left|\sin\frac{\Delta x}{2}\right|$

在 $\Delta x \to 0$ 时，$\sin\frac{\Delta x}{2} \sim \frac{\Delta x}{2}$，故 $\lim\limits_{\Delta x \to 0}\Delta y = \lim\limits_{\Delta x \to 0}2 \cdot \frac{\Delta x}{2} = 0$。

这就证明了对于任何 $x$ 值，函数 $y = \cos x$ 都是连续的。同理可证 $y = \sin x$ 在 $(-\infty, +\infty)$ 内也是连续函数。对于所有的基本初等函数，这里给出结论：基本初等函数在它们的定义域内都是连续的。

### 1.4.3　极限运算法则

#### 1.4.3.1　四则运算的连续性

由函数在某点连续的定义与极限的四则运算的法则，不难得出：

定理 1：有限个在某点连续函数的和与乘积是一个在该点连续的函数。

定理 2：两个在某点连续函数的商是一个在该点连续的函数，只要分母在该点不为零。

#### 1.4.3.2　反函数与直接函数的连续性

定理 3：如果函数 $y = f(x)$ 在区间 $[a, b]$ 上单调增（或单调减）且连续，那么它的反函数 $y = f^{-1}(x)$ 在对应区间 $[f(a), f(b)]$ 上也是单调增（或单调减）且连续。

#### 1.4.3.3　复合函数的极限运算与连续性

定理 4：函数 $u = u(x)$，$\lim\limits_{x \to x_0}u(x) = u(x_0) = u_0$，函数 $y = y(u)$，$\lim\limits_{u \to u_0}y(u) = y(u_0)$，则复合函数 $y = y[u(x)]$ 在 $x \to x_0$ 时的极限也存在，且有：

$$\lim\limits_{x \to x_0}y[u(x)] = y\left[\lim\limits_{x \to x_0}u(x)\right] = y(u_0)$$

这个定理表明，在求复合函数的极限时，连续函数的符号 $y$ 与极限号 $\lim$ 可以交换顺序。

上述定理 4 也适用于 $x \to \infty$ 的过程。将定理 4 作另一种表述，有：

定理 5：设函数 $u = u(x)$ 在点 $x_0$ 处连续，且 $u(x_0) = u_0$，而函数 $y = y(u)$ 在点 $u_0$ 处连续，那么复合函数 $y = y[u(x)]$ 在点 $x_0$ 处也连续。

证：在定理 4 中，令 $a = u_0 = u(x_0)$，有：

$$\lim\limits_{x \to x_0}y[u(x)] = y\left[\lim\limits_{x \to x_0}u(x)\right] = y[u(x_0)]$$

这个定理告诉我们，由若干连续函数迭置构造的复合函数，关于它的内核自变量仍是连续函数。

**【例题 1.4.2】**（2016 年·考研数三第 9 题）已知函数 $f(x)$ 满足 $\lim\limits_{x\to 0}\dfrac{\sqrt{1+f(x)\sin 2x}-1}{e^{3x}-1}=2$，则 $\lim\limits_{x\to 0}f(x)=$ _____。

答案：6

解：由等价无穷小替换得，$\lim\limits_{x\to 0}\dfrac{\frac{1}{2}f(x)\sin 2x}{3x}=2$，$\lim\limits_{x\to 0}\dfrac{\frac{1}{2}f(x)\cdot 2x}{3x}=2$。

因此 $\lim\limits_{x\to 0}f(x)=6$。

**【例题 1.4.3】**（2009 年·考研数三第 2 题）当 $x\to 0$ 时，$f(x)=x-\sin ax$ 与 $g(x)=x^2\ln(1-bx)$ 是等价无穷小，则（　　）。

A. $a=1$，$b=-\dfrac{1}{6}$　　　　　　　　B. $a=1$，$b=\dfrac{1}{6}$

C. $a=-1$，$b=-\dfrac{1}{6}$　　　　　　　 D. $a=-1$，$b=\dfrac{1}{6}$

答案：A

解：$f(x)=x-\sin ax$ 与 $q(x)=x^2\ln(1-bx)$ 是 $x\to 0$ 时的等价无穷小，则

$$\lim_{x\to 0}\frac{f(x)}{g(x)}=\lim_{x\to 0}\frac{x-\sin ax}{x^2\ln(1-bx)}=\lim_{x\to 0}\frac{x-\sin ax}{x^2\cdot(-bx)}$$

$$=\lim_{x\to 0}\frac{x-\sin ax}{-bx^3}=\lim_{x\to 0}\frac{1-a\cos ax}{-3bx^2}=\lim_{x\to 0}\frac{a^2\sin ax}{-6bx}$$

$$=\lim_{x\to 0}\left(-\frac{a^3}{6b}\right)\frac{\sin ax}{ax}=-\frac{a^3}{6b}=1$$

**【例题 1.4.4】**（2015 年·考研数三第 15 题）设函数 $f(x)=\pi+a\ln(1+x)+bx\sin x$，$g(x)=kx^3$，若 $f(x)$ 与 $g(x)$ 在 $x\to 0$ 是等价无穷小，求 $a$，$b$，$k$ 的值。

解：$1=\lim\limits_{x\to 0}\dfrac{f(x)}{g(x)}=\lim\limits_{x\to\infty}\dfrac{x+a\ln(1+x)+bx\sin x}{kx^3}$

$$=\lim_{x\to\infty}\frac{x+a\left(x-\dfrac{x^2}{2}+\dfrac{x^3}{3}+o(x^3)\right)+bx\left(x-\dfrac{x^3}{6}+o(x^3)\right)}{kx^3}$$

$$=\lim_{x\to\infty}\frac{(1+a)x+\left(b-\dfrac{a}{2}\right)x^2+\dfrac{a}{3}x^3-\dfrac{b}{6}x^4+o(x^3)}{kx^3}$$

即 $1+a=0$，$b-\dfrac{a}{2}=0$，$\dfrac{a}{3k}=1$

$\therefore a=-1$，$b=-\dfrac{1}{2}$，$k=-\dfrac{1}{3}$

**【例题 1.4.5】**  （2008 年·考研数三第 9 题）设函数 $f(x) = \begin{cases} x^2+1, & |x| \leqslant c \\ \dfrac{2}{|x|}, & |x| > c \end{cases}$ 在

$(-\infty, +\infty)$ 内连续，则 $c = $ _____。

解：由题设知 $c \geqslant |x| \geqslant 0$，所以 $f(x) = \begin{cases} 2/x, & x > c \\ x^2+1, & -c \leqslant x \leqslant c \\ -2/x, & x < -c \end{cases}$

因为 $\lim\limits_{x \to c^-} f(x) = \lim\limits_{x \to c^-}(x^2+1) = c^2+1$，$\lim\limits_{x \to c^+} f(x) = \lim\limits_{x \to c^+}\dfrac{2}{x} = \dfrac{2}{c}$，

又因为 $f(x)$ 在 $(-\infty, +\infty)$ 内连续，$f(x)$ 必在 $x = c$ 处连续，

所以 $\lim\limits_{x \to c^+} f(x) = \lim\limits_{x \to c^-} f(x) = f(c)$，即 $c^2+1 = \dfrac{2}{c} \Rightarrow c = 1$。

## 1.5 连续函数的性质

### 1.5.1 函数在区间上的最值及有界性定理

设函数 $f(x)$ 在区间 $I$ 上有定义，$x_0 \in I$。

如果 $\forall x \in I$ 都有 $f(x) \leqslant f(x_0)$，称 $f(x_0)$ 是 $f(x)$ 在区间 $I$ 上的最大值。记为 $f(x_0) = \max\limits_{x \in I}\{f(x)\}$。

如果 $\forall x \in I$ 都有 $f(x) \geqslant f(x_0)$，称 $f(x_0)$ 是 $f(x)$ 在区间 $I$ 上的最小值。记为 $f(x_0) = \min\limits_{x \in I}\{f(x)\}$。

例如：$f(x) = 1 + \cos x$ 在闭区间 $[0, 2\pi]$ 上最大值为 2，最小值为 0。在开区间 $(0, \pi)$ 内既无最大值，又无最小值（见图 1-4）。

$f(x) = x - 1$ 在半开区间 $(0, 3]$ 内有最大值为 2，但是没有最小值。

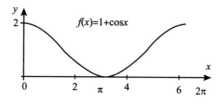

图 1-4　函数 $f(x) = 1 + \cos x$ 图示

最值及有界性定理：在闭区间上连续的函数一定有最大值和最小值，一定在该区间上有界（证明略）。

用符号表示这个定理：

$f \in C[a, b] \Rightarrow \exists \xi, \eta \in [a, b]$ 使得，

$$\max_{x \in [a,b]} \{f(x)\} = f(\xi), \quad \min_{x \in [a,b]} \{f(x)\} = f(\eta)$$

$$f \in C[a, b] \Rightarrow f \in B[a, b]$$

函数在闭区间 $[a, b]$ 上连续的含义是：函数在开区间 $(a, b)$ 上连续，在端点 $a$ 右连续，在端点 $b$ 左连续。请注意：这个定理的条件稍有改变，其结论可能就不成立，如果函数仅在开区间上连续或者函数在闭区间上有间断点，那么函数在区间上就不一定有最值。

### 1.5.2 零点定理与介值定理

零点定理：设函数 $f(x)$ 在闭区间 $[a, b]$ 上连续，且 $f(a) \cdot f(b) < 0$，那么在开区间 $(a, b)$ 内函数 $f(x)$ 至少有一个零点，即至少存在一点 $\xi \in (a, b)$，使得 $f(\xi) = 0$。

该定理的符号表示为：

$$f \in C[a, b] \text{ 且 } f(a) \cdot f(b) < 0 \Rightarrow \exists \xi \in (a, b) \text{ 使 } f(\xi) = 0$$

如图 $1-5$ 所示，零点定理的几何意义是：如果连续曲线弧 $y = f(x)$ 的两个端点分别位于 $x$ 轴的两侧，这段曲线与 $x$ 轴至少有一点交点。

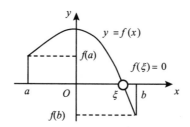

**图 1-5 零点定理几何图示**

介值定理：函数 $f(x)$ 在闭区间 $[a, b]$ 上连续，且在区间端点取值 $f(a)$ 与 $f(b)$ 不等，$C$ 为介于 $f(a)$ 与 $f(b)$ 之间的任一个数，在开区间 $(a, b)$ 内至少有一点 $\xi$，满足 $f(\xi) = C$。

证：设 $C$ 为介于 $f(a)$ 与 $f(b)$ 之间的任一个数。作辅助函数：

$$\varphi(x) = f(x) - C$$

显然 $\varphi \in C[a, b]$，且有 $\varphi(a) = f(a) - C$，$\varphi(b) = f(b) - C$，因此，$\varphi(a) \cdot \varphi(b) < 0$。

根据零点定理，$\exists \xi \in (a, b)$，使得 $\varphi(\xi) = 0$，即 $f(\xi) = C$。

推论：在闭区间上的连续函数，必取得介于最大值和最小值之间的任何值。

即，$f(x) \in C[a, b] \Rightarrow \forall \mu \in [\min_{x \in [a,b]} \{f(x)\}, \max_{x \in [a,b]} \{f(x)\}]$，$\exists \xi \in [a, b]$ 使得 $f(\xi) = \mu$。

设连续函数在闭区间 $[a, b]$ 上的最小值为 $m = f(x_1)$，最大值为 $M = f(x_2)$，对包

含于 $[a, b]$ 的闭区间 $[x_1, x_2]$（或 $[x_2, x_1]$）应用介值定理，即得此推论。

【例题 1.5.1】 若 $f(x) \in C[a, b]$，$a < x_1 < x_2 < \cdots < x_n < b$，则在闭区间 $[x_1, x_n]$ 上必有 $\xi$ 使 $f(\xi) = \dfrac{f(x_1) + f(x_2) + \cdots + f(x_n)}{n}$。

证：设 $M = \max\{f(x_1), f(x_2), \cdots, f(x_n)\} = f(x_i) \quad (1 \leqslant i \leqslant n)$

$\quad\quad m = \min\{f(x_1), f(x_2), \cdots, f(x_n)\} = f(x_k) \quad (1 \leqslant k \leqslant n)$

则 $m = \dfrac{nm}{n} < \dfrac{f(x_1) + f(x_2) + \cdots + f(x_n)}{n} < \dfrac{nM}{n} = M$

由介值定理的推论，闭区间上的连续函数必取得介于 $M$ 和 $m$ 之间的任何值，所以必存在 $\xi \in (x_i, x_k) \subset [x_1, x_n]$ 使得 $f(\xi) = \dfrac{f(x_1) + f(x_2) + \cdots + f(x_n)}{n}$。

【例题 1.5.2】 设函数 $f(x)$ 与 $g(x)$ 均在闭区间 $[a, b]$ 上连续，且有 $f(a) < g(a)$，$f(b) > g(b)$。试证：$\exists \xi \in (a, b)$，满足 $f(\xi) = g(\xi)$。

证：作辅助函数 $F(x) = f(x) - g(x)$，

有 $F(x) \in C[a, b]$，且有：

$$F(a) = f(a) - g(a) < 0,$$
$$F(b) = f(b) - g(b) > 0。$$

对 $F(x)$ 应用零点定理，$\exists \xi \in (a, b)$ 满足 $F(\xi) = 0$，即 $f(\xi) = g(\xi)$。

【例题 1.5.3】 设函数 $f(x)$ 在 $[0, 2a]$ 上连续，且 $f(0) = f(2a)$。试证：$\exists \xi \in [0, a]$，满足 $f(\xi) = f(\xi + a)$。

证：依照所求，作辅助函数 $F(x) = f(x) - f(x + a)$。因为 $f \in C[0, 2a]$，所以 $f(x)$ 和 $f(x + a)$ 都在闭区间 $[0, a]$ 上连续，从而 $F \in C[0, a]$，且有：

$$F(0) = f(0) - f(a),$$
$$F(a) = f(a) - f(2a) = f(a) - f(0) = -F(0)$$

根据零点定理，对于辅助函数，$\exists \xi \in (0, a)$，满足 $F(\xi) = 0$，即：

$$f(\xi) = f(\xi + a)$$

由于 $(0, a) \subset [0, a]$，若 $f(0) = f(a)$ 还可取 $\xi = 0$。从而 $\exists \xi \in [0, a]$，满足：

$$f(\xi) = f(\xi + a)$$

## 第1章 习 题

**A 类**

1. 当 $x \to 0$ 时，下列变量中哪些与 $2x + x^3$ 是等价无穷小。

(1) $x^2$；(2) $x^3$；(3) $2\sin x$；(4) $\tan 2x$；(5) $1+2x$；(6) $\sin^3 x$；(7) $\sin(x^3)$；
(8) $2x$。

2. 求极限。

(1) $\lim\limits_{x\to 2}\dfrac{x^2-x-2}{x-2}$；(2) $\lim\limits_{x\to 0}\dfrac{2x}{\sqrt{x+5}-\sqrt{5}}$；(3) $\lim\limits_{x\to 2}\dfrac{\sqrt[3]{3x+2}-2}{x-2}$；(4) $\lim\limits_{x\to\infty}\dfrac{2x+\cos x}{3x-\sin x}$；

(5) $\lim\limits_{x\to\infty}\left(1+\dfrac{2}{x}\right)^{3x}$；(6) $\lim\limits_{x\to\infty}\left(\dfrac{x-1}{x+1}\right)^{x}$；(7) $\lim\limits_{x\to 0}(1+2x)^{\frac{1}{x}}$；(8) $\lim\limits_{x\to\infty}\left(\dfrac{x}{x+1}\right)^{-\frac{x}{2}}$；

(9) $\lim\limits_{x\to 0}(1+\sin x)^{\frac{1}{x}}$；(10) $\lim\limits_{x\to 0}\dfrac{1}{x}\left(\dfrac{1}{\sin x}-\dfrac{1}{\tan x}\right)$；(11) $\lim\limits_{x\to\infty}\left(\sqrt{x^2+1}-\sqrt{x^2-1}\right)$；

(12) $\lim\limits_{x\to 0}\dfrac{\sqrt{1+x\sin x}-1}{x^2}$；(13) $\lim\limits_{x\to 0}\dfrac{\sqrt{1+x}-\sqrt{1+x^2}}{\sqrt{1+x}-1}$；(14) $\lim\limits_{x\to 1}\dfrac{x^n-1}{x-1}$　$(n\in\mathbf{N})$；

(15) $\lim\limits_{x\to\infty}\dfrac{2x^3}{x^2-x+1}$。

3. 求极限。

(1) $\lim\limits_{x\to 2}\dfrac{\tan(x-2)}{x^2-4}$；(2) $\lim\limits_{x\to 0}\dfrac{\mathrm{e}^{x^2}-1}{1-\cos x}$；(3) $\lim\limits_{x\to 0}\dfrac{\sqrt{1+x^2}-1}{\sin^2 x}$；(4) $\lim\limits_{x\to 0}\dfrac{\mathrm{e}^x-\mathrm{e}^{-x}}{\sin x}$；

(5) $\lim\limits_{x\to+\infty}(\mathrm{e}^{\frac{2}{x}}-1)x$；(6) $\lim\limits_{x\to 0}\dfrac{1-2^x}{\ln(1-2x)}$；(7) $\lim\limits_{x\to 1}\dfrac{\arcsin(1-x)}{\ln x}$；(8) $\lim\limits_{x\to 1}\dfrac{\sqrt{1+\ln x}-1}{x-1}$；

(9) $\lim\limits_{x\to 1}\dfrac{1+\cos\pi x}{(x-1)^2}$；(10) $\lim\limits_{x\to+\infty}x\left(\sqrt{x^2+1}-x\right)$；(11) $\lim\limits_{x\to 0}\dfrac{\tan x(\mathrm{e}^{\sin x}-1)}{\ln(1+x^2)}$；

(12) $\lim\limits_{x\to 0}(\cos x)^{\frac{1}{x^2}}$。

4. 已知三次方程 $x^3-6x+2=0$ 有 3 个实根，试估计这 3 个根的大概位置。

**B 类**

1. 设 $f(-x)=-f(x)$；$g(-x)=g(x)$ 判断复合函数 $f[g(x)]$、$g[f(x)]$、$f[f(x)]$ 的奇偶性。

2. 函数 $f(x)$ 在 $(0，+\infty)$ 上有定义，函数 $\dfrac{f(x)}{x}$ 在 $(0，+\infty)$ 上单调增，$b>a>0$，证明：

(1) $f(b)>f(a)$；(2) $f(a+b)>f(a)+f(b)$

3. 若数列 $(x_n)_{n=1}^{\infty}$ 有无穷多项落在区间 $(A-\varepsilon，A+\varepsilon)$ 内，则_____。

A. 此数列必有极限，但不一定等于 $A$　　B. 此数列极限存在且一定等于 $A$

C. 此数列的极限不一定存在　　　　　　D. 此数列一定不存在极限

4. 若数列 $(x_n)_{n=1}^{\infty}$ 满足 $\lim\limits_{n\to\infty}|x_n|=|a|$，可判断_____。

A. 数列 $(x_n)_{n=1}^{\infty}$ 收敛　　　　　　B. 数列 $(x_n)_{n=1}^{\infty}$ 不一定收敛

C. $\lim\limits_{n\to\infty}x_n=a$　　　　　　　　D. $\lim\limits_{n\to\infty}x_n=-a$

5. 求极限。

（1）$\lim\limits_{x \to 0} \dfrac{e^x + e^{-x} - 2}{x^2}$；（2）$\lim\limits_{x \to 1} \dfrac{x^n + x^{n-1} + \cdots + x^2 + x - n}{x - 1}$；（3）$\lim\limits_{x \to 0} \dfrac{e^{\sin x} - e^{\sin 2x}}{x}$。

6. 设 $f(x) = \begin{cases} x & (x < 1) \\ a & (x \geq 1) \end{cases}$，$\varphi(x) = \begin{cases} b & (x \leq 0) \\ x + 1 & (x > 0) \end{cases}$，求 $a$，$b$ 使 $f(x) + \varphi(x)$ 在 $(-\infty, +\infty)$ 上连续。

7. 设函数 $f(x) = \begin{cases} \dfrac{\sin ax}{\sqrt{1 - \cos x}} & (-\pi \leq x < 0) \\ b & (x = 0) \\ \dfrac{1}{x}\left[\ln x - \ln(x^2 + x)\right] & (0 < x < \pi) \end{cases}$

求 $a$，$b$ 为何值时，函数在闭区间 $[-\pi, \pi]$ 上连续。

8. 设函数 $f \in C[0, 1]$，且 $f(0) = f(1)$。试证：$\exists \xi \in [0, 1]$，使得 $f(\xi) = f\left(\xi + \dfrac{1}{2}\right)$。

# 第 2 章

# 导数与微分

## 2.1 一元函数导数与微分

函数 $y = f(x)$ 是变量之间的某种对应关系，一元函数自变量变化将引起函数变化，函数增量 $\Delta y$ 与相应的自变量增量 $\Delta x$ 之比 $\dfrac{\Delta y}{\Delta x}$，反映了有限区间 $[x_0, x_0 + \Delta x]$ 上函数变化的平均快慢，称为函数的平均变化率。当自变量增量 $\Delta x$ 趋于零时，如果平均变化率的极限 $\lim\limits_{\Delta x \to 0} \dfrac{\Delta y}{\Delta x}$ 存在，称之为函数的极限变化率或瞬时变化率。极限变化率反映了函数在点 $x_0$ 处的变化快慢程度。

函数在某一点处导数的定义：设函数 $y = f(x)$ 在点 $x_0$ 的某个邻域内有定义，自变量在点 $x_0$ 附近变化取得增量 $\Delta x$（$\Delta x$ 可正可负，点 $x_0 + \Delta x$ 仍在该邻域内），函数取得相应的增量 $\Delta y = f(x_0 + \Delta x) - f(x_0)$；若 $\Delta y$ 与 $\Delta x$ 之比，当 $\Delta x \to 0$ 时的极限存在，则称函数 $f(x)$ 在点 $x_0$ 处可导，并称这个极限为函数 $y = f(x)$ 在点 $x_0$ 处的导数，记为：

$$y'\big|_{x=x_0} = f'(x_0) = \frac{\mathrm{d}y}{\mathrm{d}x}\bigg|_{x=x_0} = \frac{\mathrm{d}f}{\mathrm{d}x}\bigg|_{x=x_0} = \lim_{\Delta x \to 0} \frac{\Delta y}{\Delta x} = \lim_{\Delta x \to 0} \frac{f(x_0 + \Delta x) - f(x_0)}{\Delta x}$$

如果这个极限不存在，称函数在该点不可导。

如果函数 $y = f(x)$ 在开区间 $I$ 内每点都可导，称函数 $f(x)$ 在开区间 $I$ 内可导。由于 $\forall x \in I$，都存在着 $f(x)$ 的一个确定的导数值，这就构成了一个以 $x$ 为自变量的新函数，把这个函数称为 $f(x)$ 的导函数，并记作：

$$y' = f'(x) = \frac{\mathrm{d}y}{\mathrm{d}x} = \frac{\mathrm{d}f}{\mathrm{d}x} = \lim_{\Delta x \to 0} \frac{f(x + \Delta x) - f(x)}{\Delta x}$$

从几何上讲，一元函数 $y = f(x)$ 在点 $x_0$ 的导数 $f'(x_0)$ 表示函数曲线在该点切线的斜率。

如果点 $x_0$ 处的单侧极限 $\lim\limits_{\Delta x \to 0^-} \dfrac{\Delta y}{\Delta x} = \lim\limits_{\Delta x \to 0^-} \dfrac{f(x_0 + \Delta x) - f(x_0)}{\Delta x} = f'_-(x_0)$ 存在，称函数

$f(x)$ 在点 $x_0$ 处有左导数。

如果点 $x_0$ 处的单侧极限 $\lim\limits_{\Delta x \to 0^+} \dfrac{\Delta y}{\Delta x} = \lim\limits_{\Delta x \to 0^+} \dfrac{f(x_0 + \Delta x) - f(x_0)}{\Delta x} = f'_+(x_0)$ 存在，称函数 $f(x)$ 在点 $x_0$ 处有右导数。

显然，函数在某点可导的充分必要条件是其左导数与右导数都存在而且相等。

定理：如果函数 $y = f(x)$ 在点 $x_0$ 处可导，则必在点 $x_0$ 处连续。

此定理的逆命题不成立，即在某点连续的函数在该点不一定可导。

【例题 2.1.1】（2019 年·考研数一第 9 题）设函数 $f(u)$ 可导，$z = f(\sin y - \sin x) + xy$，则 $\dfrac{1}{\cos x} \cdot \dfrac{\partial z}{\partial x} + \dfrac{1}{\cos x} \cdot \dfrac{\partial z}{\partial y} = $ _____。

解：由 $\dfrac{\partial z}{\partial x} = -\cos x \cdot f'(\sin y - \sin x) + y$，$\dfrac{\partial z}{\partial y} = -\cos y \cdot f'(\sin y - \sin x) + x$，

得 $\dfrac{1}{\cos x} \cdot \dfrac{\partial z}{\partial x} + \dfrac{1}{\cos x} \cdot \dfrac{\partial z}{\partial y} = \dfrac{y}{\cos x} + \dfrac{x}{\cos y}$。

【例题 2.1.2】设函数 $f(x)$ 在 $x = a$ 处的导数为 $f'(a)$，$h$ 是自变量 $x$ 在 $x = a$ 处的增量，求以下各极限。

（1）$\lim\limits_{h \to 0} \dfrac{f(a + 2h) - f(a)}{h}$

解：$\lim\limits_{h \to 0} \dfrac{f(a + 2h) - f(a)}{h} = 2 \lim\limits_{2h \to 0} \dfrac{f(a + 2h) - f(a)}{2h} = 2f'(a)$

（2）$\lim\limits_{h \to 0} \dfrac{f(a + mh) - f(a - nh)}{h}$

解：$\lim\limits_{h \to 0} \dfrac{f(a + mh) - f(a - nh)}{h} = \lim\limits_{h \to 0} \dfrac{f(a + mh) - f(a)}{h} - \lim\limits_{h \to 0} \dfrac{f(a - nh) - f(a)}{h}$

$= m \lim\limits_{mh \to 0} \dfrac{f(a + mh) - f(a)}{mh} - n \lim\limits_{nh \to 0} \dfrac{f(a - nh) - f(a)}{nh} = (m + n)f'(a)$

## 2.2 函数的求导法则

### 2.2.1 常用求导基本公式

常用求导基本公式见表 2 - 1。

表 2 - 1　　　　　　　　　　　　常用求导基本公式

| 1 | $(c)' = 0$ | 4 | $(\sin x)' = \cos x$ |
|---|---|---|---|
| 2 | $(x^\mu)' = \mu x^{\mu-1}$ | 5 | $(\cos x)' = -\sin x$ |
| 3 | $(\ln|x|)' = \dfrac{1}{x}$ | 6 | $(\tan x)' = \sec^2 x$ |

| 7 | $(\cot x)' = -\csc^2 x$ | 12 | $(\log_a x)' = \dfrac{1}{x\ln a}$ |
|---|---|---|---|
| 8 | $(\sec x)' = \sec x \tan x$ | 13 | $(\arcsin x)' = \dfrac{1}{\sqrt{1-x^2}}$ |
| 9 | $(\csc x)' = -\csc x \cot x$ | 14 | $(\arccos x)' = -\dfrac{1}{\sqrt{1-x^2}}$ |
| 10 | $(a^x)' = a^x \ln a$ | 15 | $(\arctan x)' = \dfrac{1}{1+x^2}$ |
| 11 | $(e^x)' = e^x$ | 16 | $(\text{arccot}\,x)' = -\dfrac{1}{1+x^2}$ |

## 2.2.2 函数四则运算求导法则

设函数 $u(x)$ 和 $v(x)$ 为可导函数，则：

(1) $(u \pm v)' = u' \pm v'$

(2) $(uv)' = u'v + uv'$

(3) $\left(\dfrac{u}{v}\right)' = \dfrac{u'v - uv'}{v^2}$　　$v(x) \neq 0$

【例题 2.2.1】证明求导公式：

(1) $(\cot x)' = -\csc^2 x$

证：$y = \cot x$　$y' = \left(\dfrac{\cos x}{\sin x}\right)' = \dfrac{(-\sin x)\sin x - \cos x \cos x}{\sin^2 x} = -\dfrac{1}{\sin^2 x}$

(2) $(\csc x)' = -\csc x \cot x$

证：$y = \csc x$　$\dfrac{\mathrm{d}y}{\mathrm{d}x} = \left(\dfrac{1}{\sin x}\right)' = -\dfrac{\cos x}{\sin^2 x} = -\csc x \cot x$

【例题 2.2.2】求下列函数导数：

$y = \dfrac{x\sin x}{1 + \cos x}$

解：$\dfrac{\mathrm{d}y}{\mathrm{d}x} = \dfrac{(\sin x + x\cos x)(1 + \cos x) - x\sin x(-\sin x)}{(1 + \cos x)^2}$

$= \dfrac{\sin x + x\cos x + \sin x\cos x + x\cos^2 x + x\sin^2 x}{(1 + \cos x)^2}$

$= \dfrac{\sin x + \sin x\cos x + x + x\cos x}{(1 + \cos x)^2} = \dfrac{x + \sin x}{1 + \cos x}$

**【例题 2.2.3】** 下列函数中，在 $x = 0$ 处不可导的是（　　）。

A. $f(x) = |x| \sin |x|$

B. $f(x) = |x| \sin \sqrt{|x|}$

C. $f(x) = \cos |x|$

D. $f(x) = \cos \sqrt{|x|}$

解：应选 D。

按定义考察 $f(x)$ 在 $x = 0$ 处的可导性，即考察 $\lim\limits_{x \to 0} \dfrac{f(x) - f(0)}{x}$ 是否存在。

选项 D 中，$\lim\limits_{x \to 0} \dfrac{f(x) - f(0)}{x} = \lim\limits_{x \to 0} \dfrac{\cos \sqrt{|x|} - 1}{x} = \lim\limits_{x \to 0} \dfrac{-\dfrac{1}{2}|x|}{x}$ 不存在。

因为 $\lim\limits_{x \to 0^+} \dfrac{-\dfrac{1}{2}|x|}{x} = -\dfrac{1}{2}$，$\lim\limits_{x \to 0^-} \dfrac{-\dfrac{1}{2}|x|}{x} = \dfrac{1}{2}$，$f'_+(0) \neq f'_-(0)$，故 $f'(0)$ 不存在。

因此选 D。

**【例题 2.2.4】** 设函数 $f(x) = (e^x - 1)(e^{2x} - 2)\cdots(e^{nx} - n)$，其中 $n$ 为正整数，则 $f'(0) = （　　）$。

A. $(-1)^{n-1}(n-1)!$

B. $(-1)^n(n-1)!$

C. $(-1)^{n-1}n!$

D. $(-1)^n n!$

解：应选 A。

用导数定义：

$$f'(x) = \lim_{x \to 0} \frac{f(x) - f(0)}{x} = \lim_{x \to 0} \frac{(e^x - 1)(e^{2x} - 2)\cdots(e^{nx} - n)}{x}$$

$$e^x - 1 \sim x(-1)(-2)\cdots[-(n-1)] = (-1)^{n-1}(n-1)!$$

### 2.2.3　复合函数求导的链式法则

若函数 $u = u(x)$ 在开区间 $I_x$ 内可导，$y = y(u)$ 在开区间 $I_u$ 内可导，且当 $x \in I_x$ 时，对应的 $u \in I_u$，那么，复合函数 $y = y[u(x)]$ 在开区间 $I_x$ 内可导，有：

$$\frac{dy}{dx} = \frac{dy}{du} \cdot \frac{du}{dx}$$

**【例题 2.2.5】** 设 $y = \ln^3(\sin^2 x + 1)$，求 $y'$。

解：所给函数是由 $y = u^3$，$u = \ln v$，$v = w^2 + 1$，$w = \sin x$ 复合而成的复合函数，故：

$$y' = y'_u \cdot u'_v \cdot v'_w \cdot w'_x = 3u^2 \cdot \frac{1}{v} \cdot 2w \cdot \cos x = \frac{3\sin 2x \ln^2(\sin^2 x + 1)}{1 + \sin^2 x}$$

**【例题 2.2.6】** 设 $f(x) = (\cos x - 4)\sin x + 3x$，求 $\dfrac{df(x)}{d(x^2)}$。

解：$\dfrac{df(x)}{d(x^2)} = \dfrac{(\cos 2x - 4\cos x + 3)dx}{2x dx} = \dfrac{\cos 2x - 4\cos x + 3}{2x}$

**【例题 2.2.7】** 求下列抽象函数与具体函数构成复合函数的导数 $\dfrac{dy}{dx}$，其中函数 $f(x)$

可导。

（1）$y = f(x^2)$

解：$\dfrac{\mathrm{d}y}{\mathrm{d}x} = 2xf'(x^2)$

（2）$y = f^2(x)$

解：$\dfrac{\mathrm{d}y}{\mathrm{d}x} = 2f(x)f'(x)$

## 2.3　反函数的导数

设反函数 $y = y(x)$ 的直接函数 $x = x(y)$ 在区间 $I_y$ 内严格单调、可导且其导数不为零，则反函数在对应区间 $I_x$ 内也单调、可导，有：

$$\frac{\mathrm{d}y}{\mathrm{d}x} = \frac{1}{\dfrac{\mathrm{d}x}{\mathrm{d}y}}$$

【例题 2.3.1】（2017 年·考研数二第 9 题）曲线 $y = x\left(1 + \arcsin\dfrac{2}{x}\right)$ 的斜渐近线方程为_____。

解：$\lim\limits_{x \to \infty} \dfrac{y}{x} = \lim\limits_{x \to \infty}\left(1 + \arcsin\dfrac{2}{x}\right) = 1$，$\lim\limits_{x \to \infty}(y - x) = \lim\limits_{x \to \infty} x\arcsin\dfrac{2}{x} = \lim\limits_{x \to \infty}\dfrac{\arcsin\dfrac{2}{x}}{\dfrac{1}{x}} = 2$，

则斜渐近线方程为 $y = x + 2$。

## 2.4　隐函数求导

像 $y = \sin x$ 这样的函数，直接给出自变量的取值 $x$ 求出因变量的对应值 $y$ 的函数表达形式称为显函数。然而，包含两个变量的方程，如 $xy + \sin(x + y) = 0$，也确定了一个一元函数，因变量 $y$ 与自变量 $x$ 之间的对应法则是由方程所决定的，也就是说，函数的表达不仅有显函数一种形式。

如果存在一个定义在区间 $I$ 上的函数 $y = f(x)$，它能使方程 $F(x, y) = 0$ 成为恒等式，即 $F[x, f(x)] \equiv 0$，就称 $y = f(x)$ 是由方程 $F(x, y) = 0$ 确定的隐函数。简言之，隐函数是由方程确定的函数。把一个隐函数化成显函数，叫作隐函数的显化，从方程 $x + y^3 - 1 = 0$ 可以解出 $y = \sqrt[3]{1 - x}$，函数由隐式化成了显式。但很多时候将隐函数显化很困难，甚至不可能，像方程 $e^y + xy - e^x = 0$。以隐式存在的函数与显函数同样属于函数存在的基本形式。所以产生了隐函数的求导问题。

如果方程 $F(x, y) = 0$ 在区间 $I$ 上确定了一个隐函数 $y = f(x)$，在隐函数存在且可导的前提下，不需要把方程显化后再求导，可以按照复合函数的求导法则，直接对方程两边求导，再由导函数满足的方程式解出导函数。

**【例题 2.4.1】** 求下列方程所确定隐函数 $y = y(x)$ 的导数。

设函数 $y = y(x)$ 由 $\ln(x^2 + y) = x^3 y + \sin x$ 确定，求 $y = y(x)$ 在 $x = 0$ 处的切线方程与法线方程。

解：首先，$x = 0$，$y = 1$，由已知隐函数方程两端对 $x$ 求导数得 $\dfrac{2x + y'}{x + y'} = 3x^2 y + x^3 y' + \cos x$，解得：

切线方程为 $y = 1 + x$；法线方程为 $y = 1 - x$。

## 2.5  参数方程确定函数的导数

参数方程 $\begin{cases} x = x(t) \\ y = y(t) \end{cases}$ 中，自变量 $x$ 和因变量 $y$ 都是第三方变量 $t$ 的函数，所以，由同一 $t$ 值确定的 $x$，$y$ 值是对应的，这就间接决定了函数 $y = y(x)$。

将从 $x = x(t)$ 解出的反函数 $t = t(x)$ 代入 $y = y(t)$，得到复合函数 $y = y[t(x)]$，再利用复合函数求导的链式法则 $\dfrac{\mathrm{d}y}{\mathrm{d}x} = \dfrac{\mathrm{d}y}{\mathrm{d}t} \cdot \dfrac{\mathrm{d}t}{\mathrm{d}x}$ 求参数方程所确定函数的导数。

根据反函数 $t = t(x)$ 导数 $\dfrac{\mathrm{d}t}{\mathrm{d}x}$ 与直接函数 $x = x(t)$ 导数 $\dfrac{\mathrm{d}x}{\mathrm{d}t}$ 的关系 $\dfrac{\mathrm{d}x}{\mathrm{d}t} \cdot \dfrac{\mathrm{d}t}{\mathrm{d}x} = 1$，得到：

$$\frac{\mathrm{d}y}{\mathrm{d}x} = \frac{\dfrac{\mathrm{d}y}{\mathrm{d}t}}{\dfrac{\mathrm{d}x}{\mathrm{d}t}} = \frac{\dot{y}}{\dot{x}}$$

这是由参数方程所确定函数的求导公式。

## 2.6  高阶导数

如果函数 $f(x)$ 的导数 $f'(x)$ 仍是 $x$ 的可导函数，称 $f'(x)$ 的导数为 $f(x)$ 的二阶导数，记为：

$$y'', \ f''(x), \ \text{或} \frac{\mathrm{d}^2 y}{\mathrm{d}x^2}$$

即：

$$y'' = (y')', \ f''(x) = [f'(x)]', \ \frac{\mathrm{d}^2 y}{\mathrm{d}x^2} = \frac{\mathrm{d}}{\mathrm{d}x}\left(\frac{\mathrm{d}y}{\mathrm{d}x}\right)$$

相应地将函数二阶导数的导数叫作函数的三阶导数，……，函数 $(n-1)$ 阶导数的导数，称之为函数的 $n$ 阶导数：

$$y^{(n)} = \left[ y^{(n-1)} \right]', \quad \text{或} \frac{\mathrm{d}^n y}{\mathrm{d}x^n} = \frac{\mathrm{d}}{\mathrm{d}x}\left( \frac{\mathrm{d}^{n-1} y}{\mathrm{d}x^{n-1}} \right)$$

如果函数 $f(x)$ 在定义区间 $I$ 内具有 $n$ 阶导数，称其为 $n$ 阶可导，记为 $f \in D^n(I)$。如果 $f(x)$ 在定义区间 $I$ 内具有 $n$ 阶导数，那么，在定义区间 $I$ 内，$f(x)$ 必定具有低于 $n$ 阶的各阶导数。

【例题 2.6.1】（2021 年·考研数二第 12 题）设函数 $y = y(x)$ 由参数方程 $\begin{cases} x = 2\mathrm{e}^t + t + 1 \\ y = 4(t-1)\mathrm{e}^t + t^2 \end{cases}$ 所确定，则 $\dfrac{\mathrm{d}^2 y}{\mathrm{d}x^2}\bigg|_{t=0} = \underline{\qquad}$。

解：$\dfrac{\mathrm{d}y}{\mathrm{d}x} = \dfrac{\mathrm{d}y/\mathrm{d}t}{\mathrm{d}x/\mathrm{d}t} = \dfrac{4t\mathrm{e}^t + 2t}{2\mathrm{e}^t + 1} = 2t$，$\dfrac{\mathrm{d}^2 y}{\mathrm{d}x^2} = \dfrac{\mathrm{d}(2t)/\mathrm{d}t}{\mathrm{d}x/\mathrm{d}t} = \dfrac{2}{2\mathrm{e}^t + 1}$，则 $\dfrac{\mathrm{d}^2 y}{\mathrm{d}x^2}\bigg|_{t=0} = \dfrac{2}{3}$。答案为 $\dfrac{2}{3}$。

【例题 2.6.2】（2020 年·考研数一第 10 题）设 $\begin{cases} x = \sqrt{t^2 + 1}, \\ y = \ln(t + \sqrt{t^2 + 1}), \end{cases}$，则 $\dfrac{\mathrm{d}^2 y}{\mathrm{d}x^2}\bigg|_{t=1} = \underline{\qquad}$。

解：$\dfrac{\mathrm{d}y}{\mathrm{d}x} = \dfrac{\dfrac{1}{\sqrt{t^2+1}}}{\dfrac{t}{\sqrt{t^2+1}}} = \dfrac{1}{t}$，$\dfrac{\mathrm{d}^2 y}{\mathrm{d}x^2} = \dfrac{\mathrm{d}\left(\dfrac{1}{t}\right)\bigg/\mathrm{d}t}{\mathrm{d}x/\mathrm{d}t} = \dfrac{-\dfrac{1}{t^2}}{\dfrac{t}{\sqrt{t^2+1}}} = -\dfrac{\sqrt{t^2+1}}{t^3}$，故 $\dfrac{\mathrm{d}^2 y}{\mathrm{d}x^2}\bigg|_{t=1} = -\sqrt{2}$。

答案为 $-\sqrt{2}$。

【例题 2.6.3】（2018 年·考研数二第 12 题）曲线 $\begin{cases} x = \cos^3 t, \\ y = \sin^3 t \end{cases}$ 在 $t = \dfrac{\pi}{4}$ 对应点处的曲率为 $\underline{\qquad}$。

解：由 $y' = \dfrac{\mathrm{d}y}{\mathrm{d}x} = \dfrac{3\sin^2 t \cos t}{-3\cos^2 t \sin t} = -\tan t$，$y'' = (-\tan t)'_t \cdot \dfrac{1}{-3\cos^2 t \sin t} = \dfrac{1}{3\cos^4 t \sin t}$，

得 $y'|_{t=\frac{\pi}{4}} = -1$，$y''|_{t=\frac{\pi}{4}} = \dfrac{4}{3}\sqrt{2}$。故所求曲率为 $K = \dfrac{|y''|}{(1 + y'^2)^{\frac{3}{2}}} = \dfrac{2}{3}$。答案为 $\dfrac{2}{3}$。

## 2.7　函数微分学

### 2.7.1　微分学基本定理

在函数 $y = f(x)$ 的定义区间 $I$ 内，自变量从 $x_0$ 点增加 $\Delta x$ 引起的函数增量 $\Delta y = f(x_0 + \Delta x) - f(x_0)$，函数增量 $\Delta y$ 与自变量增量 $\Delta x$ 的关系被对应法则 $f$ 与点 $x_0$ 决定。

若函数 $y = f(x)$ 在点 $x_0$ 处可导，定义函数在点 $x_0$ 处相应于自变量增量 $\Delta x$ 的微分：

$$dy = f'(x_0)\Delta x$$

导数 $f'(x_0)$ 是个与 $\Delta x$ 无关的常数，显然，在点 $x_0$ 处函数的微分 $dy$ 与自变量增量 $\Delta x$ 是线性关系，从图 2-1 中我们都不难看出函数增量 $\Delta y$ 与函数微分 $dy$ 在几何意义上的区别。

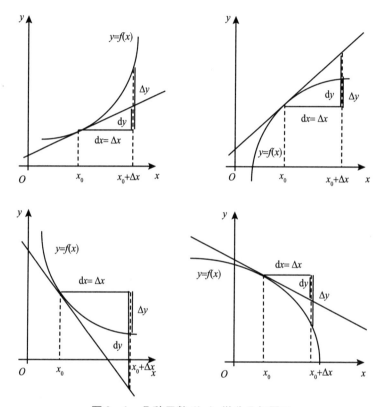

**图 2-1　几种函数 $f(x)$ 微分几何图示**

函数在点 $x_0$ 处可导，在该点处就连续。当 $\Delta x \to 0$ 时，函数增量 $\Delta y$ 是无穷小；函数微分 $dy = f'(x_0)\Delta x$ 也是无穷小。函数增量与微分的差 $\Delta y - dy$ 与自变量增量 $\Delta x$ 比值当 $\Delta x \to 0$ 时的极限：

$$\lim_{\Delta x \to 0}\frac{\Delta y - dy}{\Delta x} = \lim_{\Delta x \to 0}\frac{\Delta y}{\Delta x} - \lim_{\Delta x \to 0}\frac{f'(x_0)\Delta x}{\Delta x} = f'(x_0) - f'(x_0) = 0$$

即当 $\Delta x \to 0$ 时，$\Delta y$ 与 $dy$ 的差是比 $\Delta x$ 高阶的无穷小，记为 $\Delta y - dy = o(\Delta x)$。同样，

$$\lim_{\Delta x \to 0}\frac{\Delta y - dy}{\Delta y} = 1 - \lim_{\Delta x \to 0}\frac{f'(x_0)\Delta x}{\Delta y} = 1 - f'(x_0)\lim_{\Delta x \to 0}\frac{\Delta x}{\Delta y} = 1 - \frac{f'(x_0)}{f'(x_0)} = 0$$

$\Delta y$ 与 $dy$ 的差也是比 $\Delta y$ 高阶的无穷小，可记为 $\Delta y - dy = o(\Delta y)$。

总之，在点 $x_0$ 处，与自变量增量 $\Delta x$ 相应的函数增量 $\Delta y$ 与函数微分 $dy$ 之差，在

$\Delta x \to 0$ 时为无穷小，而且是比 $\Delta x$、比 $\Delta y$ 更高阶的无穷小。

　　函数 $y = f(x)$ 在点 $x_0$ 处的微分 $dy = f'(x_0) \Delta x$ 与自变量增量 $\Delta x$ 是线性关系，是函数在该点增量 $\Delta y$ 的线性近似值，又称线性主部，即在点 $x_0$ 处可以用线性函数来近似非线性函数的增量。与之对应的是以函数曲线在点 $x_0$ 的切线来近似局部的曲线。当自变量增量 $|\Delta x|$ 很小时，$\Delta y \approx dy$，而且 $|\Delta x|$ 越小，此式的准确程度越高。

　　根据微分定义，函数 $f(x)$ 在点 $x_0$ 处可微分的充要条件是 $f(x)$ 在点 $x_0$ 处可导，可微与可导是等价的。函数微分运算与求导运算密切相关。

　　微分定义 $dy = f'(x_0) \Delta x$ 式中，$\Delta x$ 是一个任意值，既不依赖于 $x_0$ 也无须假定 $\Delta x$ 是无穷小量。仅当 $\Delta x \to 0$ 时，函数微分 $dy$ 才是无穷小。

　　对于自变量 $x$，它的微分 $dx$ 就是它的增量 $\Delta x$，即 $dx = \Delta x$（设 $y = y(x) = x$，$dx = dy = (x)' \Delta x = \Delta x$）。因此，函数微分的定义式也可写作：

$$dy = f'(x) dx$$

相应地：

$$\frac{dy}{dx} = f'(x)$$

这意味着，函数 $y = f(x)$ 的导数 $f'(x)$ 是函数的微分 $dy$ 与自变量的微分 $dx$ 之商，也称之为微商。

　　函数 $f(x)$ 在点 $x_0$ 处的导数 $f'(x_0)$ 是个完全确定的数，这点自变量的微分 $dx$ 却是个不确定的数，因此，函数的微分 $dy$ 也随之不确定，但 $dy$ 与 $dx$ 的比值保持不变。

【例题 2.7.1】求函数 $y = x^2$ 在 $x = 1$ 处，当 $\Delta x = 0.02$ 时的增量与微分。

　　解：函数在点 $x_0$ 处的增量：$\Delta y = f(x_0 + \Delta x) - f(x_0) = (x_0 + \Delta x)^2 - x_0^2$

　　微分：$dy = f'(x_0) \Delta x = 2x_0 \Delta x$

$$x = 1，\Delta x = 0.02 \quad \Delta y = (1.02)^2 - 1^2 = 1.0404 - 1 = 0.0404$$

$$dy = f'(1) \cdot \Delta x = 2 \times 0.02 = 0.04$$

　　函数微分的基本思路是在每一点附近将函数局部线性化，以与自变量增量成正比的函数微分来近似非线性的函数增量，或者说，曲线在某点附近的形态可以用该点处的切线（直线）来近似。

## 2.7.2　微分运算

　　函数的微分就是函数的导数再乘以自变量的微分，因此微分运算只是导数运算的延伸。

### 2.7.2.1 基本初等函数的微分公式

**表 2 - 2**　　　　　　　　　几种基本初等函数的微分公式

| 1 | $d(c) = 0$ | 9 | $d(\csc x) = -\csc x \cot x dx$ |
|---|---|---|---|
| 2 | $d(x^\mu) = \mu x^{\mu-1} dx$ | 10 | $d(a^x) = a^x \ln a dx$ |
| 3 | $d(\ln|x|) = \dfrac{1}{x} dx$ | 11 | $d(e^x) = e^x dx$ |
| 4 | $d(\sin x) = \cos x dx$ | 12 | $d(\log_a x) = \dfrac{1}{x \ln a} dx$ |
| 5 | $d(\cos x) = -\sin x dx$ | 13 | $d(\arcsin x) = \dfrac{1}{\sqrt{1-x^2}} dx$ |
| 6 | $d(\tan x) = \dfrac{1}{\cos^2 x} dx$ | 14 | $d(\arccos x) = -\dfrac{1}{\sqrt{1-x^2}} dx$ |
| 7 | $d(\cot x) = -\dfrac{1}{\sin^2 x} dx$ | 15 | $d(\arctan x) = \dfrac{1}{1+x^2} dx$ |
| 8 | $d(\sec x) = \sec x \tan x dx$ | 16 | $d(\text{arccot} x) = -\dfrac{1}{1+x^2} dx$ |

### 2.7.2.2 函数和、差、积、商的微分法则

设 $u = u(x)$，$v = v(x)$ 为可微函数：

$$d(u \pm v) = du \pm dv$$
$$d(uv) = vdu + udv$$
$$d\left(\frac{u}{v}\right) = \frac{vdu - udv}{v^2} \quad (v \neq 0)$$

### 2.7.2.3 复合函数的微分　微分形式的不变性

若 $y$ 是自变量 $u$ 的可微函数 $y = y(u)$，依微分定义 $dy = \dfrac{dy}{du} \cdot du$；当 $u$ 又是自变量 $x$ 的可微函数 $u = u(x)$ 时，复合函数 $y = y[u(x)]$ 的微分应为：

$$dy = \frac{dy}{dx} \cdot dx = \frac{dy}{du} \cdot \frac{du}{dx} \cdot dx = \frac{dy}{du} \cdot du$$

微分又回到原有的形式。可见，不论 $u$ 是自变量还是中间变量，微分形式保持不变。

**【例题 2.7.2】**（2016 年・考研数一第 12 题）设函数 $f(x) = \arctan x - \dfrac{x}{1 + ax^2}$，且 $f'''(0) = 1$，则：

$a = $ _____ 。

解: $\arctan x = x - \dfrac{x^3}{3} + o(x^3)$ , $\dfrac{1}{1+ax^2} = 1 - ax^2 + o(x^2)$ , 则 $\arctan x - \dfrac{x}{1+ax^2} = $

$\left(a - \dfrac{1}{3}\right)x^3 + o(x^3)$ , 再由 $f(x) = f(0) + f'(0)x + \dfrac{f''(0)}{3!}x^3 + o(x^3)$ 得:

$\dfrac{f''(0)}{3!}x^3 = a - \dfrac{1}{3}$ , 解得 $a = \dfrac{1}{2}$ 。答案为 $\dfrac{1}{2}$ 。

## 第 2 章 习 题

**A 类**

1. 求下列函数的导数 $\dfrac{\mathrm{d}y}{\mathrm{d}x}$ 。

（1） $y = \ln 2^x + 2^x + x^2$ ; （2） $y = \dfrac{t\sin t}{1 - \sin t}$ ; （3） $y = \mathrm{e}^{-\frac{x}{2}}\sin 2x$ ;

（4） $y = \sqrt{1 + \sin x} - \mathrm{e}^{x^2}$ ; （5） $y = 10^{x\tan 2x}$ ; （6） $y = (\sin x)^{\cos x} - 2^{\tan x}$ 。

2. 设 $f(u)$ 为可导函数, $y = f(\sin \mathrm{e}^{3x}) - 3^{\cos f(x)}$ , 求 $\dfrac{\mathrm{d}y}{\mathrm{d}x}$ 。

3. 设 $f(u)$ 为可导函数, $y = 2^{f(x)} + f^2(x)$ , 求 $\dfrac{\mathrm{d}y}{\mathrm{d}x}$ 。

4. 设 $f(x) = \ln(\sin^2 x)$ , 求 $\mathrm{d}f(x)$ 。

5. 设 $y = \ln \dfrac{1+x}{1-x}$ , 求 $\dfrac{\mathrm{d}^2 y}{\mathrm{d}x^2}$ 。

6. 设 $y = \sqrt[3]{\dfrac{x+2}{\sqrt{x^2+1}}}$ , 求 $\dfrac{\mathrm{d}y}{\mathrm{d}x}$ 。

7. 设函数 $y = y(x)$ 由方程 $\sin(xy) + 3x + y = 1$ 所确定, 求 $\mathrm{d}y|_{x=0}$ 。

8. 设函数 $y = y(x)$ 由方程 $\mathrm{e}^{xy} + \sin(xy) = y$ 所确定, 求 $\dfrac{\mathrm{d}y}{\mathrm{d}x}\bigg|_{x=0}$ 。

9. 设函数 $y = y(x)$ 由方程 $y\cos x - \sin(x+y) = 0$ 所确定, 求 $\dfrac{\mathrm{d}y}{\mathrm{d}x}$ 。

10. 求曲线 $\begin{cases} x = \cos t \\ y = \sin 2t \end{cases}$ 在 $t = \dfrac{\pi}{6}$ 处的切线和法线方程。

**B 类**

1. 计算下列函数的导数。

（1）$y = x^{\frac{1}{2}}$；（2）$y = \sqrt[3]{x^2}$；（3）$y = x^{0.4}$；（4）$y = \dfrac{1}{\sqrt{x}}$；（5）$y = \dfrac{1}{x^3}$；（6）$y = x^2 \sqrt[3]{x}$。

2. 设 $f'(x_0) = a$，求以下极限：

（1）$\lim\limits_{\Delta x \to 0} \dfrac{f(x_0 - \Delta x) - f(x_0)}{\Delta x}$；（2）$\lim\limits_{h \to 0} \dfrac{f(x_0) - f(x_0 - h)}{h}$；（3）$\lim\limits_{x \to x_0} \dfrac{f(x_0) - f(x)}{x - x_0}$；

（4）$\lim\limits_{h \to 0} \dfrac{f(x_0 + h) - f(x_0 - h)}{h}$；（5）$\lim\limits_{h \to 0} \dfrac{f(x_0 + mh) - f(x_0 + nh)}{h}$。

3. 设 $f(x) = |x - 1| + 1$，求函数在点 $x = 0$ 和 $x = 1$ 处的左导数与右导数。

4. （1）求曲线 $y = 2\sin x + x^2$ 在原点处的切线方程和法线方程。

（2）求曲线 $y = \cos x$ 上点 $(\pi/3, 1/2)$ 处的切线方程和法线方程。

5. 设 $f(x)$ 在 $x = 1$ 处可导，$f'(1) = 1$，求 $\lim\limits_{x \to 1} \dfrac{f(x) - f(1)}{x^{10} - 1}$。

6. 设函数 $f(x)$ 在 $(-\infty, +\infty)$ 上有定义，且对于任意 $x, y \in (-\infty, +\infty)$，不等式：

$$|f(x) - f(y)| \leqslant M |x - y|^{1 + \alpha}（其中 M，\alpha 均为正常数）$$

恒成立。证明：对于任意 $x \in (-\infty, +\infty)$，$f(x) \equiv c$（$c$ 为常数）。

7. 设 $f''(1)$ 存在，且 $\lim\limits_{x \to 1} \dfrac{f(x)}{x - 1} = 0$。记 $\varphi(x) = \int_0^1 f'[1 + (x - 1)t] dt$。求 $\varphi(x)$ 在 $x = 1$ 的某个邻域内的导数，并讨论 $\varphi'(x)$ 在 $x = 1$ 处的连续性。

8. 讨论函数 $f(x) = \begin{cases} \dfrac{x}{1 + e^{\frac{1}{x}}}, & x \neq 0 \\ 0, & x = 0 \end{cases}$，在 $x = 0$ 处是否可导。

9. 设 $f(x) = \dfrac{(x - 1)(x - 2) \cdots (x - n)}{(x + 1)(x + 2) \cdots (x + n)}$，求 $f'(1)$。

10. 设 $f(x)$ 可导，$F(x) = f(x)(1 + |\sin x|)$，若使 $F(x)$ 在 $x = 0$ 处可导，则必有（ ）。

A. $f(0) = 0$ 　　　　　　　　　　B. $f'(0) = 0$

C. $f(0) + f'(0) = 0$ 　　　　　　D. $f(0) - f'(0) = 0$

11. 设 $f(x) = a_1 \sin x + a_2 \sin 2x + \cdots + a_n \sin nx$，并且 $|f(x)| \leqslant |\sin x|$。求证：$|a_1 + 2a_2 + \cdots + na_n| \leqslant 1$。

12. 设 $f(x) = \begin{cases} e^{ax}, & x \leqslant 0 \\ (x - b)^3, & x > 0 \end{cases}$，在 $x = 0$ 处可导。

（1）求常数 $a$，$b$ 的值；

（2）求 $f(x)$ 在 $x = 0$ 处的微分。

13. 设 $f(x)$ 在 $x_0$ 处二阶可导，且 $f'(x_0) < 0$，$f''(x_0) < 0$，$\Delta x > 0$，记 $\Delta y = f(x_0 + \Delta x) - f(x_0)$，$\mathrm{d}y = f'(x_0)\Delta x$，则（　　）。

A. $\Delta y < \mathrm{d}y < 0$

B. $\Delta y > \mathrm{d}y > 0$

C. $\mathrm{d}y > \Delta y > 0$

D. $\mathrm{d}y < \Delta y < 0$

14. 设 $x^y = y^x$，其中 $y$ 是 $x$ 的函数，求 $\dfrac{\mathrm{d}y}{\mathrm{d}x}$。

15. 曲线 $\begin{cases} x = \arctan t \\ y = \ln\sqrt{1+t^2} \end{cases}$，上对应于 $t = 1$ 的法线方程为_____。

16. 曲线 $L$ 的极坐标方程是 $r = \theta$，则 $L$ 在点 $(r, \theta) = \left(\dfrac{\pi}{2}, \dfrac{\pi}{2}\right)$ 处的切线的直角坐标方程为_____。

17. 曲线 $\sin xy + \ln(y - x) = x$ 在点 $(0, 1)$ 处的切线方程是_____。

18. 设 $y = \tan^n x$ 在 $x = \dfrac{\pi}{4}$ 处的切线在 $x$ 轴上的截距为 $x_n$，求 $\lim\limits_{n \to \infty} y(x_n)$。

19. 设 $f(x)$ 有连续的一阶导数，且 $f(0) = 0$，$f'(0) = 1$。求极限 $\lim\limits_{x \to 0} \dfrac{xf(u)}{uf(x)}$，其中 $u$ 是曲线 $y = f(x)$ 在点 $(x, f(x))$ 处的切线在 $x$ 轴上的截距。

20. 设 $f(x) = a|\cos x| + b|\sin x|$ 在 $x = -\dfrac{\pi}{3}$ 处取得极小值，并且 $\int_{-\frac{\pi}{2}}^{\frac{\pi}{2}} [f(x)]^2 \,\mathrm{d}x = 2$。求常数 $a$，$b$ 的值。

21. 设 $f(x) = |x(1-x)|$，则（　　）。

A. $x = 0$ 是 $f(x)$ 的极值点，但点 $(0, 0)$ 不是曲线 $y = f(x)$ 的拐点

B. $x = 0$ 不是 $f(x)$ 的极值点，但点 $(0, 0)$ 是曲线 $y = f(x)$ 的拐点

C. $x = 0$ 是 $f(x)$ 的极值点，且点 $(0, 0)$ 是曲线 $y = f(x)$ 的拐点

D. $x = 0$ 不是 $f(x)$ 的极值点，点 $(0, 0)$ 也不是曲线 $y = f(x)$ 的拐点

22. 下列曲线中有斜渐近线的是（　　）。

A. $y = x + \sin x$

B. $y = x^2 + \sin x$

C. $y = x + \sin\dfrac{1}{x}$

D. $y = x^2 + \sin\dfrac{1}{x}$

# 第 3 章

# 中值定理与导数的应用

## 3.1 中值定理

### 3.1.1 Rolle 定理

若函数 $f(x)$ 满足（1）在闭区间 $[a, b]$ 上连续；（2）在开区间内可导；（3）$f(a) = f(b)$，则在 $(a, b)$ 内至少存在一点 $\xi$，使 $f'(\xi) = 0 (a, b)$。

$f \in C[a, b] \cap D(a, b)$，且 $f(a) = f(b)$，则 $\exists \xi \in (a, b)$，使 $f'(\xi) = 0$。

分析：如图 3-1 所示从函数曲线上看，Rolle 定理说的是，如果曲线 $y = f(x)$ 在 $[a, b]$ 两端的纵坐标相等，那么一定在区间 $(a, b)$ 内存在着曲线切线平行于 $x$ 轴的点。

证：由条件（1），函数 $f(x)$ 在闭区间 $[a, b]$ 上连续，所以函数在闭区间上一定有最大值和最小值：$M = \max\limits_{x \in [a,b]} \{f(x)\}$，$m = \min\limits_{x \in [a,b]} \{f(x)\}$，且 $M > m$。又因为 $f(a) = f(b)$，可以肯定这两个最值点中至少有一个不在闭区间的端点 $a$ 或 $b$ 上，落入开区间 $(a, b)$ 内，成为 $f(x)$ 的一个极值点。条件（2）保证了函数在该极值点可导，符合 Fermat 引理要求，所以至少存在一点 $\xi \in (a, b)$ 使得 $f'(\xi) = 0$。

如果 $M = m$，表示 $f(x)$ 在闭区间 $[a, b]$ 上恒为常量，即 $f(x) = c$，$\forall \xi \in (a, b)$ 都有 $f'(\xi) = 0$。定理证毕。

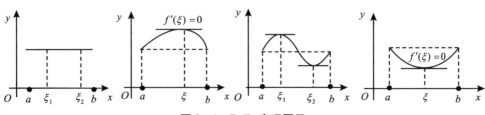

图 3-1 Rolle 定理图示

**【例题 3.1.1】**（2008 年・考研数二第 1 题）设函数 $f(x) = x^2(x-1)(x-2)$，求 $f'(x)$ 的零点个数为（　　）。

A. 0　　　　　　　B. 1　　　　　　　C. 2　　　　　　　D. 3

答案：D

解：因为 $f(0) = f(1) = f(2) = 0$，由 Rolle 定理知至少有 $\xi_1 \in (0, 1)$，$\xi_2 \in (1, 2)$ 使 $f'(\xi_1) = f'(\xi_2) = 0$，所以 $f'(x)$ 至少有两个零点，又 $f'(x)$ 中含有因子 $x$，故 $x = 0$ 也是 $f'(x)$ 的零点。

**【例题 3.1.2】**（2003 年・考研数三第 8 题）设函数 $f(x)$ 在 $[0, 3]$ 上连续，在 $(0, 3)$ 内可导，并且 $f(0) + f(1) + f(2) = 3$，$f(3) = 1$。试证：$\exists \xi \in (0, 3)$ 使得 $f'(\xi) = 0$。

证：因为 $f(x)$ 在 $[0, 3]$ 上连续，所以 $f(x)$ 在 $[0, 2]$ 上连续，且在 $[0, 2]$ 上必有最大值 $M$ 和最小值 $m$。

$$m \leqslant f(0) \leqslant M, \quad m \leqslant f(1) \leqslant M, \quad m \leqslant f(2) \leqslant M,$$

$$\text{故 } m \leqslant \frac{f(0) + f(1) + f(2)}{3} \leqslant M。$$

由介值定理知，至少存在一点 $c \in [0, 2]$，使 $f(c) = \dfrac{f(0) + f(1) + f(2)}{3} = 1$。因为 $f(c) = 1 = f(3)$ 且 $f(x)$ 在 $[c, 3]$ 上连续，在 $[c, 3]$ 内可导，所以由 Rolle 定理知，必 $\exists \xi \in (c, 3) \subset (0, 3)$ 使得 $f'(\xi) = 0$。

**【例题 3.1.3】**证明方程 $x^3 + 2x + 2 = 0$ 只有一个实根。

证：显然，$f(x) = x^3 + 2x + 2$ 是连续函数。

由于 $f(-1) = -1$，$f(0) = 2$，所以函数在开区间 $(-1, 0)$ 内有一个零点，

即方程 $x^3 + 2x + 2 = 0$ 在开区间 $(-1, 0)$ 内有一个实根。

由于 $f'(x) = 3x^2 + 2 > 0$，函数 $f(x) = x^3 + 2x + 2$ 在整个定义域上单调增加，如果存在零点不能有两个。下面用反证法证明函数 $f(x) = x^3 + 2x + 2$ 只有一个零点。

假设 $f(x)$ 有两个零点，即 $f(x_1) = 0$，$f(x_2) = 0$（$x_1 < x_2$），那么在闭区间 $[x_1, x_2]$ 上 $f(x)$ 满足 Rolle 定理三条件，应当在开区间 $(x_1, x_2)$ 内至少存在一点 $\xi$，使得 $f'(\xi) = 0$，但这与 $f'(\xi) = 3\xi^2 + 2 > 0$ 相抵触。所以方程的实根只有一个。

**【例题 3.1.4】**（2017 年・考研数二第 19 题）若函数 $f(x)$ 在区间 $[0, 1]$ 上具有二阶导数，且 $f(1) > 0$，$\lim\limits_{x \to 0^+} \dfrac{f(x)}{x} < 0$，证明：方程 $f(x)f''(x) + [f'(x)]^2 = 0$ 在区间 $(0, 1)$ 内至少存在两个不同实根。

证：令 $F(x) = f(x)f'(x)$，则 $F'(x) = f(x)f''(x) + f'^2(x)$，由 $f(0) = f(x_0) = 0$，得存在 $x \in (0, x_0)$，使得 $f'(\xi_1) = 0$，因 $f(0) = f(x_0) = 0$，所以 $F(0) = F(\xi_1) = F(x_0)$。

根据 Rolle 定理，存在 $\eta_1 \in (0, \xi_1)$，$\eta_2 \in (\xi_1, x_0)$，使 $F'(\eta_1) = 0$，$F'(\eta_2) = 0$，即方程 $f(x)f''(x) + f'^2(x) = 0$ 在 $(0, 1)$ 内至少有两个不同的实根。

### 3.1.2　Lagrange 中值定理

若函数 $f(x)$ 满足（1）在闭区间 $[a, b]$ 上连续；（2）在开区间 $(a, b)$ 内可导，则在 $(a, b)$ 内至少有一点 $\xi(a < \xi < b)$，使得：

$$f(b) - f(a) = f'(\xi)(b - a)$$

$f \in C[a, b] \cap D(a, b)$，则 $\exists \xi \in (a, b)$，使 $f(b) - f(a) = f'(\xi)(a - b)$。

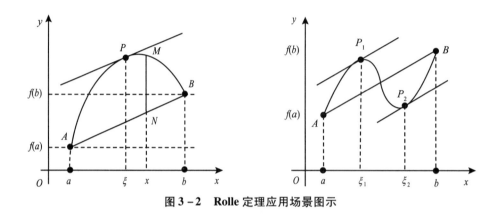

**图 3 - 2　Rolle 定理应用场景图示**

分析：设 $A$、$B$ 为在闭区间 $[a, b]$ 上曲线 $y = f(x)$ 的两个端点，比值 $\dfrac{f(b) - f(a)}{b - a}$ 是割线 $\overline{AB}$ 的斜率，Lagrange 中值定理断言：在曲线 $\overset{\frown}{AB}$ 上至少存在一点 $P[\xi, f(\xi)]$，曲线在 $P$ 点的切线与割线 $\overline{AB}$ 平行。如果 $f(a) = f(b)$，$f'(\xi) = 0$，Lagrange 中值定理退化为 Rolle 定理。

从图 3 - 2 中不难看出，垂直于 $x$ 轴的直线被曲线 $\overset{\frown}{AB}$ 和割线 $\overline{AB}$ 截出的线段 $\overline{MN}$ 之长度是 $x$ 的函数，这个函数在 $A$、$B$ 两点的值都是零。因此，在区间 $[a, b]$ 上，可以对这个函数应用 Rolle 定理。

曲线 $\overset{\frown}{AB}$：$y_1 = f(x)$；割线 $\overline{AB}$：$y_2 = L(x) = f(a) + \dfrac{f(b) - f(a)}{b - a}(x - a)$；

截线 $\overline{MN}$：$\overline{MN} = F(x) = y_1 - y_2$，构造出一个辅助函数：

$$F(x) = f(x) - L(x) = f(x) - f(a) - \frac{f(b) - f(a)}{b - a}(x - a)$$

函数 $F(x)$ 满足 Rolle 定理三条件。

证：作辅助函数①

$$F(x) = f(x) - f(a) - \frac{f(b) - f(a)}{b - a}(x - a)$$

它满足（1）在闭区间 $[a, b]$ 上连续；（2）在开区间 $(a, b)$ 内可导；（3）$F(a) = F(b)$ 三条件，根据 Rolle 定理，$\exists \xi \in (a, b)$，使得 $F'(\xi) = 0$，即 $f'(\xi) - \frac{f(b) - f(a)}{b - a} = 0$，得

$$f(b) - f(a) = f'(\xi)(b - a)$$

推论：在开区间 $(a, b)$ 内，如果函数 $f(x)$ 导数恒为零（$f'(x) \equiv 0$），则函数 $f(x)$ 在 $(a, b)$ 内是个常数，即 $f(x) = c$。

证：在区间 $(a, b)$ 内任取两点 $x_1 < x_2$，由 Lagrange 中值定理

$$f(x_2) - f(x_1) = f'(\xi)(x_2 - x_1) \quad \xi \in (x_1, x_2)$$

由于 $f'(\xi) = 0$，故 $f(x_2) = f(x_1)$，由 $x_1$，$x_2$ 在区间 $(a, b)$ 内的任意性，可知 $f(x)$ 在 $(a, b)$ 内的函数值为常数。

【例题 3.1.5】（2013 年·考研数三第 19 题）设函数 $f(x)$ 在 $[0, +\infty]$ 上可导，$f(0) = 0$ 且 $\lim\limits_{x \to +\infty} f(x) = 2$，存在 $a > 0$，使得 $f(a) = 1$，证明：$\xi \in (0, a)$ 点，使得 $f'(\xi) = \frac{1}{a}$。

证：由 Lagrange 中值定理，存在 $\xi \in (0, a)$，使得

$$f'(\xi) = \frac{f(a) - f(0)}{a - 0} = \frac{1}{a}$$

【例题 3.1.6】证明下列不等式

$$x > 1 \text{ 时，} e^x > xe$$

证：设函数 $f(x) = e^x$，显然 $f \in C[1, x] \cap D(1, x)$，即函数在闭区间 $[1, x]$ 上满足 Lagrange 中值定理条件，有 $f(x) - f(1) = f'(\xi)(x - 1)(1 < \xi < x)$，即：

$$e^x - e = e^\xi (x - 1) \quad (1 < \xi < x)$$

因为，当 $1 < \xi$ 时，$e < e^\xi$，代入上式得 $e^x - e > e(x - 1)$，所以：

$$e^x > xe \quad (x > 1)$$

【例题 3.1.7】（2018 年·考研数二第 21 题）

设数列 $\{x_n\}$ 满足：$x_1 > 0$，$x_n e^{x_{n+1}} = e^{x_n} - 1 (n = 1, 2, \cdots)$，证明 $\{x_n\}$ 收敛，并求 $\lim\limits_{n \to \infty} \{x_n\}$。

───────────────

① 还可以有其他方法设置辅助函数，例如：

(1) $F(x) = f(x) - \frac{f(b) - f(a)}{b - a} x$，$F(a) = F(b) = \frac{bf(a) - af(b)}{b - a}$

(2) $F(x) = \begin{vmatrix} f(x) & x & 1 \\ f(b) & b & 1 \\ f(a) & a & 1 \end{vmatrix}$，$F(a) = F(b) = 0$，$F'(\xi) = \begin{vmatrix} f'(\xi) & 1 & 0 \\ f(b) & b & 1 \\ f(a) & a & 1 \end{vmatrix}$

解：先证 $x_n > 0$ 易证；再证 $\{x_n\}$ 单减，根据 Lagrange 中值定理，由：

$$e^{x_{n+1}} = \frac{e^{x_n}-1}{x_n} = \frac{e^{x_n}-e^0}{x_n-0}$$

$e^\xi$，$\xi \in (0, x_n)$，所以 $x_{n+1} = \xi < x_n$。

设 $\lim\limits_{x \to +\infty} x_n = A$，则：

$$Ae^A = e^A - 1 \Rightarrow A = 0。$$

【例题 3.1.8】（2019 年·考研数二第 21 题）已知函数 $f(x, y)$ 在 $[0, 1]$ 上具有二阶函数，且 $f(0)=0$，$f(1)=1$，$\int_0^1 f(x)dx = 1$，证明：（1）存在 $\xi \in (0, 1)$，试使得 $f'(\xi)=0$；（2）存在 $\eta \in (0, 1)$，使得 $f''(\eta) < -2$.

证：（1）设 $f(x)$ 在 $\xi$ 处取得最大值，则由条件 $f(0)=0$，$f(1)=1$，$\int_0^1 f(x)dx = 1$ 可知 $f(\xi) > 1$，于是 $0 < \xi < 1$，根据费马引理得 $f'(\xi)=0$。

（2）若不存在 $\eta \in (0, 1)$，使 $f(\eta) < -2$，则对任何 $x \in (0, 1)$，有 $f(x) \geqslant -2$，由 Lagrange 中值定理得：

$$f(x) - f(\xi) = f(c)(x - \xi)，c 介于 x 与 \xi 之间。$$

不妨设 $x \leqslant \xi$，$f'(x) \leqslant -2(x-\xi)$，积分得：

$$\int_0^\xi f'(x)dx \leqslant -2\int_0^\xi (x-\xi)dx = \xi^2 < 1,$$

于是 $f(\xi) - f(0) < 1$，即 $f(\xi) < 1$，这与 $f(\xi) > 1$ 相矛盾，所以故存在 $\eta \in (0, 1)$，使 $f(\eta) < -2$。

微分中值定理建立了函数在一个区间上的增量与函数在这区间内某点导数间的精确联系，使我们可以通过导数去了解函数在区间上的性态。但是对于区间内的点 $\xi$（或 $x+\theta\Delta x$ 中的 $\theta$ 值），定理仅仅肯定了它的存在，并没有给出它的求法，这与近似表达究竟哪一个更好些呢？虽然当 $\Delta x \to 0$ 时，$\xi \to x_0$，它们是统一的。

### 3.1.3 Cauchy 定理

若函数 $f(x)$ 和 $g(x)$ 满足（1）在闭区间 $[a, b]$ 上连续；（2）在开区间 $(a, b)$ 内可导，且 $g'(x) \neq 0$，则在 $(a, b)$ 内至少存在一点 $\xi$，使得：

$$\frac{f(b)-f(a)}{g(b)-g(a)} = \frac{f'(\xi)}{g'(\xi)}$$

$\begin{array}{l} f, g \in C[a, b] \cap D(a, b) \\ g'(x) \neq 0, x \in (a, b) \end{array}$，则 $\exists \xi \in (a, b)$，使 $\dfrac{f(b)-f(a)}{g(b)-g(a)} = \dfrac{f'(\xi)}{g'(\xi)}$

证：首先需要证明 $g(b) - g(a) \neq 0$，否则此式无意义。用反证法，若 $g(b) = g(a)$，那么函数 $g(x)$ 满足 Rolle 定理条件，在 $(a, b)$ 内至少存在一点 $\xi$，使得 $g'(\xi)=0$ 这与条件（2）相抵触，故 $g(b) \neq g(a)$。

作辅助函数 $F(x)=f(x)-\dfrac{f(b)-f(a)}{g(b)-g(a)}g(x)$，$F(x)\in C[a,b]\cap D(a,b)$，并且：

$$F(a)=f(a)-\frac{f(b)-f(a)}{g(b)-g(a)}g(a)=\frac{f(a)g(b)-f(b)g(a)}{g(b)-g(a)}$$

$$F(b)=f(b)-\frac{f(b)-f(a)}{g(b)-g(a)}g(b)=\frac{f(a)g(b)-f(b)g(a)}{g(b)-g(a)}$$

所以 $F(x)$ 满足 Rolle 定理条件，因此在 $(a,b)$ 内至少存在一点 $\xi$，使得 $F'(\xi)=0$，即：

$$f'(\xi)-\frac{f(b)-f(a)}{g(b)-g(a)}g'(\xi)=0 \quad 或 \quad \frac{f(b)-f(a)}{g(b)-g(a)}=\frac{f'(\xi)}{g'(\xi)}$$

Cauchy 定理由此得证。

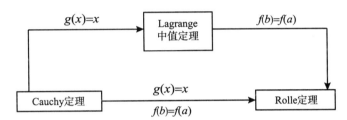

图 3－3　**Lagrange 中值定理、Cauchy 定理和 Rolle 定理的关系图**

如果 $g(x)=x$，$g'(\xi)=1$，$g(b)-g(a)=b-a$ Cauchy 定理返回到 Lagrange 中值定理的形式。这 3 个中值定理的关系可由框图 3－3 给出。

【**例题 3.1.9**】（2003 年・考研数三第 10 题）设函数 $f(x)$ 在闭区间 $[a,b]$ 上连续，在开区间 $(a,b)$ 内可导，且 $f'(x)>0$，若极限 $\lim\limits_{x\to a^{+}}\dfrac{f(2x-a)}{x-a}$ 存在，证明在 $(a,b)$ 内存在点 $\xi$，使 $\dfrac{b^{2}-a^{2}}{\displaystyle\int_{a}^{b}f(x)\mathrm{d}x}=\dfrac{2\xi}{f(\xi)}$。

证：设 $F(x)=x^{2}$，$g(x)=\displaystyle\int_{a}^{x}f(t)\mathrm{d}t$，$(a\leqslant x\leqslant b)$，则 $g'(x)=f(x)>0$，故 $F(x)$，$g(x)$ 满足 Cauchy 中值定理的条件，于是在 $(a,b)$ 内存在点 $\xi$，使：

$$\frac{F(b)-F(a)}{g(b)-g(a)}=\frac{b^{2}-a^{2}}{\displaystyle\int_{a}^{b}f(t)\mathrm{d}t-\int_{a}^{a}f(t)\mathrm{d}t}=\frac{(x^{2})'}{\left(\displaystyle\int_{a}^{x}f(t)\mathrm{d}t\right)'}\Bigg|_{x=\xi}$$

$$即\frac{b^{2}-a^{2}}{\displaystyle\int_{a}^{b}f(x)\mathrm{d}x}=\frac{2\xi}{f(\xi)}。$$

## 3.2 未定型极限 洛必达法则

### 3.2.1 $\frac{0}{0}$，$\frac{\infty}{\infty}$ 型的未定型极限，L'Hospital 法则

无论 $x \to x_0$ 时，还是 $x \to \infty$ 时，如果：

$$\lim f(x) = 0, \quad \lim g(x) = 0, \quad \text{或者} \quad \lim f(x) = \infty, \quad \lim g(x) = \infty$$

称 $\lim \dfrac{f(x)}{g(x)}$ 为 "$\dfrac{0}{0}$" 或 "$\dfrac{\infty}{\infty}$" 型的未定型极限，这类极限可能存在也可能不存在。

若极限 $\lim \dfrac{f'(x)}{g'(x)}$ 存在，则有 $\lim \dfrac{f(x)}{g(x)} = \lim \dfrac{f'(x)}{g'(x)}$。注意：这是在一定条件（充分的，不是必要的）下，通过分子、分母分别求导再求极限的一种方法，称为 L'Hospital 法则。

如果 $\lim\limits_{x \to x_0} \dfrac{f'(x)}{g'(x)}$ 仍为 "$\dfrac{0}{0}$" 型的未定型极限，但是极限 $\lim\limits_{x \to x_0} \dfrac{f''(x)}{g''(x)}$ 存在，可继续运用 L'Hospital 法则，并依此类推。

$$\lim_{x \to x_0} \frac{f(x)}{g(x)} = \lim_{x \to x_0} \frac{f'(x)}{g'(x)} = \lim_{x \to x_0} \frac{f''(x)}{g''(x)}$$

定理中的 $x \to x_0$ 如果换为 $x \to x_0^+$，$x \to x_0^-$ 也可得到相应的结论，对于 $x \to \infty$ 以及 $x \to +\infty$、$x \to -\infty$ 的情形，可以通过变量替换 $u = 1/x$，转化为 $u \to 0$ 的情形，也有类似的结果。对于 "$\dfrac{\infty}{\infty}$" 型的未定型极限也有同样的计算法则。

【例题 3.2.1】求下列极限。

（1）$\lim\limits_{x \to 2} \dfrac{\ln(3-x)}{x-2}$ "$\dfrac{0}{0}$" 型。

解：当 $x \to 2$ 时，$\ln(3-x) \sim (2-x)$，则：

$$\lim_{x \to 2} \frac{\ln(3-x)}{x-2} = \lim_{x \to 2} \frac{-1}{3-x} = -1$$

（2）$\lim\limits_{x \to \frac{\pi}{2}} \dfrac{\sqrt{x^2 + \cos x} - \dfrac{\pi}{2}}{x - \dfrac{\pi}{2}}$ "$\dfrac{0}{0}$" 型。

解：$\lim\limits_{x \to \frac{\pi}{2}} \dfrac{\sqrt{x^2 + \cos x} - \dfrac{\pi}{2}}{x - \dfrac{\pi}{2}} = \lim\limits_{x \to \frac{\pi}{2}} \dfrac{2x - \sin x}{2\sqrt{x^2 + \cos x}} = \dfrac{\pi - 1}{\pi}$

（3）$\lim\limits_{x \to 2} \dfrac{x^3 - x^2 - 8x + 12}{2x^3 - 7x^2 + 4x + 4}$ "$\dfrac{0}{0}$" 型。

解：$\lim\limits_{x\to 2}\dfrac{x^3-x^2-8x+12}{2x^3-7x^2+4x+4}=\lim\limits_{x\to 2}\dfrac{3x^2-2x-8}{6x^2-14x+4}$

$=\lim\limits_{x\to 2}\dfrac{6x-2}{12x-14}=1$

在计算中，每一步使用 L'Hospital 法则前都要验证极限是否为 "$\dfrac{0}{0}$" 型未定式，否则不能继续使用。

（4）$\lim\limits_{x\to 0}\dfrac{x-x\cos x}{x-\sin x}$　　"$\dfrac{0}{0}$" 型。

解：$\lim\limits_{x\to 0}\dfrac{x-x\cos x}{x-\sin x}=\lim\limits_{x\to 0}\dfrac{x(1-\cos x)}{x-\sin x}=\lim\limits_{x\to 0}\dfrac{x^3}{2(x-\sin x)}=\lim\limits_{x\to 0}\dfrac{3x^2}{2(1-\cos x)}=3$

（5）$\lim\limits_{x\to\frac{\pi}{2}}\dfrac{\tan 5x}{\tan x}$　　"$\dfrac{\infty}{\infty}$" 型。

解：$\lim\limits_{x\to\frac{\pi}{2}}\dfrac{\tan 5x}{\tan x}=\lim\limits_{x\to\frac{\pi}{2}}\left(\dfrac{\sin 5x}{\sin x}\cdot\dfrac{\cos x}{\cos 5x}\right)=\lim\limits_{x\to\frac{\pi}{2}}\dfrac{\cos x}{\cos 5x}=\lim\limits_{x\to\frac{\pi}{2}}\dfrac{-\sin x}{-5\sin 5x}=\dfrac{1}{5}$

（6）$\lim\limits_{x\to\infty}\dfrac{x+\sin x}{x}$　　"$\dfrac{\infty}{\infty}$" 型。

解：$\lim\limits_{x\to\infty}\dfrac{x+\sin x}{x}=\lim\limits_{x\to\infty}\left(1+\dfrac{\sin x}{x}\right)=1$ 极限存在，但不能用 L'Hospital 法则计算。

### 3.2.2　$0\cdot\infty$，$\infty-\infty$，$0^0$，$1^{\infty}$，$\infty^0$ 型未定型极限的计算法

这几种未定型极限可以化为 "$\dfrac{0}{0}$" 或 "$\dfrac{\infty}{\infty}$" 的未定型极限，再计算。

$f(x)\to 0$，$g(x)\to 0$ 时或 $f(x)\to\infty$，$g(x)\to 0$ 时，幂指函数 $[f(x)]^{g(x)}$ 可通过取对数：$\ln[f(x)]^{g(x)}=g(x)\ln f(x)$ 的方法，将 $f(x)$ 和 $g(x)$ 分离。

虽然 L'Hospital 法则是计算未定型极限的有效方法，也要注意和利用重要极限、等价无穷小代换等其他计算极限的方法结合起来。

【例题 3.2.2】求下列极限。

（1）$\lim\limits_{x\to\infty}\left[x(e^{\frac{1}{x}}-1)\right]$　　"$\infty\cdot 0$" 型。

解：$\lim\limits_{x\to\infty}\left[x(e^{\frac{1}{x}}-1)\right]=\lim\limits_{x\to\infty}\dfrac{e^{\frac{1}{x}}-1}{\dfrac{1}{x}}=\lim\limits_{u\to 0}\dfrac{e^u-1}{u}=\lim\limits_{u\to 0}\dfrac{e^u}{1}=1$

（2）$\lim\limits_{x\to\infty}\left(\sqrt{x^2+x}-\sqrt{x^2-x}\right)$　　"$\infty-\infty$" 型。

解：$\lim\limits_{x\to\infty}\left(\sqrt{x^2+x}-\sqrt{x^2-x}\right)=\lim\limits_{x\to\infty}\dfrac{x^2+x-x^2+x}{\sqrt{x^2+x}+\sqrt{x^2-x}}=\lim\limits_{x\to\infty}\dfrac{2}{\sqrt{1+\dfrac{1}{x}}+\sqrt{1-\dfrac{1}{x}}}=1$

（3）$\lim\limits_{x\to 0}\left(\dfrac{1}{\sin^2 x}-\dfrac{1}{x^2}\right)$　　"$\infty-\infty$" 型。

解：$\lim\limits_{x \to 0}\left(\dfrac{1}{\sin^2 x} - \dfrac{1}{x^2}\right) = \lim\limits_{x \to 0}\dfrac{x^2 - \sin^2 x}{x^2 \sin^2 x} = \lim\limits_{x \to 0}\dfrac{x^2 - \sin^2 x}{x^4} = \lim\limits_{x \to 0}\dfrac{2x - \sin 2x}{4x^3}$

$\qquad\qquad = \lim\limits_{x \to 0}\dfrac{2(1 - \cos 2x)}{12x^2} = \dfrac{1}{3}$

（4）$\lim\limits_{x \to 0}\left(\dfrac{\sin x}{x}\right)^{\frac{1}{1 - \cos x}}$ "$1^\infty$" 型。

解：$\lim\limits_{x \to 0}\left(1 + \dfrac{\sin x - x}{x}\right)^{\frac{x}{\sin x - x} \cdot \frac{\sin x - x}{x(1 - \cos x)}} = e^{-\frac{1}{3}}$

（5）$\lim\limits_{x \to 0}\left(\dfrac{1}{x} - \dfrac{1}{e^x - 1}\right)$ "$\infty - \infty$" 型。

解：$\lim\limits_{x \to 0}\left(\dfrac{1}{x} - \dfrac{1}{e^x - 1}\right) = \lim\limits_{x \to 0}\dfrac{e^x - 1 - x}{xe^x - x} = \lim\limits_{x \to 0}\dfrac{e^x - 1}{e^x + xe^x - 1} = \lim\limits_{x \to 0}\dfrac{e^x}{e^x + e^x + xe^x} = \lim\limits_{x \to 0}\dfrac{1}{2 + x} = \dfrac{1}{2}$

（6）$\lim\limits_{x \to 0}\left(\dfrac{a^x + b^x}{2}\right)^{\frac{1}{x}}$ $(a > 0,\ b > 0)$ "$1^\infty$" 型。

解：$\lim\limits_{x \to 0}\left(\dfrac{a^x + b^x}{2}\right)^{\frac{1}{x}} = \lim e^{\frac{1}{x}\ln\frac{a^x + b^x}{2}} = e^{\lim\limits_{x \to 0}\frac{\ln\frac{a^x + b^x}{2}}{x}} = e^{\lim\limits_{x \to 0}\frac{a^x \ln a + b^x \ln b}{a^x + b^x}} = e^{\frac{\ln ab}{2}} = \sqrt{ab}$

另一种方法：$\lim\limits_{x \to 0}\left(\dfrac{a^x + b^x}{2}\right)^{\frac{1}{x}} = \lim\limits_{x \to 0}\left(1 + \dfrac{a^x + b^x - 2}{2}\right)^{\frac{1}{x}} = \lim\limits_{x \to 0}\left(1 + \dfrac{a^x + b^x - 2}{2}\right)^{\frac{2}{a^x + b^x - 2} \cdot \frac{a^x + b^x - 2}{2x}}$

$\qquad\qquad = \lim\limits_{x \to 0} e^{\frac{a^x + b^x - 2}{2x}} = e^{\lim\limits_{x \to 0}\frac{a^x + b^x - 2}{2x}} = e^{\frac{1}{2}(\ln a + \ln b)} = \sqrt{ab}$

## 3.3　Taylor 公式与 Maclaurin 公式

Lagrange 中值定理给出了函数 $f(x)$ 在点 $x_0$ 附近的线性表达式：

$$f(x) = f(x_0) + f'(\xi)(x - x_0)$$

式中 $\xi$ 介于 $x_0$ 与 $x$ 之间，$\xi$ 随着活动端点 $x$ 的变化而改变。中值定理肯定了 $\xi$ 在开区间内的存在，却没有提供 $\xi$ 与 $x$ 的对应关系，使上式并不适合于实际的数值运算。

以函数微分作为函数增量的近似值时，可以用点 $x_0$ 附近的线性函数近似表达 $f(x)$：

$$f(x) \approx f(x_0) + f'(x_0)(x - x_0)$$

这种计算的精度不高，它产生的误差与 $|x - x_0|$ 有关，区间越宽，误差越大，因此，不适合精度要求高并且需要对误差作出估计的情况。随着 $x \to x_0$，有 $\xi \to x_0$，且近似式的误差也随之减小，但是我们了解函数的范围 $(x_0, x)$ 也将随着这一过程缩小。为此我们引入余项 $R_1(x)$ 表示误差，将近似式改为等式 $f(x) = f(x_0) + f'(x_0)(x - x_0) + R_1(x)$。

中值定理有待继续深入，研究函数的增量与其高阶导数的关系势在必行。

### 3.3.1　函数增量与二阶导数的关系

引理 1：设函数 $f(x)$ 在含有 $x_0$ 的开区间 $(a, b)$ 内二阶可导，$\forall x \in (a, b)$ 有：
$$f(x) = f(x_0) + f'(x_0)(x - x_0) + R_1(x)$$
其中一阶余项 $R_1(x) = \dfrac{f''(\xi)}{2!}(x - x_0)^2$，$\xi$ 介于 $x_0$ 与 $x$ 之间。

证：一阶余项 $R_1(x) = f(x) - f(x_0) - f'(x_0)(x - x_0)$，$R_1(x_0) = 0$

一阶导数 $R_1'(x) = f'(x) - f'(x_0)$，$R_1'(x_0) = 0$

$R''_1(x) = f''(x)$，即余项 $R_1(x)$ 在开区间 $(a, b)$ 内二阶可导。

在以 $x_0$ 与 $x$ 为端点的闭区间上对函数 $R_1(x)$ 和函数 $(x - x_0)^2$ 进行比较，根据 Cauchy 定理：

$$\frac{R_1(x)}{(x - x_0)^2} = \frac{R_1(x) - R_1(x_0)}{(x - x_0)^2 - (x_0 - x_0)^2} = \frac{R_1'(\xi_1)}{2(\xi_1 - x_0)} \quad (\xi_1 \text{ 介于 } x_0 \text{ 与 } x \text{ 之间})$$

在以 $x_0$ 与 $\xi_1$ 为端点的闭区间上，继续比较函数 $R_1'(\xi_1)$ 与函数 $2(\xi_1 - x_0)$，再次应用 Cauchy 定理：

$$\frac{R_1'(\xi_1)}{2(\xi_1 - x_0)} = \frac{R_1'(\xi_1) - R_1'(x_0)}{2(\xi_1 - x_0) - 2(x_0 - x_0)} = \frac{R''(\xi)}{2!} = \frac{f''(\xi)}{2!}$$
$$(\xi \text{ 介于 } x_0 \text{ 与 } \xi_1 \text{ 之间，也就介于 } x_0 \text{ 与 } x \text{ 之间})$$

因此，$\dfrac{R_1(x)}{(x - x_0)^2} = \dfrac{f''(\xi)}{2!}$（$\xi$ 介于 $x_0$ 与 $x$ 之间），得一阶余项：

$$R_1(x) = \frac{f''(\xi)}{2!}(x - x_0)^2 \quad (\xi \text{ 介于 } x_0 \text{ 与 } x \text{ 之间})$$

此式中仍出现由待定 $\xi$ 决定的 $f''(\xi)$，但它要除以 $2!$，作为 $(x - x_0)^2$ 项的系数。将：

$$f(x) = f(x_0) + f'(x_0)(x - x_0) + \frac{f''(\xi)}{2!}(x - x_0)^2$$

改写为含有二阶余项 $R_2(x)$ 的等式：

$$f(x) = f(x_0) + f'(x_0)(x - x_0) + \frac{f''(x_0)}{2!}(x - x_0)^2 + R_2(x)$$

函数展开式出现多项式形态，不确定项向高阶余项推移。

### 3.3.2　Taylor 公式

#### 3.3.2.1　$n$ 次多项式逼近 $f(x)$

$n$ 次多项式函数 $P_n(x)$ 由整数次幂的幂函数所组成，即：

$$P_n(x) = a_0 + a_1(x - x_0) + a_2(x - x_0)^2 + \cdots + a_n(x - x_0)^n$$

显然，整数次幂的多项式函数属于简单函数，各点的函数值可以直接计算，而且多项式函数 $P_n(x)$ 为 $n$ 阶可导，直至 $n+1$ 阶导数为零：$P_n^{(n+1)}(x)=0$。对多项式函数 $P_n(x)$ 逐次求导，可得各次幂项的系数 $a_n$ 与它各阶导数在 $x_0$ 点的值 $P_n^{(n)}(x_0)$ 有以下关系：

$$a_0 = P_n(x_0)，a_1 = P_n'(x_0)，a_2 = \frac{1}{2!}P_n''(x_0)，\cdots，a_n = \frac{1}{n!}P_n^{(n)}(x_0)$$

故 $P_n(x) = P_n(x_0) + P_n'(x_0)(x-x_0) + \frac{P_n''(x_0)}{2!}(x-x_0)^2 + \cdots + \frac{P_n^{(n)}(x_0)}{n!}(x-x_0)^n$

若在 $x_0$ 点附近以多项式 $P_n(x)$ 逼近函数 $f(x)$，就应当要求 $P_n(x)$ 和 $f(x)$ 在 $x_0$ 点处的函数值，一阶导数值，直至 $n$ 阶导数值都相等，即：

$$f(x_0) = P_n(x_0)，f'(x_0) = P_n'(x_0)，f''(x_0) = P_n''(x_0)，\cdots，f_n^{(n)}(x_0) = P_n^{(n)}(x_0)$$

显然，只需要做到：

$$f(x) \approx P_n(x) = f(x_0) + f'(x_0)(x-x_0) + \frac{f''(x_0)}{2!}(x-x_0)^2 + \cdots + \frac{f^{(n)}(x_0)}{n!}(x-x_0)^n \text{ 即可。}$$

为了表示误差，引入 $n$ 阶余项：

$$R_n(x) = f(x) - P_n(x)$$

可以设想，当 $x \to x_0$ 时，$R_n(x)$ 是比 $(x-x_0)^n$ 高阶的无穷小。

### 3.3.2.2　Taylor 多项式和 Lagrange 型余项

**Taylor 中值定理**：设函数 $f(x)$ 在含有 $x_0$ 的开区间 $I$ 上 $n+1$ 阶可导，$\forall x \in I$，在 $x_0$ 与 $x$ 之间至少存在一点 $\xi$，使：

$$f(x) = f(x_0) + f'(x_0)(x-x_0) + \cdots + \frac{f^{(n)}(x_0)}{n!}(x-x_0)^n + \frac{f^{(n+1)}(\xi)}{(n+1)!}(x-x_0)^{n+1}$$

式中，$f(x_0)，f'(x_0)，\frac{f''(x_0)}{2!}，\cdots，\frac{f^{(n)}(x_0)}{n!}，\cdots$ 称为 Taylor 系数；

$$P_n(x) = f(x_0) + f'(x_0)(x-x_0) + \cdots + \frac{f^{(n)}(x_0)}{n!}(x-x_0)^n$$

称为 $f(x)$ 在点 $x_0$ 处的 $n$ 次 Taylor 多项式；

$$R_n(x) = f(x) - P_n(x) = \frac{f^{(n+1)}(\xi)}{(n+1)!}(x-x_0)^{n+1} \quad (\xi \text{ 在 } x_0 \text{ 与 } x \text{ 之间})$$

称为 Lagrange 型余项[①]。

当 $n=0$ 时，$f(x) = f(x_0) + R_0(x) = f(x_0) + f'(\xi)(x-x_0)$，Taylor 中值定理回到了 Lagrange 中值定理。

---

① 或写为 $R_n(x) = \frac{f^{(n+1)}[x_0 + \theta(x-x_0)]}{(n+1)!}(x-x_0)^{n+1} \quad (0 < \theta < 1)$

如果 $|f^{(n+1)}(x)| \leq M$ 误差估计式相应变成：

$$|R_n(x)| \leq \frac{M}{(n+1)!}|x|^{n+1}$$

当 $n = 1$ 时，$f(x) = f(x_0) + f'(x_0)(x - x_0) + R_1(x)$，$R_1(x) = \dfrac{f''(\xi)}{2!}(x - x_0)^2$。

### 3.3.3　Maclaurin 公式

在 Taylor 公式中取 $x_0 = 0$，$\xi = \theta x$　（$0 < \theta < 1$），即成较简单的 Maclaurin 公式 $f(x) =$
$f(0) + f'(0)x + \dfrac{f''(0)}{2!}x^2 + \cdots + \dfrac{f^{(n)}(0)}{n!}x^n + \dfrac{f^{(n+1)}(\theta x)}{(n+1)!}x^{n+1}$　（$0 < \theta < 1$）

若函数 $f(x)$ 在包含 $x = 0$ 的区间内具有各阶导数，且在 $n \to \infty$ 时余项 $R_n(x)$ 的极限为零，那么，$f(x)$ 可展开成无穷项的 Maclaurin 级数：

$$f(x) = \sum_{n=1}^{\infty} \frac{f^{(n)}(0)}{n!}x^n$$

【例题 3.3.1】（2014 年·考研数三第 1 题）设 $P(x) = a + bx + cx^2 + dx^2$，当 $P(x) - \tan x$ 是比 $x^3$ 高阶的无穷小，则下列答案中错误的是（　　）。

A. $a = 0$　　　　　B. $b = 1$　　　　　C. $c = 0$　　　　　D. $d = \dfrac{1}{6}$

解：由 Taylor 公式 $\tan x = x + \dfrac{1}{3}x^3 + o(x^3)$ 得

$$\lim_{x \to 0} \frac{P(x) - \tan x}{x^3} = \lim_{x \to 0} \frac{a + (b-1)x + cx^2 + \left(d - \dfrac{1}{3}\right)x^3 + o(x^3)}{x^3} = 0，故 \ a = 0，b = 1，$$

$c = 0$，$d = \dfrac{1}{3}$，故选 D。

【例题 3.3.2】求下列函数的 Maclaurin 展开式：

（1）$f(x) = e^x$

解：$f(x) = f'(x) = f''(x) = \cdots = f^{(n)}(x) = e^x$，$f(0) = f'(0) = f''(0) = \cdots = f^{(n)}(0) = 1$

$$e^x = 1 + x + \frac{x^2}{2!} + \cdots + \frac{x^n}{n!} + R_n(x) \quad R_n(x) = \frac{e^{\theta x}}{(n+1)!}x^{n+1} \quad (0 < \theta < 1)$$

（2）$f(x) = e^{-x}$

解：$e^{-x} = 1 + (-x) + \dfrac{(-x)^2}{2!} + \cdots + \dfrac{(-x)^n}{n!} + R_n(-x)$

$$= 1 - x + \frac{x^2}{2!} + \cdots + (-1)^n \frac{x^n}{n!} + (-1)^{n+1} \frac{e^{-\theta x}}{(n+1)!}x^{n+1} \quad (0 < \theta < 1)$$

（3）$f(x) = \cos x = (\sin x)'$

解：$f^{(n)}(x) = \cos\left(x + n \cdot \dfrac{\pi}{2}\right)$　$f^{(n)}(0) = \cos n \cdot \dfrac{\pi}{2} = \begin{cases} 0 & n = 2m+1 \\ (-1)^m & n = 2m \end{cases}$

$$\cos x = 1 - \frac{x^2}{2!} + \frac{x^4}{4!} - \cdots + \frac{\cos \dfrac{n\pi}{2}}{n!}x^n + R_n(x)$$

$$R_n(x) = \frac{\cos\left[\theta x + (n+1)\frac{\pi}{2}\right]}{(n+1)!} x^{n+1} \quad 0 < \theta < 1$$

$$\cos x = 1 - \frac{x^2}{2!} + \frac{x^4}{4!} - \cdots + (-1)^m \frac{x^{2m}}{(2m)!} + R_{2m+1}(x)$$

## 3.4 函数曲线的凹凸性与描绘

### 3.4.1 曲线的凹凸和拐点

图 3 – 4 和图 3 – 5 中两条函数曲线都是上升的，但弯曲方向不同，曲线弯曲的方向通过上下凹凸来表述。

连接弧上任意两点的弦如果总在对应弧段的上方，则称此曲线弧为凹弧；连接任意两点的弦如果总在对应弧段的下方，则称此曲线弧为凸弧。

凹弧段各点的切线总位于曲线弧的下方，且曲线切线的斜率 $f'(x) = \tan\alpha$ 随着 $x$ 的增加而增加，即 $f'(x)$ 在凹弧段对应的区间内单调增，如图 3 – 4 所示；凸弧段各点的切线总位于曲线弧的上方，曲线切线的斜率随 $x$ 的增加而减少，即函数的 $f'(x)$ 在凸弧段对应的区间内单调减，见图 3 – 5。由于函数一阶导数的单调性可以通过函数二阶导数的符号作出判断，所以曲线的凹凸取决于函数二阶导数的符号。

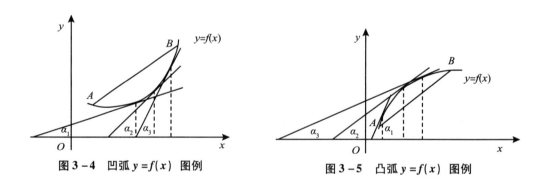

图 3 – 4　凹弧 $y = f(x)$ 图例　　　　　图 3 – 5　凸弧 $y = f(x)$ 图例

定理：设 $f \in C[a, b] \cap D^2(a, b)$，$\forall x \in (a, b)$，(1) 若 $f''(x) > 0$，则 $f(x)$ 的曲线在 $[a, b]$ 上是凹弧；(2) 若 $f''(x) < 0$，则 $f(x)$ 的曲线在 $[a, b]$ 上是凸弧。

曲线上凸弧与凹弧的分界点称为拐点。与在驻点和不可导点中寻找极值点相仿，二阶导数为零和不存在的点都可能成为函数曲线的拐点。是否成为拐点要看函数二阶导数在该点两侧的符号是否相反。

【例题 3.4.1】判断函数曲线的凹凸性和拐点。

（1）$y = \ln x$

解：$y' = 1/x > 0$，函数在整个定义域单调增，

$y'' = -1/x^2 < 0$，曲线全凸，无拐点。

（2）$y = 3x^4 - 4x^3 + 1$

解：$y' = 12x^3 - 12x^2 = 12x^2(x-1)$ 驻点：0，1

$y'' = 36x^2 - 24x = 12x(3x-2)$ 二阶导数为零的点：0，2/3（具体信息见表 3 - 1）。

表 3 - 1　　　　　　　函数 $y = 3x^4 - 4x^3 + 1$ 中 $f'(x)$、$f''(x)$ 和 $f(x)$ 分布情况

| $x$ | $(-\infty, 0)$ | 0 | $\left(0, \dfrac{2}{3}\right)$ | $\dfrac{2}{3}$ | $\left(\dfrac{2}{3}, 1\right)$ | 1 | $(1, +\infty)$ |
|---|---|---|---|---|---|---|---|
| $f'(x)$ | − | 0 | − | − | − | 0 | + |
| $f''(x)$ | + | 0 | − | 0 | + | 12 | + |
| $f(x)$ | ↘ | 拐点 | ↘ | 拐点 | ↘ | 极小值 0 | ↗ |

### 3.4.2　曲线的渐近线以及函数图形的观察与描绘

有些函数的图形坐落在原点附近的有限范围内，有些则无限伸展，远离原点。在无限延伸的图形中，有些曲线上的动点在远离原点时会与某一直线无限接近。这种直线称为曲线的渐近线。

定义：沿某一曲线无限远离原点的动点到一直线的距离趋近于零时，称此直线为曲线的一条渐近线。

曲线 $y = f(x)$ 的渐近线有三种类型：

（1）若 $\lim\limits_{x \to x_0} f(x) = \infty$，或 $\lim\limits_{x \to x_0^-} f(x) = \infty$，或 $\lim\limits_{x \to x_0^+} f(x) = \infty$，则直线 $x = x_0$ 是曲线 $y = f(x)$ 的一条铅直渐近线。点 $x = x_0$ 是函数 $y = f(x)$ 的一个无穷间断点。

（2）若 $\lim\limits_{x \to \infty} f(x) = b$，或 $\lim\limits_{x \to -\infty} f(x) = b$，或 $\lim\limits_{x \to +\infty} f(x) = b$，则直线 $y = b$ 是曲线 $y = f(x)$ 的一条水平渐近线。

（3）若 $\lim\limits_{x \to \infty} \dfrac{f(x)}{x} = k$，或 $\lim\limits_{x \to -\infty} \dfrac{f(x)}{x} = k$，或 $\lim\limits_{x \to +\infty} \dfrac{f(x)}{x} = k$，且 $\lim\limits_{x \to \infty} [f(x) - kx] = b$，则直线 $y = kx + b$ 是曲线 $y = f(x)$ 的一条斜渐近线。

在已经有了众多数学软件、利用计算机作函数图形比较容易的情况下，解读函数图形的任务变得重要起来，主要观察点及其来源是：

通过对函数的定义域、一阶导数、二阶导数的分析，找出在函数图形上处于重要位置的点，如间断点；驻点、不可导点、极值点；二阶导数为零的点、函数二阶不可导点、拐点等。这些点将函数定义域划分成了若干个子区间，了解函数在这些子区间的增减性和曲线的凹凸性。分析函数远离原点的动向，认识曲线的渐近线。从这些方面把握

函数图形的基本特征，解读函数。

描绘函数图形的一般步骤：

（1）确定函数 $y = f(x)$ 的定义域，判断函数的奇偶性（曲线的对称性）、周期性和曲线远离原点的动向（曲线的渐近线）。

（2）找出函数的间断点，函数一阶、二阶导数为零的点和不可导点，用这些点把定义域分成若干子区间。

（3）确定 $f'(x)$ 和 $f''(x)$ 在这些子区间上的符号，并以此确定函数图形的升降和凹凸，极值点和拐点。

为了描图准确，可适当补充一些点，用光滑曲线联点作图。

## 3.5 函数的最值与极值问题

函数 $f(x)$ 在定义区间 $I$ 上取得最大值或最小值的点称为最值点。函数 $f(x)$ 在区间 $I$ 上的最大值记为 $M = \max\limits_{x \in I} \{f(x)\}$，最小值记为 $m = \min\limits_{x \in I} \{f(x)\}$。

在区间 $I$ 上有定义的函数 $f(x)$ 在点 $x_0$ 取得极值是指：

$\exists \delta > 0$，使得 $\forall x \in U(x_0, \delta) \subset I$，恒有 $f(x_0) \geq f(x)$，称 $f(x)$ 在 $x_0$ 点取得极大值。如果 $\forall x \in U(x_0, \delta) \subset I$，恒有 $f(x_0) \leq f(x)$ 称 $f(x)$ 在 $x_0$ 点取得极小值。相应的 $x_0$ 点称为极值点。

在图 3-6 中，函数 $y = 3x^4 - 16x^3 + 18x^2$ 的曲线在闭区间 $[-1, 3]$ 上的极小值点的坐标是 $(0, 0)$、极大值点的坐标是 $(1, 5)$，最小值点的坐标是 $(3, -27)$、最大值点的坐标是 $(-1, 37)$。函数 $y = x^3 - 3x^2 + 1$ 在开区间 $(-1, 3)$ 内无最大值和最小值，极大值点在 $x = 0$ 处，极小值点在 $x = 2$ 处。

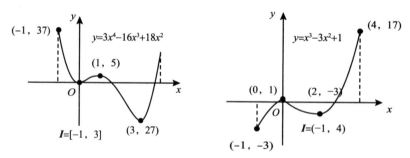

图 3-6　两种函数的极值与最值的位置

函数 $f(x)$ 的最值是对定义区间 $I$ 而言的，是从区间 $I$ 上的所有函数值中选拔出来的。而函数 $f(x)$ 的极值，是对取得极值的点 $x_0$ 所在的邻域 $U(x_0, \delta)$ 而言的，是来自局部的函数值比较——$f(x_0)$ 与点 $x_0$ 左右两侧函数值比较的结果。如果 $f(x)$ 在开区

间 $(a, b)$ 的内点 $x_0$ 处取得最值，则 $f(x_0)$ 也是一个极值。如果 $f(x)$ 的最值出现在闭区间 $[a, b]$ 的边界点，例如在 $a$ 点处取得，则 $f(a)$ 不是极值。

## 3.6　导数与微分在经济学中的应用

用数学方法解决经济学中的实际问题，通常是先建立数学模型，将经济学问题中的诸如成本、价格、需求、收益以及利润等经济学量之间的关系用数学表达式表示出来，建立起函数关系，并用相应的数学方法进行综合分析与研究从而解决经济学问题。

### 3.6.1　常用经济学函数

1. 需求函数 $Q(p)$

实际经济问题中，消费者对某种商品的需求量与很多因素有关，比如消费者的收入、生活习惯、季节性以及商品价格等，但是为了简化，我们只研究需求量与产品价格之间的函数关系，称之为需求函数，通常以 $Q$ 表示需求函数，$p$ 表示商品的价格，则需求函数表示为 $Q(p)$。一般需求量随价格的上涨而减少，即需求量是价格的单调减函数。

2. 供给函数 $S(p)$

生产厂家生产某种商品时对社会的供给量 $S$ 受到许多因素影响，如果只考商品销售价格 $p$ 的影响因素，则 $S = S(p)$，称为供给函数，一般供给函数是价格的单调增加函数。

商品的需求量与供给函数有着密切的关系，供给函数与需求函数都是价格的函数，若将二者在同一张图中画出函数与价格的关系曲线，由于需求函数单调减少而供给函数单调增加，它们将存在一个交点，此时商品的价格为商品供需平衡时的价格称为均衡价格。

3. 成本函数 $C(q)$

生产厂家生产某种产品的所有投入，如资金、厂房、劳动力、能源以及原材料等的总和称为生产成本，一般分为固定成本和可变成本两个部分，固定成本以 $C_1$ 表示，如厂房设备等，可变成本以 $C_2$ 表示，如资金投入、原材料、能源等，可变成本通常都是商品生产量 $q$ 的函数，即 $C_2 = C_2(q)$，因此总成本函数可以表示为 $C(q) = C_1 + C_2(q)$。

4. 收益函数 $R(q)$

收益是指商品售出后生产者所获得的收入，通常是售出商品数量 $q$ 和销售价格 $p$ 的函数，即 $R(p, q) = pq$，称为收益函数。

5. 利润函数 $L(q)$

某种商品销售后的总收益扣除掉所消耗的总成本就是销售这种商品的总利润，即：

$$L(q) = R(q) - C(q)$$

其中，$q$ 是产品数量。

【例题 3.6.1】一个企业要为一种新产品定价并确定产量。已知生产销售这种产品 $x$ 件的总成本 $C(x) = 25000 + 5x$（元），市场销售前景与产品的售价呈负相关，根据预测，当销售价 $p \geq 5$ 元时，其销售件数 $x$ 与销售价 $p$ 的关系是 $\frac{x}{1000} = 6 - \frac{p}{5}$。求最恰当的定价、产量和企业利润。

解：利润 $L(x) = xp - C(x) = x\left(30 - \frac{x}{200}\right) - (25000 + 5x)$

$$= -\frac{x^2}{200} + 25x - 25000$$

由 $\frac{dL}{dx} = 0$，得出产量 $x_0 = 2500$ 件，定价为 $p_0 = 17.5$ 元时，企业得到最大利润 $L_{max} = L(x_0) = 6250$（元）。

【例题 3.6.2】设某商品的总成本函数是 $C(x) = 100 + \frac{x^2}{4} + 6x$，其中 $x > 0$ 是商品数。求商品数是多少时，平均成本最低，此时平均成本是多少？若该商品能以每件 18 万元的价格全部售出，求生产多少件商品获取的利润最大？

解：该商品的平均成本 $y = \frac{C(x)}{x} = \frac{100}{x} + \frac{x}{4} + 6$

由 $\frac{dy}{dx} = 0$，得出 $-\frac{100}{x^2} + \frac{1}{4} = 0$，即商品数 $x = 20$ 时，平均成本最低，此时平均成本 $y(20) = 16$（万元）。

商品单价为 18 万元时，全部销售 $x$ 件所得利润为：

$$L(x) = 18x - C(x) = 12x - \frac{x^2}{4} - 100$$

由 $\frac{dL}{dx} = 0$，得出 $12 - \frac{x}{2} = 0$，即商品数 $x = 24$ 时获取的利润最多，最大利润为 $L_{max} = L(24) = 44$ 万元。

### 3.6.2 边际分析与弹性分析

根据导数的概念，函数在一点的导数就是函数在该点处的变化率，这个概念在经济分析中常被用来分析各种经济学量的变化，如产量、价格、成本、收益以及利润的变化率。

1. 边际分析

若经济学函数 $y = f(x)$ 是可导函数，其导函数 $f'(x)$ 称为函数 $f(x)$ 的边际函数，若取定 $x = x_0$，则函数 $f'(x)$ 在点 $x_0$ 处的函数值 $f'(x_0)$ 称为边际函数值，表示当 $x = x_0$ 时，$x$ 改变一个单位时，函数 $y$ 将改变 $f'(x_0)$ 个单位。

（1）边际成本：成本函数 $C(q)$ 的导数为：

$$C'(q) = \lim_{\Delta q \to 0} \frac{C(q + \Delta q) - C(q)}{\Delta q}$$

称为边际成本。其意义是已生产了 $q$ 个单位产品时，再增加一个单位产品使总成本增加的数量。

（2）边际收益：收益函数 $R(q)$ 的导数为：

$$R'(q) = \lim_{\Delta q \to 0} \frac{R(q + \Delta q) - R(q)}{\Delta q}$$

称为边际收益。其意义是销售 $q$ 个单位产品时，再销售一个单位产品所增加的收益。

（3）边际利润：利润函数 $L(q)$ 的导数为：

$$L'(q) = \lim_{\Delta q \to 0} \frac{L(q + \Delta q) - L(q)}{\Delta q}$$

称为边际利润。其意义是已销售 $q$ 个单位产品，再多销售一个单位产品时总利润的增加量。

（4）边际需求函数：需求函数 $Q(p)$ 的导数为：

$$Q'(p) = \lim_{\Delta p \to 0} \frac{Q(p + \Delta p) - Q(p)}{\Delta p}$$

称为边际需求函数，其意义是当产品价格在 $p$ 的基础上上涨（或下降）一个单位时，需求量将减少（或增加）$Q'(p)$ 个单位。

【例题 3.6.3】设某种产品需求函数为 $Q = 200 - 4p$，其中 $p$ 为价格，$Q$ 为销售量，求销售量为 50 个单位时的总收益及价格为多少时，总收益最大。

解：收益函数为 $R(Q) = p(Q) \cdot Q = \dfrac{200 - Q}{4} \times Q = -\dfrac{Q^2}{4} + 50Q$

因此 $R(50) = -\dfrac{Q^2}{4} + 50Q \Big|_{Q=50} = 1875$

又收益函数可以写为 $R(p) = p \cdot Q = p \cdot (200 - 4p) = -4p^2 + 200p$

边际收益函数为 $\dfrac{dR}{dp} = -8p + 200$，令 $\dfrac{dR}{dp} = -8p + 200 = 0$，则 $p = 25$

即价格为 $p = 25$，销售量为 $Q = 200 - 4p \big|_{p=25} = 100$ 时，收益最大。

2. 弹性分析

边际分析中讨论的是函数变化与变化率的绝对改变，在实际经济问题中仅讨论这些是不够的，需要进一步讨论其相对变化率，如单价 1 元的商品，价格上涨 0.2 元和单价为 10 元的商品，价格上涨 0.2 元，两种商品价格绝对改变量都是 0.2 元，但是其相对改变量分别是 20% 和 2%，相差非常悬殊，因此需要引进弹性分析概念。

若函数 $y = f(x)$ 在 $x = x_0$ 点可导，则将函数的相对改变量 $\dfrac{\Delta y}{y_0}$ 与自变量的相对改变量 $\dfrac{\Delta x}{x_0}$ 之比：

$$\frac{\Delta y / y_0}{\Delta x / x_0} = \frac{\dfrac{f(x_0 + \Delta x) - f(x_0)}{f(x_0)}}{\dfrac{\Delta x}{x_0}} = \frac{x_0}{f(x_0)} \cdot \frac{f(x_0 + \Delta x) - f(x_0)}{\Delta x}$$

称为函数 $f(x)$ 在点 $x_0$ 到 $x_0 + \Delta x$ 上的平均相对变化率，若当 $\Delta x \to 0$ 时，函数 $\dfrac{\Delta y / y_0}{\Delta x / x_0}$ 的极限存在，则称该极限值为函数 $f(x)$ 在 $x_0$ 点的相对变化率，或称为函数 $f(x)$ 在 $x_0$ 点的弹性，记为 $\left. \dfrac{E_y}{E_x} \right|_{x = x_0}$，

即 $$\left. \frac{E_y}{E_x} \right|_{x = x_0} = \lim_{\Delta x \to 0} \frac{\Delta y / y_0}{\Delta x / x_0} = \lim_{\Delta x \to 0} \frac{x_0}{f(x_0)} \cdot \frac{f(x_0 + \Delta x) - f(x_0)}{\Delta x} = \frac{x_0}{f(x_0)} \cdot f'(x_0)$$

函数 $f(x)$ 在 $x_0$ 点的弹性反映了函数 $f(x)$ 在 $x_0$ 点随 $x$ 的变化幅度，也即函数 $f(x)$ 在 $x_0$ 点随 $x$ 的变化的灵敏度或称为函数 $f(x)$ 在 $x_0$ 点的瞬时相对变化率。

显然，对任意 $x$ 点，若函数 $F = f'(x) \neq 0$ 且 $f(x)$ 可导，则：

$$\frac{E_y}{E_x} = \lim_{\Delta x \to 0} \frac{\Delta y / y}{\Delta x / x} = \frac{x}{f(x)} \cdot f'(x)$$

称为函数 $f(x)$ 的弹性函数。

（1）需求价格弹性：需求函数 $Q(p)$ 反映的是商品需求量受商品价格的影响关系，若价格每变动百分之一而引起需求量变化的百分率就是该需求函数的弹性，以 $E_p$ 表示，即：

$$E_p = \lim_{\Delta p \to 0} \frac{\Delta Q / Q}{\Delta p / p} = \frac{p}{Q(p)} \cdot Q'(p)$$

其中 $p$ 为商品售价。

（2）需求收入弹性：某种商品的需求量还会受到消费者的收入影响，衡量一种商品的需求量对消费者收入变化的依赖程度可以用需求收入弹性来描述，即消费者收入变化百分之一时所引起商品需求量变动的百分，以 $E_I$ 表示，即：

$$E_I = \lim_{\Delta I \to 0} \frac{\Delta Q / Q}{\Delta I / I} = \frac{I}{Q(I)} \cdot Q'(I)$$

其中 $I$ 为消费者收入。

【例题 3.6.4】为使问题简化，我们假设城市居民住房需求量 $H$ 仅与家庭收入 $Y$ 有关系 $\ln H = \alpha_1 + \alpha_2 \ln Y$，其中 $\alpha_1$，$\alpha_2$ 为常数，试求城市居民住房的需求收入弹性函数。

解：显然这是一个住房需求量 $H$ 与家庭收入 $Y$ 之间的隐函数关系，按隐函数求导关系有：

$$\frac{1}{H} \cdot \frac{\mathrm{d}H}{\mathrm{d}Y} = \frac{\alpha_2}{Y}$$

因此，收入弹性应为 $E_Y = \dfrac{Y}{H} \cdot \dfrac{\mathrm{d}H}{\mathrm{d}Y} = \alpha_2$，即常数 $\alpha_2$ 为弹性收入系数。

## 第 3 章 习 题

**A 类**

1. 设 $a < b$，证明不等式：

（1） $\arctan b - \arctan a < b - a$；（2） $\dfrac{b-a}{1+b^2} < \arctan b - \arctan a < \dfrac{b-a}{1+a^2}$。

2. （1）当 $0 < x < \pi/2$ 时，证明：$\sin x + \tan x > 2x$；

（2）当 $0 < \alpha < \beta < \pi/2$ 时，证明：$\dfrac{\beta-\alpha}{\cos^2\alpha} < \tan\beta - \tan\alpha < \dfrac{\beta-\alpha}{\cos^2\beta}$；

（3）$n$ 为自然数，证明：$\dfrac{1}{n+1} < \ln\left(1 + \dfrac{1}{n}\right) < \dfrac{1}{n}$。

3. （1）设 $f(x)$ 在闭区间 $[a, b]$ 上连续，在开区间 $(a, b)$ 内可导，证明：$\exists \xi \in (a, b)$ 使得 $\dfrac{bf(b) - af(a)}{b - a} = f(\xi) + \xi f'(\xi)$。

（2）试证：当 $|x| \leqslant 1$ 时，恒等式 $2\arctan x = \arcsin \dfrac{2x}{1 + x^2}$ 成立。

4. 设 $a < b$，函数 $f(x)$ 在闭区间 $[a, b]$ 上连续，在开区间 $(a, b)$ 内可导，且 $f'(x) \neq 0$。试证：存在 $\xi,\ \eta \in (a, b)$，使得 $\dfrac{f'(\xi)}{f'(\eta)} = \dfrac{e^b - e^a}{b - a} e^{-\eta}$。

5. 试证：当 $0 < x$ 时，$\ln(1 + x) > \dfrac{\arctan x}{1 + x}$。

6. 设 $\alpha(x) = x^3 - 3x + 2$，$\beta(x) = k(x - 1)^n$，当 $x \to 1$ 时，$\alpha(x) \sim \beta(x)$，求常数 $k,\ n$。提示：应有 $\lim\limits_{x \to 1} \dfrac{\alpha(x)}{\beta(x)} = 1$。

7. 求下列函数的极值。

（1）$y = 2 - \sqrt[3]{(x-1)^2}$；（2）$y = x - \ln(1 + x)$；（3）$y = x + \tan x$；（4）$y = x^2 e^{-x^2}$。

8. （1）求函数 $y = \dfrac{x}{x^2 + 1}$ 在区间 $[0,\ +\infty)$ 上的最大值和最小值。

（2）求函数 $y = \ln(1 + x^2)$ 图形的凸凹区间和拐点。

9. 求下列函数极限：

（1）$\lim\limits_{x \to 0} \dfrac{e^x - e^{-x}}{\sin x}$；（2）$\lim\limits_{x \to 0} \dfrac{\ln \dfrac{a^x + b^x}{2}}{x}$ $(a > 0,\ b > 0)$；（3）$\lim\limits_{x \to 1} \dfrac{x^3 + x^2 + x - 3}{x - 1}$；

(4) $\lim\limits_{x \to \infty} \dfrac{\ln(1+x)}{\sqrt{x}}$; (5) $\lim\limits_{x \to 0} \dfrac{2\sin\dfrac{x}{2} - \sin x}{x - \sin x}$; (6) $\lim\limits_{x \to \frac{\pi}{2}} \dfrac{\tan x}{\tan 3x}$; (7) $\lim\limits_{x \to 1}\left(\dfrac{1}{x-1} - \dfrac{2}{x^2-1}\right)$;

(8) $\lim\limits_{x \to \pi/2}(\sec x - \tan x)$; (9) $\lim\limits_{x \to 0}\left(\dfrac{1}{x\sin x} - \dfrac{1}{x^2}\right)$; (10) $\lim\limits_{x \to 0^+} x^{\sin x}$; (11) $\lim\limits_{x \to \infty}\left(\cos\dfrac{1}{x}\right)^{x^2}$;

(12) $\lim\limits_{x \to +\infty}(1+x)^{\frac{1}{x}}$; (13) $\lim\limits_{x \to 1}(4-3x)^{\tan\frac{\pi}{2}x}$。

10. 求下列函数的极限：

(1) $\lim\limits_{x \to 0} \dfrac{e^{x^2} - 1 - x^2}{x^2(e^{x^2} - 1)}$; (2) $\lim\limits_{x \to 1}(x-1)\tan\dfrac{\pi}{2}x$; (3) $\lim\limits_{x \to 0}\left(\dfrac{1}{x^2} - \dfrac{1}{\tan^2 x}\right)$

(4) $\lim\limits_{x \to 1}(4-3x)^{\tan\frac{\pi}{2}x}$; (5) $\lim\limits_{x \to \infty}\left(\cos\dfrac{1}{x}\right)^{x^2}$; (6) $\lim\limits_{x \to 0} \dfrac{e^{x^2} - \cos x}{x^2}$; (7) $\lim\limits_{x \to 0} \dfrac{e^{x^3} - 1 - x^3}{\sin^6 2x}$。

11. 讨论函数 $y = x^3 - 3x + 1$ 的单调性。

12. 求函数 $y = x^2 + \dfrac{6}{x}$ 的单调区间。

13. 求函数 $y = x^2 e^{-x^2}$ 的极值。

14. 求函数 $y = 1 + \dfrac{36x}{(x+3)^2}$ 的极值。

15. 当 $x \geqslant 0$ 时，求函数 $y = \dfrac{x}{x^2+1}$ 的最大值和最小值。

16. 求函数 $y = x + 2\sqrt{x}$ 在 $[0, 4]$ 上的最大值和最小值。

17. 判定曲线 $y = (x+3)\sqrt{x}$ 在 $[0, +\infty)$ 上的凹凸性。

## B 类

1. 若函数 $f(x)$ 在闭区间 $[a, b]$ 上有二阶导数，$\forall x \in [a, b]$，$f''(x) > 0$，$x_0$ 为开区间 $(a, b)$ 内任意一点。

(1) 试证只要 $x \neq x_0$ 恒有 $f(x) > f(x_0) + f'(x_0)(x - x_0)$;

(2) 若 $x_1, x_2 \in (a, b)$ $(x_1 \neq x_2)$，恒有 $\dfrac{1}{2}[f(x_1) + f(x_2)] > f\left(\dfrac{x_1 + x_2}{2}\right)$。

2. 若函数 $f(x)$ 在闭区间 $[a, b]$ 上有二阶导数，$\forall x \in [a, b]$，$f''(x) > 0$，$x_0$ 为开区间 $(a, b)$ 内任意一点。

(1) 试证只要 $x \neq x_0$ 恒有 $f(x) > f(x_0) + f'(x_0)(x - x_0)$;

(2) 若 $x_1, x_2 \in (a, b)$ $(x_1 \neq x_2)$，恒有 $\dfrac{1}{2}[f(x_1) + f(x_2)] > f\left(\dfrac{x_1 + x_2}{2}\right)$。

3. (1) 矩形周长为 24，以其一边为轴旋转得一圆柱体。问这矩形的长宽各为多少时圆柱体的体积最大？

(2) 利用半径为 $a$ 的球体型材料，加工出一个圆柱体，求圆柱体可能的最大体积。

(3) 三角形由 $y = 3x$，$y = 30 - 2x$，$y = 0$ 三条直线围成，在三角形内作底边与 $x$ 轴

重合的内接矩形，求内接矩形的面积 $A$ 的最大值。

4．（1）某公司有 50 套公寓要出租，当月租金为 1000 元时，公寓会全部租出去，如果月租金每增加 50 元，就会少租出 1 套公寓。另外每租出 1 套公寓公司每月需花费 100 元的维修费。试求租金定为多少公司收入最多？

（2）商场以每台 400 元的价格销售微波炉，每月可售出 150 台，市场预测表明，售价每下调 10 元，月销售量可增加 15 台，现在为得到最大销售金额，决定一次性降价，应把每台微波炉售价降至多少？商场在经营微波炉一项上最大的月销售金额是多少？

（3）有 300 万元资金准备用于广告宣传与产品开发，当投入广告宣传和产品的资金分别为 $x$ 元和 $y$ 元时，得到的回报 $P$ 元服从以下模型 $P = \sqrt[3]{xy^2}$。应如何分配投入产品开发与广告宣传的资金，才能使回报最大？

（4）某牛奶公司生产杯装酸奶，每杯售价 5.4 元，如果每周销售量为 $q$ 千杯，这些酸奶的总成本是 $C(q) = 2400 + 4000q + 100q^2$，维持售价不变，求可以获得收益的每周销量范围。每周销售量为多少千杯时，可以获得最大收益？

5．企业生产某种产品，前期投入为 400 万元，今后每制造一个产品需要增加成本 10 万元。当产品价格为 $p$ 万元时，预期销量 $x = 1000 - 50p$，厂家以销定产。求：（1）生产并销售该产品数量为 $x$ 时厂家利润 $L(x)$；（2）当 $x$ 为多少时厂家所获利润最大；（3）此时产品定价应为多少万元；（4）厂家所获最大利润。

6．造一壁厚为 $a$、容积为 $V$、上端开口的圆柱形容器，要使所用的材料最省，问应如何选择尺寸？

7．欲做一个底面为长方形的带盖的箱子，其体积为 $72\text{cm}^3$，其底边呈 $1:2$ 关系，问各边长为多少时，才使表面积最小？

8．将长为 $a$ 的铁条切成两段，一段围成正方形，另一段围成圆形，问这两段铁丝各长为多少时，正方形与圆形的面积之和最小？

# 第 4 章

# 不 定 积 分

## 4.1 不定积分的概念与性质

### 4.1.1 原函数的概念

如果在区间 $I$ 上总有 $F'(x) = f(x)$，称函数 $f(x)$ 为函数 $F(x)$ 在区间 $I$ 上的导函数，称函数 $F(x)$ 为函数 $f(x)$ 在区间 $I$ 上的一个原函数。

原函数与导函数本是一对共生的概念，都以对方存在为自身存在的前提。

例如，$(\arcsin x)' = \dfrac{1}{\sqrt{1-x^2}}$ $(-1 < x < 1)$，称函数 $\arcsin x$ 为函数 $\dfrac{1}{\sqrt{1-x^2}}$ 在区间 $(-1，1)$ 内的一个原函数。

$\left(\dfrac{2^x}{\ln 2}\right)' = 2^x$ $(-\infty < x < +\infty)$，称函数 $\dfrac{2^x}{\ln 2}$ 为函数 $2^x$ 在区间 $(-\infty，+\infty)$ 上的一个原函数。

$(\ln x)' = \dfrac{1}{x}$，$(\ln 2x)' = \dfrac{1}{x}$ $(x > 0)$，即函数 $\ln x$ 与函数 $\ln 2x$ 都是函数 $\dfrac{1}{x}$ 在 $x > 0$ 时的一个原函数。

以上三个例子表明，如果函数 $f(x)$ 存在一个原函数 $F(x)$，那么所有与 $F(x)$ 只相差一个常数的函数都是 $f(x)$ 的原函数。函数的所有原函数组成了它的原函数族。

$\forall x \in I$，若 $F'(x) = f(x)$，$C$ 表示任意常数，那么 $F(x) + C$ 就是函数 $f(x)$ 在区间 $I$ 上的原函数族。

定理 1：若函数 $f(x)$ 在区间 $I$ 上存在原函数，那么其任意两个原函数只差一个常数。

证：$\forall x \in I$，若 $F_1'(x) = f(x)$，$F_2'(x) = f(x)$，则有

$$[F_1(x) - F_2(x)]' = F_1'(x) - F_2'(x) = f(x) - f(x) = 0$$

所以 $F_1(x) - F_2(x) = C(x \in I)$。

定理 1 表明，只要求出 $f(x)$ 在区间 $I$ 上的一个原函数 $F(x)$，其他的原函数可以通过 $F(x)$ 加一个适当选择的常数 $C$ 得到。

由于区间 $[a, b]$ 上连续函数 $f(x)$ 的变上限积分 $\int_a^x f(t)\mathrm{d}t$ 的导数就是 $f(x)$，可知：

定理 2：若 $f \in C[a, b]$，$\forall x \in [a, b]$，积分上限的函数 $\Phi(x) = \int_a^x f(t)\mathrm{d}t$ 就是 $f(x)$ 在区间 $[a, b]$ 上的一个原函数。

定理 2 表明，连续函数一定存在原函数（原函数存在定理）。

### 4.1.2　不定积分的概念

为了解决寻找函数的原函数的运算问题，引进函数的不定积分的概念。

函数 $f(x)$ 在区间 $I$ 上全体原函数的集合，称为函数 $f(x)$ 在区间 $I$ 上的不定积分，记为 $\int f(x)\mathrm{d}x$，式中 $f(x)$ 称为被积函数，$x$ 称为积分变量。

对于区间 $I$ 上的可导函数 $F(x)$，如果 $\forall x \in I$，都有：

$$F'(x) = f(x)$$

函数 $f(x)$ 在区间 $I$ 上的不定积分就是 $F(x) + C$，$C$ 表示任意常数，即：

$$\int f(x)\mathrm{d}x = F(x) + C$$

### 4.1.3　不定积分的性质

（1）设函数 $f(x)$ 和 $g(x)$ 的原函数都存在，则[①]

$$\int [f(x) \pm g(x)]\mathrm{d}x = \int f(x)\mathrm{d}x \pm \int g(x)\mathrm{d}x$$

（2）设 $k$ 为非零常数，则 $\int kf(x)\mathrm{d}x = k\int f(x)\mathrm{d}x$

---

① 证：由于 $\left[\int [f(x) \pm g(x)]\mathrm{d}x\right]' = f(x) \pm g(x)$

$$\left[\int f(x)\mathrm{d}x \pm \int g(x)\mathrm{d}x\right]' = \left[\int f(x)\mathrm{d}x\right]' \pm \left[\int g(x)\mathrm{d}x\right]' = f(x) \pm g(x)$$

等式两侧都是 $f(x) \pm g(x)$ 的一个原函数加任意常数。

## 4.2 积分运算

### 4.2.1 微分与积分的关系

#### 4.2.1.1 微分与不定积分的关系

由于不定积分 $\int f(x)\mathrm{d}x = F(x) + C$ 是被积函数 $f(x)$ 的原函数族，而区间 $I$ 上，都有 $F'(x) = f(x)$，故：

$$\frac{\mathrm{d}}{\mathrm{d}x}\int f(x)\mathrm{d}x = f(x) \text{ 或 } \mathrm{d}\int f(x)\mathrm{d}x = f(x)\mathrm{d}x$$

同样，$F(x)$ 是 $F'(x)$ 的一个原函数，那么 $F'(x)$ 的不定积分为：

$$\int F'(x)\mathrm{d}x = F(x) + C \text{ 或 } \int \mathrm{d}F(x) = F(x) + C$$

可见，以运算符号 $\int$ 表示的不定积分运算与以运算符号 $\mathrm{d}$ 表示的微分运算，具有互为逆运算的关系。当运算符号 $\mathrm{d}$ 与运算符号 $\int$ 连在一起的时候，它们的作用相互抵消（或者抵消后增加一个常数项）。

#### 4.2.1.2 微分与积分上限函数的关系

若 $f \in C[a, b]$，变上限积分函数的导数 $\left[\int_a^x f(t)\mathrm{d}t\right]' = f(x)$，即：

$$\frac{\mathrm{d}}{\mathrm{d}x}\int_a^x f(x)\mathrm{d}x = f(x) \text{ 或 } \mathrm{d}\int_a^x f(x)\mathrm{d}x = f(x)\mathrm{d}x$$

由于 $F(x)$ 是 $F'(x)$ 的一个原函数，那么 $F'(x)$ 的变上限积分为：

$$\int_a^x F'(x)\mathrm{d}x = F(x) - F(a) \text{ 或 } \int_a^x \mathrm{d}F(x) = F(x) - F(a)$$

### 4.2.2 基本的不定积分公式

函数 $y = f(x)$ 导数的定义 $\dfrac{\mathrm{d}y}{\mathrm{d}x} = \lim\limits_{\Delta x \to 0} \dfrac{\Delta y}{\Delta x}$ 是构造性的，基本初等函数的求导公式、函数和差积商以及复合函数的求导法则都是根据导数定义推出的。利用这些公式与法则全面解决了初等函数的求导问题。然而，在原函数概念基础上建立的不定积分定义不是构造性的，作为一个可导函数，原函数与其导函数之间的关系已经被导数定义所规定，不定积分只是求导的逆运算。不定积分的算法完全依赖于已存在的求导法则。一般说来，一个微分公式对应着一个积分公式，它们互为镜像，是一个关系的两种表述。因此，不定积分基本算法就是求导过程的反演。

应当指出，在初等函数的集合中，求导运算是封闭的，即初等函数的导数仍是初等函数；而不定积分的运算不封闭，即初等函数的原函数不一定是初等函数，但它一定是可导的（见表 4 - 1）。

**表 4 - 1**　　　　　　　　**几种基本初等函数的求导公式和不定积分公式**

| $F'(x) = f(x)$ | $\int f(x)\mathrm{d}x = F(x) + C$ |
|---|---|
| $(x)' = 1$ | $\int \mathrm{d}x = x + C$ |
| $(kx)' = k$ | $\int k\mathrm{d}x = kx + C$ |
| $(x^{\mu+1})' = (\mu + 1)x^{\mu}$ | $\int x^{\mu}\mathrm{d}x = \dfrac{x^{\mu+1}}{\mu + 1} + C$ |
| $\left(\dfrac{1}{x}\right)' = -\dfrac{1}{x^2}$ | $\int \dfrac{1}{x^2}\mathrm{d}x = -\dfrac{1}{x} + C$ |
| $(\ln x)' = \dfrac{1}{x} \quad (x > 0)$ <br> $[\ln(-x)]' = \dfrac{1}{x} \quad (x < 0)$ | $\int \dfrac{1}{x}\mathrm{d}x = \ln|x| + C \quad (x \neq 0)$ |
| $(\arctan x)' = \dfrac{1}{1 + x^2}$ | $\int \dfrac{1}{1 + x^2}\mathrm{d}x = \arctan x + C$ |
| $(\arcsin x)' = \dfrac{1}{\sqrt{1 - x^2}}$ | $\int \dfrac{1}{\sqrt{1 - x^2}}\mathrm{d}x = \arcsin x + C \quad (|x| < 1)$ |
| $(\mathrm{e}^x)' = \mathrm{e}^x$ | $\int \mathrm{e}^x\mathrm{d}x = \mathrm{e}^x + C$ |
| $(a^x)' = a^x\ln a$ | $\int a^x\mathrm{d}x = \dfrac{1}{\ln a}a^x + C$ |
| $(\sin x)' = \cos x$ | $\int \cos x\mathrm{d}x = \sin x + C$ |
| $(\cos x)' = -\sin x$ | $\int \sin x\mathrm{d}x = -\cos x + C$ |
| $(\tan x)' = \dfrac{1}{\cos^2 x}$ | $\int \dfrac{\mathrm{d}x}{\cos^2 x} = \tan x + C$ |

续表

| $(\cot x)' = -\dfrac{1}{\sin^2 x}$ | $\displaystyle\int \dfrac{\mathrm{d}x}{\sin^2 x} = -\cot x + C$ |
| --- | --- |
| $(\sinh x)' = \cosh x$ | $\displaystyle\int \cosh x \,\mathrm{d}x = \sinh x + C$ |
| $(\cosh x)' = \sinh x$ | $\displaystyle\int \sinh x \,\mathrm{d}x = \cosh x + C$ |

基本积分公式是连接导函数与其原函数的几座"桥梁"，是进行积分运算的必经之途。

**【例题 4.2.1】** 求下列不定积分。

(1) $\displaystyle\int x\mathrm{e}^{x^2}\mathrm{d}x$

解：$\displaystyle\int x\mathrm{e}^{x^2}\mathrm{d}x = \frac{1}{2}\int \mathrm{e}^{x^2}\mathrm{d}(x^2) = \frac{1}{2}\mathrm{e}^{x^2} + C$

(2) $\displaystyle\int \left(1 - \frac{1}{x^2}\right)\mathrm{e}^{x+\frac{1}{x}}\mathrm{d}x$

解：$\displaystyle\int \left(1 - \frac{1}{x^2}\right)\mathrm{e}^{x+\frac{1}{x}}\mathrm{d}x = \int \mathrm{e}^{x+\frac{1}{x}}\mathrm{d}\left(x + \frac{1}{x}\right) = \mathrm{e}^{x+\frac{1}{x}} + C$

(3) $\displaystyle\int 2^{-x}\mathrm{e}^x\mathrm{d}x$

解：$\displaystyle\int 2^{-x}\mathrm{e}^x\mathrm{d}x = \int \left(\frac{\mathrm{e}}{2}\right)^x\mathrm{d}x = \frac{1}{\ln\frac{\mathrm{e}}{2}}\left(\frac{\mathrm{e}}{2}\right)^x + C = \frac{2^{-x}\mathrm{e}^x}{1-\ln 2} + C$

(4) $\displaystyle\int \frac{x}{1+x^4}\mathrm{d}x$

解：$\displaystyle\int \frac{x}{1+x^4}\mathrm{d}x = \frac{1}{2}\int \frac{\mathrm{d}(x^2)}{1+(x^2)^2} = \frac{1}{2}\arctan x^2 + C$

(5) $\displaystyle\int \frac{\cos 2x}{\cos x - \sin x}\mathrm{d}x$

解：$\displaystyle\int \frac{\cos 2x}{\cos x - \sin x}\mathrm{d}x = \int \frac{\cos^2 x - \sin^2 x}{\cos x - \sin x}\mathrm{d}x = \int (\cos x + \sin x)\mathrm{d}x = \sin x - \cos x + C$

(6) $\displaystyle\int \frac{\mathrm{d}x}{\sin^2 x \cos^2 x}$

解：$\displaystyle\int \frac{\mathrm{d}x}{\sin^2 x \cos^2 x} = \int \frac{(\sin^2 x + \cos^2 x)\mathrm{d}x}{\sin^2 x \cos^2 x} = \int \frac{\mathrm{d}x}{\cos^2 x} + \int \frac{\mathrm{d}x}{\sin^2 x} = \tan x - \cot x + C$

**【例题 4.2.2】** 设 $f'(x^2) = \dfrac{1}{x}$ $(x>0)$ 则 $f(x) = \underline{\qquad}$。

解：$f'(x^2) = \dfrac{1}{x} = \dfrac{1}{\sqrt{x^2}}$ $(x>0)$，故 $f'(x) = \dfrac{1}{\sqrt{x}}$ $(x>0)$

$$f(x) = \int f'(x)\,\mathrm{d}x = \int \frac{\mathrm{d}x}{\sqrt{x}} = 2\sqrt{x} + C$$

## 4.3 换元积分法

一些不能直接应用基本积分公式积分的被积表达式，通过变换积分变量（换元）可以转化为基本积分公式允许的形式。例如计算不定积分 $\int \cos 5x\,\mathrm{d}x$，$\int \cos 5x\,\mathrm{d}x =$ $\frac{1}{5} \int \cos 5x\,\mathrm{d}(5x) = \frac{1}{5} \int \cos u\,\mathrm{d}u = \frac{1}{5}\sin u + C = \frac{1}{5}\sin 5x + C$，$u = 5x$。

如果用中间变量 $u = u(x)$ 和它的微分 $\mathrm{d}u = u'(x)\mathrm{d}x$ 将 $\int f(x)\,\mathrm{d}x$ 变形为可直接应用基本积分公式的积分 $\int g(u)\,\mathrm{d}u$，即 $\int f(x)\,\mathrm{d}x = \int g[u(x)]u'(x)\,\mathrm{d}x = \int g(u)\,\mathrm{d}u$，就可求出函数 $f$ 的原函数。这种引入中间变量进行换元的方法，是减少被积函数复合层次的一类；还有一类是将积分变量自身作为中间变量，用新设置的内层函数改变被积表达式。这两种不同取向的换元，目的是一致的，都是使被积表达式变化为基本积分公式所允许的形式。换元法根据不外是复合函数求导的链式法则或由此而出现的微分形式不变性。在进行换元时，是向复合函数的外层扩展，还是深入内层，需要具体分析。

在换元过程时值得注意的是：公式 $\int f(x)\,\mathrm{d}x = F(x) + C$ 与 $\int f(u)\,\mathrm{d}u = F(u) + C$ 完全等同，二者同样反映了原函数 $F$ 与导函数 $f$ 的对应关系。

但是，不定积分 $\int f(x)\,\mathrm{d}x \neq \int f(u)\,\mathrm{d}u$，因为 $u \neq x$。

【例题 4.3.1】计算不定积分。

（1）$\int \dfrac{\mathrm{e}^{\sqrt{x}}}{\sqrt{x}}\mathrm{d}x$

解：$\int \dfrac{\mathrm{e}^{\sqrt{x}}}{\sqrt{x}}\mathrm{d}x = 2\int \mathrm{e}^{\sqrt{x}}\mathrm{d}(\sqrt{x}) = 2\mathrm{e}^{\sqrt{x}} + C$

（2）$\int \mathrm{e}^{-x}\mathrm{d}x$

解：$\int \mathrm{e}^{-x}\mathrm{d}x = -\int \mathrm{e}^{-x}\mathrm{d}(-x) = -\mathrm{e}^{-x} + C$

（3）$\int \dfrac{\sin\sqrt{x}}{\sqrt{x}}\mathrm{d}x$

解：$\int \dfrac{\sin\sqrt{x}}{\sqrt{x}}\mathrm{d}x = 2\int \dfrac{\sin\sqrt{x}}{2\sqrt{x}}\mathrm{d}x = 2\int \sin\sqrt{x}\mathrm{d}(\sqrt{x}) = -2\cos\sqrt{x} + C$

（4）$\int \dfrac{x}{\sqrt{x^2-1}}\mathrm{d}x$

解：$\int \dfrac{x}{\sqrt{x^2-1}}\mathrm{d}x = \dfrac{1}{2}\int \dfrac{\mathrm{d}(x^2-1)}{\sqrt{x^2-1}} = \sqrt{x^2-1}+C$

（5）$\int \dfrac{\mathrm{d}x}{x\ln^2 x}$

解：$\int \dfrac{\mathrm{d}x}{x\ln^2 x} = \int \dfrac{\mathrm{d}(\ln x)}{\ln^2 x} = -\ln x + C$

（6）$\int \tan x\mathrm{d}x$

解：$\int \tan x\mathrm{d}x = \int \dfrac{\sin x\mathrm{d}x}{\cos x} = -\int \dfrac{\mathrm{d}(\cos x)}{\cos x} = -\ln|\cos x|+C$

（7）$\int \csc x\mathrm{d}x$

解：$\int \csc x\mathrm{d}x = \int \dfrac{\mathrm{d}x}{\sin x} = \int \dfrac{\mathrm{d}x}{2\sin\frac{x}{2}\cos\frac{x}{2}} = \int \dfrac{\mathrm{d}\left(\frac{x}{2}\right)}{\tan\frac{x}{2}\cos^2\frac{x}{2}} = \int \dfrac{\mathrm{d}\left(\tan\frac{x}{2}\right)}{\tan\frac{x}{2}} = \ln\left|\tan\dfrac{x}{2}\right|+C$

（8）$\int \cot x\mathrm{d}x$

解：$\int \cot x\mathrm{d}x = \int \dfrac{\cos x\mathrm{d}x}{\sin x} = \int \dfrac{\mathrm{d}(\sin x)}{\sin x} = \ln|\sin x|+C$

（9）$\int \tan x\mathrm{d}x$

解：$\int \tan x\mathrm{d}x = \int \dfrac{\sin x\mathrm{d}x}{\cos x} = -\int \dfrac{\mathrm{d}(\cos x)}{\cos x} = -\ln|\cos x|+C$

（10）$\int \sin^3 x\mathrm{d}x$

解：$\int \sin^3 x\mathrm{d}x = \int \sin^2 x\sin x\mathrm{d}x = -\int(1-\cos^2 x)\mathrm{d}(\cos x) = \dfrac{1}{3}\cos^3 x - \cos x + C$

（11）$\int \csc x\mathrm{d}x$

解：$\int \csc x\mathrm{d}x = \int \dfrac{\mathrm{d}x}{\sin x} = \int \dfrac{\mathrm{d}x}{2\sin\frac{x}{2}\cos\frac{x}{2}} = \int \dfrac{\mathrm{d}\left(\frac{x}{2}\right)}{\tan\frac{x}{2}\cos^2\frac{x}{2}} = \int \dfrac{\mathrm{d}\left(\tan\frac{x}{2}\right)}{\tan\frac{x}{2}}$

$= \ln\left|\tan\dfrac{x}{2}\right|+C$

另外一种方法：$\int \csc x\mathrm{d}x = \int \dfrac{\csc x(\cot x - \csc x)\mathrm{d}x}{(\cot x - \csc x)}$

$= \int \dfrac{(\csc x\cot x - \csc^2 x)\mathrm{d}x}{(\cot x - \csc x)} = \int \dfrac{\mathrm{d}(\cot x - \csc x)}{(\cot x - \csc x)}$

$$= \ln | \cot x - \csc x | + C$$

（12）$\int \sec x \mathrm{d}x$

解：$\int \sec x \mathrm{d}x = \int \csc \left( x + \dfrac{\pi}{2} \right) \mathrm{d}\left( x + \dfrac{\pi}{2} \right)$

$$= \ln \left| \csc \left( x + \dfrac{\pi}{2} \right) - \cot \left( x + \dfrac{\pi}{2} \right) \right| + C = \ln | \sec x + \tan x | + C$$

另外一种方法：$\int \sec x \mathrm{d}x = \int \dfrac{\sec x ( \sec x + \tan x ) \mathrm{d}x}{( \sec x + \tan x )}$

$$= \int \dfrac{( \sec^2 x + \sec x \tan x ) \mathrm{d}x}{( \sec x + \tan x )} = \int \dfrac{\mathrm{d}( \tan x + \sec x )}{( \sec x + \tan x )}$$

$$= \ln | \tan x + \sec x | + C$$

（13）$\int \sqrt{\dfrac{1+x}{1-x}} \mathrm{d}x$

解：$\int \sqrt{\dfrac{1+x}{1-x}} \mathrm{d}x = \int \dfrac{1+x}{\sqrt{1-x^2}} \mathrm{d}x = \arcsin x + \int \dfrac{x}{\sqrt{1-x^2}} \mathrm{d}x$

$$= \arcsin x - \int \dfrac{\mathrm{d}( 1-x^2 )}{2 \sqrt{1-x^2}} = \arcsin x - \sqrt{1-x^2} + C$$

（14）$\int \dfrac{1 + \ln x}{x} \mathrm{d}x$

解：$\int \dfrac{1 + \ln x}{x} \mathrm{d}x = \int ( 1 + \ln x ) \mathrm{d}( \ln x ) = \ln x + \dfrac{1}{2} \ln^2 x + C$

（15）（1997 年·考研数二填空题第 3 题）$\int \dfrac{\mathrm{d}x}{\sqrt{x( 4-x )}}$

解：$\int \dfrac{\mathrm{d}x}{\sqrt{x( 4-x )}} = \int \dfrac{\mathrm{d}x}{\sqrt{4 - ( x-2 )^2}} = \int \dfrac{\mathrm{d}\left( \dfrac{x-2}{2} \right)}{\sqrt{1 - \left( \dfrac{x-2}{2} \right)^2}} = \arcsin \dfrac{x-2}{2} + C$

（16）$\int \dfrac{\cos x - \sin x}{\sin x + \cos x} \mathrm{d}x$

解：$\int \dfrac{\cos x - \sin x}{\sin x + \cos x} \mathrm{d}x = \int \dfrac{\mathrm{d}( \sin x + \cos x )}{\sin x + \cos x} = \ln | \sin x + \cos x | + C$

（17）$\int \dfrac{\mathrm{d}x}{\sqrt{x - x^2}}$

解：$\int \dfrac{\mathrm{d}x}{\sqrt{x - x^2}} = \int \dfrac{\mathrm{d}x}{\sqrt{x} \sqrt{1-x}} = \int \dfrac{2 \mathrm{d}\sqrt{x}}{\sqrt{1-x}} = 2 \arcsin \sqrt{x} + C$

另外一种方法：$\int \dfrac{\mathrm{d}x}{\sqrt{x - x^2}} = \int \dfrac{2 \mathrm{d}x}{\sqrt{1 - ( 2x-1 )^2}} = \arcsin ( 2x-1 ) + C$

（18）（1989 年·考研数二计算题第 2 题）$\int \dfrac{dx}{x \ln^2 x}$

解：$\int \dfrac{dx}{x \ln^2 x} = \int \dfrac{d\ln x}{\ln^2 x} = -\dfrac{1}{\ln x} + C$

（19）$\int \dfrac{dx}{x^2 + 2x + 3}$

解：$\int \dfrac{dx}{x^2 + 2x + 3} = \int \dfrac{d(x+1)}{(x+1)^2 + 2} = \dfrac{\sqrt{2}}{2} \int \dfrac{d\left(\dfrac{x+1}{\sqrt{2}}\right)}{\left(\dfrac{x+1}{\sqrt{2}}\right)^2 + 1} = \dfrac{1}{\sqrt{2}} \arctan \dfrac{x+1}{\sqrt{2}} + C$

**【例题 4.3.2】** 计算不定积分。

（1）$\int \dfrac{x\cos x - \sin x}{x^2} dx$

解：$\int \dfrac{x\cos x - \sin x}{x^2} dx = \int \left(\dfrac{\sin x}{x}\right)' dx = \int d\left(\dfrac{\sin x}{x}\right) = \dfrac{\sin x}{x} + C$

（2）$\int (\sin x + \cos x)^n \cos 2x\, dx$

解：$\int (\sin x + \cos x)^n \cos 2x\, dx = \int (\sin x + \cos x)^n (\cos^2 x - \sin^2 x)\, dx$

$$= \int (\sin x + \cos x)^{n+1}(\cos x - \sin x)\, dx$$

$$= \int (\sin x + \cos x)^{n+1} d(\sin x + \cos x)$$

$$= \dfrac{1}{n+2}(\sin x + \cos x)^{n+2} + C$$

（3）$\int \dfrac{x-1}{x^2 + 2x + 3} dx$

解：$\int \dfrac{x-1}{x^2 + 2x + 3} dx = \int \dfrac{(x+1)\, dx}{x^2 + 2x + 3} - 2\int \dfrac{dx}{x^2 + 2x + 3}$

$$= \dfrac{1}{2} \int \dfrac{d(x^2 + 2x + 3)}{x^2 + 2x + 3} - \int \dfrac{d(x+1)}{(x+1)^2 + 2}$$

$$= \dfrac{1}{2}\ln(x^2 + 2x + 3) - \sqrt{2}\arctan \dfrac{x+1}{\sqrt{2}} + C$$

（4）（1990 年·考研数二第 3 大题 4 小题）$\int \dfrac{\ln x}{(1-x)^2} dx$

解：由 $\dfrac{dx}{(1-x)^2} = \dfrac{-d(1-x)}{(1-x)^2} = d\,\dfrac{1}{(1-x)}$

得：$\int \dfrac{\ln x}{(1-x)^2} dx = \int \ln x\, d\left(\dfrac{1}{1-x}\right) = \dfrac{\ln x}{1-x} - \int \left(\dfrac{1}{x} + \dfrac{1}{1-x}\right) dx$

$$= \dfrac{x\ln x}{1-x} + \ln|1-x| + C$$

（5）$\int \dfrac{\mathrm{d}x}{\sqrt{1+\mathrm{e}^x}}$

解：令 $u=\sqrt{1+\mathrm{e}^x}$，则 $\mathrm{e}^x=u^2-1$，$\mathrm{e}^x\mathrm{d}x=2u\mathrm{d}u$

$$\int \dfrac{\mathrm{d}x}{\sqrt{1+\mathrm{e}^x}}=\int \dfrac{1}{u}\cdot\dfrac{2u\mathrm{d}u}{u^2-1}=\int\left(\dfrac{1}{u-1}-\dfrac{1}{u+1}\right)\mathrm{d}u=\ln\left|\dfrac{u-1}{u+1}\right|+C=\ln\dfrac{\sqrt{1+\mathrm{e}^x}-1}{\sqrt{1+\mathrm{e}^x}+1}+C$$

（6）$\int \dfrac{\mathrm{d}x}{1+\sqrt{ax}}\quad(a>0,\,x>0)$

解：令 $\sqrt{ax}=u$，则 $ax=u^2$，$a\mathrm{d}x=2u\mathrm{d}u$

$$\int \dfrac{\mathrm{d}x}{1+\sqrt{ax}}=\dfrac{2}{a}\int\dfrac{u\mathrm{d}u}{1+u}=\dfrac{2}{a}\int\left(1-\dfrac{1}{1+u}\right)\mathrm{d}u$$

$$=\dfrac{2}{a}(u-\ln|1+u|)+C=2\sqrt{\dfrac{x}{a}}-\dfrac{2}{a}\ln(1+\sqrt{ax})+C$$

（7）$\int \sqrt{\dfrac{1-x}{1+x}}\dfrac{\mathrm{d}x}{x}$

解：令 $u=\sqrt{\dfrac{1-x}{1+x}}$，则 $x=\dfrac{1-u^2}{1+u^2}$，$\mathrm{d}x=-\dfrac{4u}{(1+u^2)^2}\mathrm{d}u$

$$\int \sqrt{\dfrac{1-x}{1+x}}\dfrac{\mathrm{d}x}{x}=-4\int\dfrac{u^2}{(1-u^2)(1+u^2)}\mathrm{d}u=2\int\left(\dfrac{1}{1+u^2}-\dfrac{1}{1-u^2}\right)\mathrm{d}u$$

$$=2\int\dfrac{\mathrm{d}u}{1+u^2}+\int\dfrac{\mathrm{d}u}{u-1}-\int\dfrac{\mathrm{d}u}{u+1}=2\arctan u+\ln\left|\dfrac{u-1}{u+1}\right|+C$$

$$=2\arctan\sqrt{\dfrac{1-x}{1+x}}+\ln\left|\dfrac{\sqrt{1-x}-\sqrt{1+x}}{\sqrt{1-x}+\sqrt{1+x}}\right|+C$$

（8）$\int \dfrac{\mathrm{d}x}{1+\sqrt[3]{x+2}}$

解：令 $u=\sqrt[3]{x+2}$，则 $x=u^3-2$，$\mathrm{d}x=3u^2\mathrm{d}u$

$$\int \dfrac{\mathrm{d}x}{1+\sqrt[3]{x+2}}=\int\dfrac{3u^2\mathrm{d}u}{1+u}=3\left[\int\dfrac{(u^2-1)\mathrm{d}u}{1+u}+\int\dfrac{\mathrm{d}u}{1+u}\right]=\dfrac{3}{2}u^2-3u+3\ln|1+u|+C$$

$$=\dfrac{3}{2}(x+2)^{\frac{2}{3}}-3(x+2)^{\frac{1}{3}}+3\ln|1+(x+2)^{\frac{1}{3}}|+C$$

（9）（1991 年·考研数二第 3 大题 4 小题）$\int x\sin^2x\mathrm{d}x$

解：$\int x\sin^2x\mathrm{d}x=\int x\dfrac{1-\cos2x}{2}\mathrm{d}x=\dfrac{1}{2}\int(x-x\cos2x)\mathrm{d}x$

$$=\dfrac{1}{2}\int x\mathrm{d}x-\dfrac{1}{2}\int x\cos2x\mathrm{d}x=\dfrac{1}{4}x^2-\dfrac{1}{4}\int x\mathrm{d}(\sin2x)$$

$$=\dfrac{1}{4}x^2-\dfrac{1}{4}x\sin2x+\dfrac{1}{4}\int\sin2x\mathrm{d}x$$

$$= \frac{1}{4}x^2 - \frac{1}{4}x\sin 2x - \frac{1}{8}\cos 2x + C$$

（10）$\displaystyle\int \frac{1}{\sin^3 x \cos x}\mathrm{d}x$

解：$\displaystyle\int \frac{1}{\sin^3 x \cos x}\mathrm{d}x = \int \frac{\cos^2 x + \sin^2 x}{\sin^3 x \cos x}\mathrm{d}x = \int \frac{1 + \tan^2 x}{\tan^3 x\ \cos^2 x}\mathrm{d}x$

$$= \int \left(\frac{1}{\tan^3 x} + \frac{1}{\tan x}\right)\mathrm{d}(\tan x) = -\frac{1}{2\tan^2 x} + \ln|\tan x| + C$$

（11）$\displaystyle\int \frac{\ln\tan x}{\sin 2x}\mathrm{d}x$

解：$\displaystyle\int \frac{\ln\tan x}{\sin 2x}\mathrm{d}x = \frac{1}{2}\int \frac{\ln\tan x}{\sin x\cos x}\mathrm{d}x = \frac{1}{2}\int \frac{\ln\tan x}{\tan x}\cdot \frac{\mathrm{d}x}{\cos^2 x} = \frac{1}{2}\int \frac{\ln\tan x}{\tan x}\mathrm{d}(\tan x)$

$$= \frac{1}{2}\int \ln\tan x\,\mathrm{d}(\ln\tan x) = \frac{1}{4}(\ln\tan x)^2 + C$$

（12）$\displaystyle\int \tan^5 x\ \sec^3 x\,\mathrm{d}x$

解：$\displaystyle\int \tan^5 x\ \sec^3 x\,\mathrm{d}x = \int \tan^4 x\ \sec^2 x\ \frac{\sin x\,\mathrm{d}x}{\cos^2 x} = -\int \tan^4 x\ \sec^2 x\ \frac{\mathrm{d}(\cos x)}{\cos^2 x}$

$$= \int (\sec^2 x - 1)^2 \sec^2 x\,\mathrm{d}(\sec x) = \frac{1}{7}\sec^7 x - \frac{2}{5}\sec^5 x + \frac{1}{3}\sec^3 x + C$$

（13）$\displaystyle\int \frac{\arctan\sqrt{x}}{\sqrt{x}(1 + x)}\mathrm{d}x$

解：$\displaystyle\int \frac{\arctan\sqrt{x}}{\sqrt{x}(1 + x)}\mathrm{d}x = 2\int \frac{\arctan\sqrt{x}}{(1 + x)}\mathrm{d}\sqrt{x} = 2\int \arctan\sqrt{x}\cdot \frac{\mathrm{d}\sqrt{x}}{1 + x}$

$$= 2\int \arctan\sqrt{x}\cdot \mathrm{d}\arctan\sqrt{x} = (\arctan\sqrt{x})^2 + C$$

（14）$\displaystyle\int \frac{\mathrm{d}x}{x^2 + x + 1}$

解：$\displaystyle\int \frac{\mathrm{d}x}{x^2 + x + 1} = \frac{1}{2}\int \frac{(2x + 1) + 1}{x^2 + x + 1}\mathrm{d}x = \frac{1}{2}\int \frac{\mathrm{d}(x^2 + x + 1)}{x^2 + x + 1} + \frac{1}{2}\int \frac{\mathrm{d}\left(x + \frac{1}{2}\right)}{\left(\frac{\sqrt{3}}{2}\right)^2 + \left(x + \frac{1}{2}\right)^2}$

【例题 4.3.3】计算不定积分。

（1）$\displaystyle\int \frac{\mathrm{d}x}{x^2 - 5x + 6}$

解：$\displaystyle\int \frac{\mathrm{d}x}{x^2 - 5x + 6} = \int \frac{\mathrm{d}x}{(x - 2)(x - 3)} = \int \left(\frac{1}{x - 3} - \frac{1}{x - 2}\right)\mathrm{d}x$

$$= \int \frac{\mathrm{d}(x - 3)}{x - 3} - \int \frac{\mathrm{d}(x - 2)}{x - 2} = \ln|x - 3| - \ln|x - 2| + C$$

$$= \ln\left|\frac{x - 3}{x - 2}\right| + C$$

(2) $\int \dfrac{\mathrm{d}x}{\sqrt{a^2 - x^2}}$ $(a > 0)$

解：$\int \dfrac{\mathrm{d}x}{\sqrt{a^2 - x^2}} = \int \dfrac{\mathrm{d}\left(\dfrac{x}{a}\right)}{\sqrt{1 - \left(\dfrac{x}{a}\right)^2}} = \arcsin \dfrac{x}{a} + C$

(3) $\int \cos^2 x \mathrm{d}x$

解：$\int \cos^2 x \mathrm{d}x = \dfrac{1}{2}\int(1 + \cos 2x)\mathrm{d}x = \dfrac{1}{2}x + \dfrac{1}{4}\int \cos 2x \mathrm{d}(2x) = \dfrac{1}{2}x + \dfrac{1}{4}\sin 2x + C$

(4) $\int \dfrac{\mathrm{d}x}{x(x^6 + 4)}$

解：令 $x^3 = u$，则 $3x^2 \mathrm{d}x = \mathrm{d}u$。

$$\int \frac{\mathrm{d}x}{x(x^6 + 4)} = \int \frac{\mathrm{d}u}{3u(u^2 + 4)} = \frac{1}{12}\int\left(\frac{1}{u} - \frac{u}{u^2 + 4}\right)\mathrm{d}u$$

$$= \frac{1}{12}\ln|u| - \frac{1}{24}\ln(u^2 + 4) + C = \frac{1}{24}\ln\frac{x^6}{x^6 + 4} + C$$

【例题 4.3.4】

(1) 已知 $\int \dfrac{f'(\ln x)}{x}\mathrm{d}x = x^2 + C$，求 $f(x)$。

解：由于 $\dfrac{f'(\ln x)}{x} = (x^2)' = 2x$，即 $f'(\ln x) = 2x^2 = 2\mathrm{e}^{\ln(x^2)} = 2\mathrm{e}^{2\ln x}$，所以：

$f'(x) = 2\mathrm{e}^{2x}$，有 $f(x) = \int f'(x)\mathrm{d}x = \int 2\mathrm{e}^{2x}\mathrm{d}x = \mathrm{e}^{2x} + C$。

另外一种方法：由于 $\int \dfrac{f'(\ln x)}{x}\mathrm{d}x = \int f'(\ln x)\mathrm{d}(\ln x) = \int \mathrm{d}f(\ln x)$，根据已知，可得：

$f(\ln x) = x^2 + C = \mathrm{e}^{\ln(x^2)} + C = \mathrm{e}^{2\ln x} + C$，所以 $f(x) = \mathrm{e}^{2x} + C$。

(2) 设 $F'(x) = f(x)$ $(x > 0)$，若 $f(x)F(x) = \dfrac{\mathrm{e}^{2\sqrt{x}}}{2\sqrt{x}}$，且 $F(x) > 0$，$F(0) = 1$，试求 $f(x)$。

解：由已知的两个关系得 $F'(x)F(x)\mathrm{d}x = \dfrac{\mathrm{e}^{2\sqrt{x}}}{2\sqrt{x}}\mathrm{d}x$，即 $F(x)\mathrm{d}F(x) = \mathrm{e}^{2\sqrt{x}}\mathrm{d}\sqrt{x}$，

进一步得到 $\dfrac{1}{2}\mathrm{d}F^2(x) = \dfrac{1}{2}\mathrm{d}\mathrm{e}^{2\sqrt{x}}$，故 $F^2(x) = \mathrm{e}^{2\sqrt{x}} + C$。考虑到 $F(x) > 0$，$F(0) = 1$，可知 $C = 0$，即 $F(x) = \mathrm{e}^{\sqrt{x}}$，显然 $f(x) = \dfrac{\mathrm{e}^{\sqrt{x}}}{2x}$。

前面介绍的换元法，俗称凑微分。通过设置中间变量 $u = u(x)$，将积分 $\int f(x)\mathrm{d}x$ 变化为可直接利用基本积分公式的积分 $\int g(u)\mathrm{d}u$。凑微分的关键是选用恰当的中间变量为

积分变量，减少被积函数的复合层次，适应基本公式。

还有一种换元法：通过变量置换 $x = x(t)$ 及 $\mathrm{d}x = x'(t)\mathrm{d}t$ 将被积表达式 $f(x)\mathrm{d}x$ 向以 $t$ 为自变量的内层函数及其微分深入，由

$$\int f(x)\mathrm{d}x = \int f[x(t)]x'(x)\mathrm{d}t = \int F(t)\mathrm{d}t$$

使 $\int F(t)\mathrm{d}t$ 靠拢基本积分公式。

【例题 4.3.5】求下列不定积分。

（1）（2009 年·考研数三第 16 题）计算不定积分 $\int \ln\left(1 + \sqrt{\dfrac{1+x}{x}}\right)\mathrm{d}x$，$(x > 0)$

解：令 $\sqrt{\dfrac{1+x}{x}} = t$ 得 $x = \dfrac{1}{t^2 - 1}$，$\mathrm{d}x = \dfrac{-2t\mathrm{d}t}{(t^2 - 1)^2}$

$$\int \ln\left(1 + \sqrt{\frac{1+x}{x}}\right)\mathrm{d}x = \int \ln(1 + t)\mathrm{d}\frac{1}{t^2 - 1}$$

$$= \frac{\ln(1 + t)}{t^2 - 1} - \int \frac{1}{t^2 - 1}\frac{1}{t + 1}\mathrm{d}t$$

而

$$\int \frac{1}{t^2 - 1}\frac{1}{t + 1}\mathrm{d}t = \frac{1}{4}\int\left(\frac{1}{t - 1} - \frac{1}{t + 1} - \frac{2}{(t + 1)^2}\right)\mathrm{d}t$$

$$= \frac{1}{4}\ln(t - 1) - \frac{1}{4}\ln(t + 1) + \frac{1}{2(t + 1)} + C$$

所以：

$$\int \ln\left(1 + \sqrt{\frac{1+x}{x}}\right)\mathrm{d}x = \frac{\ln(1 + t)}{t^2 - 1} + \frac{1}{4}\ln\frac{t + 1}{t - 1} - \frac{1}{2(t + 1)} + C$$

$$= x\ln\left(1 + \sqrt{\frac{1+x}{x}}\right) + \frac{1}{2}\ln(\sqrt{1 + x} + \sqrt{x}) - \frac{1}{2}\frac{\sqrt{x}}{\sqrt{1 + x} + \sqrt{x}} + C$$

（2）$\displaystyle\int \frac{\mathrm{d}x}{\sqrt{x^2 + a^2}}$  $(a > 0)$

解：令 $x = a\tan t\left(-\dfrac{\pi}{2} < t < \dfrac{\pi}{2}\right)$，则 $\sqrt{x^2 + a^2} = a\sec t$，$\mathrm{d}x = a\sec^2 t\mathrm{d}t$

$$\int \frac{\mathrm{d}x}{\sqrt{x^2 + a^2}} = \int \frac{a\sec^2 t\mathrm{d}t}{a\sec t} = \int \sec t\mathrm{d}t = \ln|\sec t + \tan t| + C'$$

$$= \ln\frac{\sqrt{x^2 + a^2} + x}{a} + C' = \ln(x + \sqrt{x^2 + a^2}) + C$$

（3）$\displaystyle\int \frac{\mathrm{d}x}{\sqrt{(a^2 - x^2)^3}}$  $(a > 0, |x| < a)$

解：令 $x = a\sin t$  $|x| \leqslant a$  $-\dfrac{\pi}{2} \leqslant t \leqslant \dfrac{\pi}{2}$，则 $\sqrt{a^2 - x^2} = a\cos t$，$\mathrm{d}x = a\cos t\mathrm{d}t$

$$\int \frac{\mathrm{d}x}{\sqrt{(a^2 - x^2)^3}} = \int \frac{a\cos t \mathrm{d}t}{a^3 \cos^3 t} = \frac{1}{a^2}\tan t + C = \frac{x}{a^2 \sqrt{a^2 - x^2}} + C$$

（4）$\int \dfrac{\mathrm{d}x}{(x^2 + a^2)^2}$ $(a > 0)$

解：令 $x = a\tan t$ $\quad -\dfrac{\pi}{2} < t < \dfrac{\pi}{2}$，则 $x^2 + a^2 = a^2 \sec^2 t$，$\mathrm{d}x = a\sec^2 t \mathrm{d}t$

$$\int \frac{\mathrm{d}x}{(x^2 + a^2)^2} = \int \frac{a\sec^2 t \mathrm{d}t}{a^4 \sec^4 t} = \frac{1}{a^3}\int \cos^2 t \mathrm{d}t = \frac{1}{2a^3}\int (1 + \cos 2t)\mathrm{d}t$$

$$= \frac{t}{2a^3} + \frac{1}{4a^3}\sin 2t + C = \frac{1}{2a^3}\arctan\frac{x}{a} + \frac{x}{2a^2(x^2 + a^2)} + C$$

（5）（2011 年·考研数三第 17 题）求 $\int \dfrac{\arcsin\sqrt{x} + \ln x}{\sqrt{x}}\mathrm{d}x$

解：令 $\int \dfrac{\arcsin\sqrt{x} + \ln x}{\sqrt{x}}\mathrm{d}x \overset{\sqrt{x}=t}{=\!=\!=} \int \dfrac{\arcsin t + \ln t^2}{t}2t\mathrm{d}t = 2\int(\arcsin t + \ln t^2)\mathrm{d}t$

$$= 2\left(\int \arcsin t \mathrm{d}t + \int \ln t^2 \mathrm{d}t\right) = 2\left(t\arcsin t - \int t \mathrm{d}\arcsin t \right.$$

$$\left. + t\ln t^2 - \int t \mathrm{d}\ln t^2\right)$$

$$= 2\left(t\arcsin t - \int \frac{t}{\sqrt{1 - t^2}}\mathrm{d}t + t\ln t^2 - \int 2\mathrm{d}t\right)$$

$$= 2\left(t\arcsin t + \sqrt{1 - t^2}\mathrm{d}t + t\ln t^2 - 2t + C_1\right)$$

$$= 2\left(\sqrt{x}\arcsin\sqrt{x} + \sqrt{1 - x} + \sqrt{x}\ln x - 2\sqrt{x}\right) + C$$

在利用三角函数换元，以去掉形如 $\sqrt{a^2 - x^2}$，$\sqrt{x^2 - a^2}$，$\sqrt{x^2 + a^2}$ 诸式的根号时，常用的变换为：

对于 $\sqrt{a^2 - x^2}$ $\quad |x| < a$，设 $x = a\sin t$

对于 $\sqrt{x^2 - a^2}$ $\quad |x| > a$，设 $x = a\sec t$

对于 $\sqrt{x^2 + a^2}$，设 $x = a\tan t$

用换元法作不定积分时，经过换元，被积表达式转化为可直接应用已有积分公式的形式，在求出原函数以后，还需要将改变了的自变量复原为初始的积分变量，得到原来被积函数的原函数。

## 4.4 分部积分法

$u(x)$，$v(x)$ 是两个可微函数，函数乘积的微分公式 $\mathrm{d}(uv) = u\mathrm{d}v + v\mathrm{d}u$ 提供了新的变换方法。当积分 $\int u\mathrm{d}v$ 不可行，而积分 $\int v\mathrm{d}u$ 能够进行时，可以通过上式转换为：

$$\int u \mathrm{d}v = \int \mathrm{d}(uv) - \int v \mathrm{d}u = uv - \int v \mathrm{d}u$$

这种算法称为分部积分法。应用分部积分法要结合换元法同时搭配好两个中间函数 $u(x)$ 和 $v(x)$，凑出恰当的被积表达式 $v \mathrm{d}u$。

**【例题 4.4.1】** 求下列不定积分。

（1）（1993 年·考研数二填空题第 4 题）$\int \dfrac{\tan x}{\sqrt{\cos x}} \mathrm{d}x$

解：$\int \dfrac{\tan x}{\sqrt{\cos x}} \mathrm{d}x = \int \dfrac{\sin x}{\cos x} \dfrac{1}{\sqrt{\cos x}} \mathrm{d}x = \int \sin x \cos^{-\frac{3}{2}} x \mathrm{d}x$

$\qquad\qquad = -\int \cos^{-\frac{3}{2}} x \mathrm{d}\cos x = 2\cos^{-\frac{1}{2}} x + C$

（2）$\int x^2 \mathrm{e}^x \mathrm{d}x$

解：$\int x^2 \mathrm{e}^x \mathrm{d}x = \int x^2 \mathrm{d}\mathrm{e}^x = x^2 \mathrm{e}^x - \int 2x \mathrm{e}^x \mathrm{d}x = x^2 \mathrm{e}^x - 2\int x \mathrm{d}\mathrm{e}^x$

$\qquad\quad = x^2 \mathrm{e}^x - 2x \mathrm{e}^x + 2\int \mathrm{e}^x \mathrm{d}x = (x^2 - 2x + 2)\mathrm{e}^x + C$

（3）（1996 年·考研数二第 3 大题 2 小题）$\int \dfrac{\mathrm{d}x}{1 + \sin x}$

解：$\int \dfrac{\mathrm{d}x}{1 + \sin x} = \int \dfrac{(1 - \sin x)\mathrm{d}x}{(1 + \sin x)(1 - \sin x)} = \int \dfrac{1 - \sin x}{\cos^2 x} \mathrm{d}x$

$\qquad\quad = \int \dfrac{1}{\cos^2 x} \mathrm{d}x - \int \dfrac{\sin x \mathrm{d}x}{\cos^2 x} = \int \sec^2 x \mathrm{d}x + \int \dfrac{\mathrm{d}\cos x}{\cos^2 x}$

$\qquad\quad = \tan x - \dfrac{1}{\cos x} + C$

（4）（1996 年·考研数二第 4 大题）$\int \dfrac{\arctan x}{x^2(1 + x^2)} \mathrm{d}x$

解：$\int \dfrac{\arctan x}{x^2(1 + x^2)} \mathrm{d}x = \int \dfrac{\arctan x}{x^2} \mathrm{d}x - \int \dfrac{\arctan x}{1 + x^2} \mathrm{d}x$

$\qquad\qquad = \int \arctan x \mathrm{d}\left(-\dfrac{1}{x}\right) - \int \arctan x \mathrm{d}(\arctan x)$

$\qquad\qquad \underline{\underline{\text{分部}}} -\dfrac{1}{x}\arctan x + \int \dfrac{\mathrm{d}x}{x(1 + x^2)} - \dfrac{1}{2}\arctan^2 x$

$\qquad\qquad = -\dfrac{1}{x}\arctan x + \int\left(\dfrac{1}{x} - \dfrac{x}{1 + x^2}\right)\mathrm{d}x - \dfrac{1}{2}\arctan^2 x$

$\qquad\qquad = -\dfrac{1}{x}\arctan x + \ln|x| - \dfrac{1}{2}\ln(1 + x^2) - \dfrac{1}{2}\arctan^2 x + C$

另外一种方法：令 $\arctan x = u$，则 $x = \tan u$，$\mathrm{d}x = \mathrm{d}(\tan u)$

$\int \arctan x \mathrm{d}x = \int u \mathrm{d}(\tan u) = u\tan u - \int \tan u \mathrm{d}u$

$$= u\tan u + \ln\cos u + C = x\arctan x - \frac{1}{2}\ln(1 + x^2) + C$$

【例题 4.4.2】求下列不定积分。

（1）$\int x\cos x\mathrm{d}x$

解：$\int x\cos x\mathrm{d}x = \int x\mathrm{d}\sin x = x\sin x - \int \sin x\mathrm{d}x = x\sin x + \cos x + C$

（2）$\int x^2 \mathrm{e}^x\mathrm{d}x$

解：$\int x^2 \mathrm{e}^x\mathrm{d}x = \int x^2 \mathrm{d}\mathrm{e}^x = x^2\mathrm{e}^x - \int 2x\mathrm{e}^x\mathrm{d}x = x^2\mathrm{e}^x - 2\int x \, \mathrm{d}\mathrm{e}^x$

$$= x^2\mathrm{e}^x - 2x\mathrm{e}^x + 2\int \mathrm{e}^x\mathrm{d}x = (x^2 - 2x + 2)\mathrm{e}^x + C$$

（3）$\int \ln x\mathrm{d}x$

解：$\int \ln x\mathrm{d}x = x\ln x - \int x\mathrm{d}(\ln x) = x\ln x - \int x\frac{\mathrm{d}x}{x} = x\ln x - x + C$

【例题 4.4.3】求下列不定积分。

（1）（1992 年·考研数二第 3 大题 3 小题）$\int \frac{x^3}{\sqrt{1 + x^2}}\mathrm{d}x$

解：$\int \frac{x^3}{\sqrt{1 + x^2}}\mathrm{d}x = \frac{1}{2}\int \frac{x^2}{\sqrt{1 + x^2}}\mathrm{d}(1 + x^2) = \frac{1}{2}\int \frac{(1 + x^2) - 1}{\sqrt{1 + x^2}}\mathrm{d}(1 + x^2)$

$$= \frac{1}{2}\int \left(\sqrt{1 + x^2} - \frac{1}{\sqrt{1 + x^2}}\right)\mathrm{d}(1 + x^2)$$

$$= \frac{1}{2}\int \sqrt{1 + x^2}\mathrm{d}(1 + x^2) - \frac{1}{2}\int \frac{1}{\sqrt{1 + x^2}}\mathrm{d}(1 + x^2)$$

$$= \frac{1}{3}(1 + x^2)^{\frac{3}{2}} - \sqrt{1 + x^2} + C$$

（2）（1994 年·考研数二填空题第 4 题）$\int x^3 \mathrm{e}^{x^2}\mathrm{d}x$

解：$\int x^3 \mathrm{e}^{x^2}\mathrm{d}x = \frac{1}{2}\int x^2 \mathrm{d}(\mathrm{e}^{x^2}) = \frac{1}{2}[x^2\mathrm{e}^{x^2} - \int \mathrm{e}^{x^2}\mathrm{d}(x^2)]$

$$= \frac{1}{2}(x^2 - 1)\mathrm{e}^{x^2} + C$$

（3）$\int \ln(x + \sqrt{1 + x^2})\mathrm{d}x$

解：$\int \ln(x + \sqrt{1 + x^2})\mathrm{d}x = x\ln(x + \sqrt{1 + x^2}) - \int \frac{x\mathrm{d}x}{\sqrt{1 + x^2}}$

$$= x\ln(x + \sqrt{1 + x^2}) - \frac{1}{2}\int \frac{\mathrm{d}(1 + x^2)}{\sqrt{1 + x^2}} = x\ln(x + \sqrt{1 + x^2})$$

$$-\sqrt{1 + x^2} + C$$

（4）（1994 年·考研数二第 3 大题 4 小题）$\int \dfrac{\mathrm{d}x}{\sin2x + 2\sin x}$

解：$\displaystyle\int \dfrac{\mathrm{d}x}{\sin2x + 2\sin x} = \int \dfrac{\mathrm{d}x}{2\sin x(\cos x + 1)}$

$$= \int \dfrac{\sin x\mathrm{d}x}{2\sin^2 x(\cos x + 1)} \underline{\underline{\cos x = u}} - \dfrac{1}{2}\int \dfrac{1}{(1 - u)(1 + u)^2}\mathrm{d}u$$

$$= -\dfrac{1}{4}\int \dfrac{(1 + u) + (1 - u)}{(1 - u)(1 + u)^2}\mathrm{d}u$$

$$= -\dfrac{1}{8}\int \left( \dfrac{1}{1 - u} + \dfrac{1}{1 + u} + \dfrac{2}{(1 + u)^2} \right)\mathrm{d}u$$

$$= \dfrac{1}{8}\left[ \ln|1 - u| - \ln|1 + u| + \dfrac{2}{(1 + u)} \right] + C$$

$$= \dfrac{1}{8}\left[ \ln(1 - \cos) - \ln(1 + \cos x) + \dfrac{2}{1 + \cos x} \right] + C$$

（5）$\int \dfrac{\ln x - 1}{x^2}\mathrm{d}x$

解：$\displaystyle\int \dfrac{\ln x - 1}{x^2}\mathrm{d}x = \int (1 - \ln x)\mathrm{d}\left( \dfrac{1}{x} \right) = \dfrac{1 - \ln x}{x} - \int \dfrac{1}{x}\mathrm{d}(1 - \ln x)$

$$= \dfrac{1 - \ln x}{x} + \int \dfrac{\mathrm{d}x}{x^2} = \dfrac{1 - \ln x}{x} - \dfrac{1}{x} + C = -\dfrac{\ln x}{x} + C$$

（6）（2018 年·考研数三第 10 题）求 $\int e^x \arcsin\sqrt{1 - e^{2x}}\mathrm{d}x$

解：$\int e^x \arcsin\sqrt{1 - e^{2x}}\mathrm{d}x$

令 $e^x = \cos t,\ \mathrm{d}e^x = -\sin t\mathrm{d}t,$

则原积分 $= \int \arcsin\sin t\mathrm{d}\cos t = \int t\mathrm{d}\cos t = t\cos t - \sin t + C$

代入还原得原积分 $= e^x \arccos e^x - \sqrt{1 - e^{2x}} + C$

【例题 4.4.4】已知 $-\dfrac{\sin x}{x}$ 是函数 $f(x)$ 的一个原函数，求不定积分 $\int xf'(x)\mathrm{d}x$ 与

$\int x^2 f(x)\mathrm{d}x$。

解：由于 $-\dfrac{\sin x}{x}$ 是函数 $f(x)$ 的一个原函数，有：

① $\int f(x)\mathrm{d}x = -\dfrac{\sin x}{x} + C_1$；② $f(x) = \left( -\dfrac{\sin x}{x} \right)' = \dfrac{\sin x - x\cos x}{x^2}$。

$\int xf'(x)\mathrm{d}x = \int x\mathrm{d}f(x) = xf(x) - \int f(x)\mathrm{d}x$

$$= x\dfrac{\sin x - x\cos x}{x^2} + \dfrac{\sin x}{x} + C = \dfrac{2\sin x}{x} - \cos x + C$$

$$\int x^2 f(x)\,\mathrm{d}x = \int x^2 \frac{\sin x - x\cos x}{x^2}\,\mathrm{d}x = \int (\sin x - x\cos x)\,\mathrm{d}x$$

$$= -\cos x - \int x\,\mathrm{d}\sin x = -\cos x - x\sin x + \int \sin x\,\mathrm{d}x = -2\cos x - x\sin x + C$$

【例题 4.4.5】若 $F'(x) = f(x)$，$f(x)$ 是在区间 $I$ 上单调的连续函数，$f^{-1}(x)$ 是它的反函数，求 $\int f^{-1}(x)\,\mathrm{d}x$。

解：由于 $f^{-1}(x)$ 是 $f(x)$ 的反函数，存在着 $f[f^{-1}(x)] = x$；由于 $F'(x) = f(x)$，有 $\int f(x)\,\mathrm{d}x = F(x) + C$，应用分部积分法。

$$\int f^{-1}(x)\,\mathrm{d}x = xf^{-1}(x) - \int x\,\mathrm{d}[f^{-1}(x)]$$

$$= xf^{-1}(x) - \int f[f^{-1}(x)]\,\mathrm{d}[f^{-1}(x)] = xf^{-1}(x) - F[f^{-1}(x)] + C$$

【例题 4.4.6】建立计算不定积分 $I_n = \int \ln^n x\,\mathrm{d}x\,(n \in N)$ 的递推公式 $I_n = x\ln^n x - nI_{n-1}$

解：$I_n = \int \ln^n x\,\mathrm{d}x = x\ln^n x - n\int \ln^{n-1}x\,\mathrm{d}x = x\ln^n x - nI_{n-1}$

$I_0 = \int \mathrm{d}x = x + C$

$I_1 = \int \ln x\,\mathrm{d}x = x\ln x - I_0$

$I_2 = \int \ln^2 x\,\mathrm{d}x = x^2\ln^2 x - 2I_1$

$I_3 = \int \ln^3 x\,\mathrm{d}x = x\ln^3 x - 3I_2 = x\ln^3 x - 3x\ln^2 x + 3 \cdot 2I_1$

$\quad = x\ln^3 x - 3x\ln^2 x + 6x\ln x - 6I_0 = x\ln^3 x - 3x\ln^2 x + 6x\ln x - 6x + C$

## 第 4 章　习　题

**A 类**

1. 求下列不定积分。

(1) $\displaystyle\int \frac{x^3}{\sqrt{x^2+1}}\,\mathrm{d}x$；　(2) $\displaystyle\int \frac{x^{14}}{(x^5+1)^4}\,\mathrm{d}x$；　(3) $\displaystyle\int \frac{\mathrm{d}x}{\sqrt{x}(x+2\sqrt{x})}$；　(4) $\displaystyle\int \frac{\mathrm{d}x}{\sin 2x + 2\sin x}$；

(5) $\displaystyle\int \left(\frac{\ln x}{x}\right)^2\,\mathrm{d}x$；　(6) $\displaystyle\int \frac{x-1}{2x^2+x-1}\,\mathrm{d}x$；　(7) $\displaystyle\int \frac{x+1}{x(1+xe^x)}\,\mathrm{d}x$；　(8) $\displaystyle\int \frac{1+\ln(1-x)}{x^2}\,\mathrm{d}x$。

2. 求下列不定积分。

（1）$\int \dfrac{\mathrm{d}x}{\sqrt{\mathrm{e}^x - 1}}$；（2）$\int \dfrac{\sin 2x}{4 + \sin^4 x}\mathrm{d}x$；（3）$\int \dfrac{1 + \sin x}{1 + \cos x}\mathrm{d}x$；（4）$\int \dfrac{1}{1 + \cos x + \sin^2 \frac{x}{2}}\mathrm{d}x$；

（5）$\int \mathrm{e}^x \dfrac{1 + \sin x}{1 + \cos x}\mathrm{d}x$；（6）$\int x(1 - x^2)\mathrm{d}x$；（7）$\int \dfrac{x^3}{\sqrt{x^2 + 1}}\mathrm{d}x$；（8）$\int \dfrac{1}{\sqrt{x}(x + 2\sqrt{x})}\mathrm{d}x$；

（9）$\int \dfrac{\mathrm{d}x}{\sin 2x + 2\sin x}$；（10）$\int \dfrac{x + 1}{x(1 + x\mathrm{e}^x)}\mathrm{d}x$；（11）$\int \dfrac{\mathrm{d}x}{x^2 \sqrt{x^2 - 4}}$；（12）$\int \sin^4 x \cos^3 x \mathrm{d}x$；

（13）$\int \dfrac{\tan^2 \sqrt{x}}{\sqrt{x}}\mathrm{d}x$；（14）$\int \dfrac{\sqrt{x^2 - 1}}{x^2}\mathrm{d}x$。

**B 类**

1. 求下列不定积分。

（1）$I = \int \dfrac{1 + 2x^2}{x^2(1 + x^2)}\mathrm{d}x$；（2）$I = \int \dfrac{x^4 \mathrm{d}x}{1 + x^2}$；（3）$I = \int (1 + \sqrt{x})^5 \mathrm{d}x$；（4）$I = \int \tan^2 x \mathrm{d}x$；

（5）$I = \int_{-1}^1 \dfrac{2x + |x|}{1 + x^2}\mathrm{d}x$；（6）$I = \int_0^3 \sqrt{x^2 - 4x + 4}\,\mathrm{d}x$；（7）$I = \int_0^2 \dfrac{\mathrm{d}x}{x^2 - 2x + 2}$；

（8）$I = \int \dfrac{f'(x)\,\mathrm{d}x}{1 + f(x)}$；（9）$I = \int 2\sin^2 \dfrac{x}{2}\mathrm{d}x$；（10）$I = \int \dfrac{1 + \cos x}{(x + \sin x)^2}\mathrm{d}x$。

2. 计算下列积分（练习凑微分——换元积分法）。

（1）$\int \sin^3 x \cos x \mathrm{d}x$；（2）$\int 2x\mathrm{e}^{-x^2}\mathrm{d}x$；（3）$\int \dfrac{\sin \frac{1}{x}}{x^2}\mathrm{d}x$；（4）$\int \dfrac{\cos \sqrt{x}}{2\sqrt{x}}\mathrm{d}x$；（5）$\int \dfrac{\sin x}{\cos^2 x}\mathrm{d}x$；

（6）$\int \dfrac{\arctan x}{1 + x^2}\mathrm{d}x$；（7）$\int \dfrac{\mathrm{e}^x}{1 + \mathrm{e}^{2x}}\mathrm{d}x$；（8）$\int \dfrac{\mathrm{d}x}{\sqrt[5]{2 + 5x}}$；（9）$\int_0^1 x\sqrt{1 - x^2}\,\mathrm{d}x$；

（10）$\int_1^{\mathrm{e}} \dfrac{\mathrm{d}x}{x\sqrt{1 + \ln x}}$；（11）$\int_0^1 \dfrac{2x + 1}{x^2 + x + 1}\mathrm{d}x$；（12）$\int \dfrac{\mathrm{d}x}{\sqrt{x}(1 + x)}$；（13）$\int \dfrac{\mathrm{d}x}{\cos^2 x \sqrt{\tan x - 1}}$；

（14）$\int \dfrac{f'(x)}{1 + f^2(x)}\mathrm{d}x$。

3. 设 $f(x) = \begin{cases} x + 1, & x < 0 \\ 0, & x = 0 \\ x^2, & x > 0 \end{cases}$，求 $\int_{-1}^1 f(x)\mathrm{d}x$。

4. 设 $f(x) = \begin{cases} x\mathrm{e}^{-x}, & x \leqslant 0 \\ \sqrt{2x - x^2}, & 0 < x \leqslant 1 \end{cases}$，求 $\int_{-3}^1 f(x)\mathrm{d}x$。

5. 设 $f(x) = \begin{cases} \dfrac{1}{1 + \mathrm{e}^x}, & x < 0 \\ \dfrac{1}{1 + x}, & x \geqslant 0 \end{cases}$，求 $\int_0^2 f(x - 1)\mathrm{d}x$。

6. 已知一个函数的导数为 $f(x) = \dfrac{1}{\sqrt{1-x^2}}$，并且当 $x = 1$ 时这个函数的函数值等于 $\dfrac{2\pi}{3}$，试求这个函数。

7. 已知 $f(x)$ 的一个原函数为 $\dfrac{\sin x}{1 + x\sin x}$，求 $\displaystyle\int f(x)f'(x)\,\mathrm{d}x$。

8. 设 $F(x)$ 为 $f(x)$ 的原函数，若当 $x \geqslant 0$ 时有 $f(x) \cdot F(x) = \sin^2 2x$，且 $F(0) = 1$，$F(x) \geqslant 0$，试求 $f(x)$。

9. 设函数 $f(x)$ 连续可导，试求 $\displaystyle\int f(ax + b)f'(ax + b)\,\mathrm{d}x$，其中 $a$ 是非零常数。

10. 设 $f'(\sin^2 x) = \cos^2 x$，试求 $f(x)$。

# 第 5 章

# 定积分及其应用

## 5.1 定积分概念

人们在对几何学、力学问题进行定量研究时发现，一系列本质不同的，彼此毫不相干的问题最终将导致同一要求：计算一个取和式的极限，这就追溯到了积分思想的起源。早在 Archimede 时代，为了求曲线形面积，就萌生了积分的想法。为了解决具有可加性的连续分布的非均匀量的求和问题，具有重大理论意义的定积分概念从大量实际问题的研究中被提炼抽象出来。

### 5.1.1 定积分的基本概念

定积分定义：设函数 $f(x) \in B[a, b]$，在区间 $[a, b]$ 上，任意插入 $n-1$ 个分点（见图 5-1）：

$$a = x_0 < x_1, \cdots, x_{i-1} < x_i, \cdots, < x_{n-1} < x_n = b$$

把 $[a, b]$ 分成 $n$ 个子区间 $[x_0, x_1], \cdots, [x_{i-1}, x_i], \cdots, [x_{n-1}, x_n]$，它们的长度分别为：

$$\Delta x_1 = x_1 - x_0, \cdots, \Delta x_i = x_i - x_{i-1}, \cdots, \Delta x_n = x_n - x_{n-1}$$

在每个子区间 $[x_{i-1}, x_i]$ 上任取一点 $\xi_i (x_{i-1} \leqslant \xi_i \leqslant x_i)$，将函数值 $f(\xi_i)$ 与子区间长度 $\Delta x_i = x_i - x_{i-1}$ 的乘积 $f(\xi_i) \Delta x_i (i = 1, 2, \cdots, n)$ 取和（称为 Riemann 和）。

$$S = \sum_{i=1}^{n} f(\xi_i) \Delta x_i$$

记 $\lambda = \max_{1 \leqslant i \leqslant n} \{\Delta x_i\}$，如果不论分点对区间 $[a, b]$ 如何分割，也不论在子区间 $[x_{i-1}, x_i]$ 上如何选取点 $\xi_i$，只要令 $\lambda \to 0$，Riemann 和就趋于确定的常数 $I$，称此极限值为函数 $f(x)$ 在区间 $[a, b]$ 上的定积分，记为：

$$\int_a^b f(x) \, \mathrm{d}x = I = \lim_{\lambda \to 0} \sum_{i=1}^{n} f(\xi_i) \Delta x_i$$

式中，$x$ 称为积分变量，$f(x)$ 称为被积函数，$f(x)\mathrm{d}x$ 称为被积表达式；$[a,b]$ 称为积分区间；$a$、$b$ 分别称为积分下限和上限。

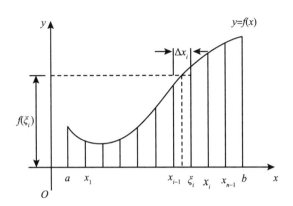

图 5−1　函数 $y=f(x)$ 定积分图例

Riemann 和 $\sum\limits_{i=1}^{n}f(\xi_i)\Delta x_i$ 随区间 $[a,b]$ 的分割方式，以及在子区间 $[x_{i-1},x_i]$ 上 $\xi_i$ 的选法不同而不同，但是，如果 Riemann 和的极限 $\lim\limits_{\lambda\to 0}\sum\limits_{i=1}^{n}f(\xi_i)\Delta x_i$ 存在就不再与分割方式和选法有关了。子区间最大长度 $\lambda\to 0$ 必然是分割数 $n\to\infty$ 的极限过程，但是 $n\to\infty$ 不一定有 $\lambda\to 0$。当 $\lambda\to 0$ 时，Riemann 和 $\sum\limits_{i=1}^{n}f(\xi_i)\Delta x_i$ 的极限存在，称函数 $f(x)$ 在区间 $[a,b]$ 上可积。$f\in R[a,b]$ 即表示 $f(x)$ 在区间 $[a,b]$ 上可积。

函数 $f(x)$ 在区间 $[a,b]$ 上可积的充分条件：

定理 1：如果函数 $f(x)$ 在区间 $[a,b]$ 上连续，则函数 $f(x)$ 在区间 $[a,b]$ 上可积。

定理 2：如果函数 $f(x)$ 在区间 $[a,b]$ 上有界，且只有有限个间断点，则函数 $f(x)$ 在区间 $[a,b]$ 上可积。

当 Riemann 和的极限 $\lim\limits_{\lambda\to 0}\sum\limits_{i=1}^{n}f(\xi_i)\Delta x_i$ 存在时，定积分 $\int_a^b f(x)\mathrm{d}x$ 只与被积函数 $f(x)$ 和积分区间 $[a,b]$ 有关，与积分变量的字母无关，即 $\int_a^b f(x)\mathrm{d}x = \int_a^b f(u)\mathrm{d}u = \int_a^b f(t)\mathrm{d}t$。

【例题 5.1.1】（2021 年·考研数一第 4 题）设函数 $f(x)$ 在区间 $[0,1]$ 上连续，则 $\int_0^1 f(x)\mathrm{d}x = (\qquad)$。

A. $\lim\limits_{x\to\infty}\sum\limits_{n=1}^{n}f\left(\dfrac{2k-1}{2n}\right)\dfrac{1}{2n}$    B. $\lim\limits_{x\to\infty}\sum\limits_{n=1}^{n}f\left(\dfrac{2k-1}{2n}\right)\dfrac{1}{n}$

C. $\lim\limits_{x\to\infty}\sum\limits_{n=1}^{2n}f\left(\dfrac{k-1}{2n}\right)\dfrac{1}{n}$ 　　　　　　　　　　D. $\lim\limits_{x\to\infty}\sum\limits_{n=1}^{2n}f\left(\dfrac{k}{2n}\right)\dfrac{2}{n}$

解：由定积分定义知，将（0，1）分成 $n$ 份，取中间点的函数 $\displaystyle\int_0^1 f(x)\mathrm{d}x=\lim\limits_{x\to\infty}\sum\limits_{n=1}^{n}f\left(\dfrac{2k-1}{2n}\right)\dfrac{1}{n}$。

### 5.1.2 定积分的几何意义

定积分 $A=\displaystyle\int_a^b f(x)\mathrm{d}x$ 在数值上表示曲线 $y=f(x)$（$\forall x\in[a,b]$，$f(x)\geq0$）和三条直线 $y=0$，$x=a$，$x=b$ 所围成的曲边梯形的面积。如果 $\forall x\in[a,b]$，$f(x)\leq0$，仍然规定定积分 $A=\displaystyle\int_a^b f(x)\mathrm{d}x$ 为曲边梯形的面积，不过此面积取负值，表示曲边梯形位于 $x$ 轴下方。如果在区间 $[a,b]$ 上，$f(x)$ 有正有负，定积分 $A=\displaystyle\int_a^b f(x)\mathrm{d}x$ 表示曲线所覆盖曲边梯形各部分面积的代数和（见图 5-2）。

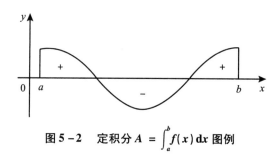

图 5-2　定积分 $A=\displaystyle\int_a^b f(x)\mathrm{d}x$ 图例

【例题 5.1.2】（2019 年·考研数二第 12 题）曲线 $y=\ln\cos x$，$\left(0\leq x\leq\dfrac{\pi}{6}\right)$ 的弧长为 _____。

解：$y=\ln\cos x$，$0\leq x\leq\dfrac{\pi}{6}$

故弧长 $s=\displaystyle\int_0^{\pi/6}\sqrt{1+\tan^2 x}\,\mathrm{d}x=\int_0^{\pi/6}\sec x\,\mathrm{d}x=\ln|\sec x+\tan x|\,\Big|_0^{\sec x}=\dfrac{1}{2}\ln3$

【例题 5.1.3】（2021 年·考研数二第 19 题）$f(x,y)$ 满足 $\displaystyle\int\dfrac{f(x)}{\sqrt{x}}\mathrm{d}x=\dfrac{1}{6}x^2-x+C$，$L$ 为曲线 $y=f(x)$（$4\leq x\leq9$），$L$ 的弧长为 $s$，$L$ 绕 $x$ 轴旋转一周所形成的曲面的面积为 $A$，求 $s$ 和 $A$。

解：等式 $\displaystyle\int\dfrac{f(x)}{\sqrt{x}}\mathrm{d}x=\dfrac{1}{6}x^2-x+C$ 两边同时求导可得 $\dfrac{f(x)}{\sqrt{x}}=\dfrac{1}{3}x-1$，

则 $f(x) = \dfrac{1}{3}x^{\frac{3}{2}} - \sqrt{x}$

弧微分 $\mathrm{d}s = \sqrt{1 + [f'(x)]^2}\,\mathrm{d}x = \sqrt{1 + \left(\dfrac{1}{2}\sqrt{x} - \dfrac{1}{2\sqrt{x}}\right)^2}\,\mathrm{d}x = \sqrt{\dfrac{x}{4} + \dfrac{1}{4x} + \dfrac{1}{2}}\,\mathrm{d}x$

$$= \sqrt{\left(\dfrac{\sqrt{x}}{2} + \dfrac{1}{2\sqrt{x}}\right)^2}\,\mathrm{d}x = \left(\dfrac{\sqrt{x}}{2} + \dfrac{1}{2\sqrt{x}}\right)\mathrm{d}x,$$

则弧长 $S = \displaystyle\int_4^9 \left(\dfrac{\sqrt{x}}{2} + \dfrac{1}{2\sqrt{x}}\right)\mathrm{d}x = \left(\dfrac{1}{3}x^{\frac{3}{2}} + \sqrt{x}\right)\Big|_4^9 = \dfrac{22}{3},$

面积 $A = \displaystyle\int 2\pi f(x)\,\mathrm{d}s = \int_4^9 2\pi\left(\dfrac{1}{3}x^{\frac{3}{2}} - \sqrt{x}\right)\left(\dfrac{\sqrt{x}}{2} + \dfrac{1}{2\sqrt{x}}\right)\mathrm{d}x = \int_4^9 2\pi\left(\dfrac{x^2}{6} - \dfrac{x}{3} - \dfrac{1}{2}\right)\mathrm{d}x$

$$= 2\pi\left(\dfrac{x^3}{18} - \dfrac{x^2}{6} - \dfrac{x}{2}\right)\Big|_4^9 = \dfrac{425}{9}\pi$$

**【例题 5.1.4】**（2019 年·考研数三第 18 题）求曲线 $y = \mathrm{e}^{-x}\sin x\,(x \geq 0)$ 与 $x$ 轴之间图形的面积。

解：所求面积 $A = \displaystyle\int_0^{+\infty} |\mathrm{e}^{-x}\sin x|\,\mathrm{d}x$

$\displaystyle\int_0^{+\infty} |\mathrm{e}^{-x}\sin x|\,\mathrm{d}x = \lim_{n\to\infty}\sum_{k=0}^n (-1)^k \int_{k\pi}^{(k+1)\pi} \mathrm{e}^{-x}\sin x\,\mathrm{d}x$

$$= \lim_{n\to\infty}\sum_{k=0}^n (-1)^k \left[-\dfrac{1}{2}\mathrm{e}^{-x}(\cos x + \sin x)\right]\Big|_{k\pi}^{(k+1)\pi}$$

$$= \dfrac{1}{2}\lim_{n\to\infty}\sum_{k=0}^n (-1)^{k+1}\left[\mathrm{e}^{-(k+1)\pi}(-1)^{k+1} - \mathrm{e}^{-k\pi}(-1)^k\right]$$

$$= \dfrac{1}{2}\lim_{n\to\infty}\sum_{k=0}^n \left[\mathrm{e}^{-(k+1)\pi} + \mathrm{e}^{-k\pi}\right]$$

$$= \dfrac{1}{2}\lim_{n\to\infty}\left[1 + 2\sum_{k=1}^n \mathrm{e}^{-k\pi} + \mathrm{e}^{-(n+1)\pi}\right]$$

$$= \dfrac{1}{2}\left[1 + \dfrac{2}{\mathrm{e}^{\pi} - 1}\right] = \dfrac{1}{2} + \dfrac{1}{\mathrm{e}^{\pi} - 1}$$

**【例题 5.1.5】**（2018 年·考研数一第 12 题）曲线 $S$ 是曲面 $x^2 + y^2 + z^2 = 1$ 与平面 $x + y + z = 0$ 的交线，则 $\displaystyle\int_s xy\,\mathrm{d}s = $ _____。

解：由于积分曲线对 $x$，$y$，$z$ 具有轮换性，因此 $\displaystyle\int_s xy\,\mathrm{d}s = \int_s yz\,\mathrm{d}s = \int_s xz\,\mathrm{d}s$。

又因为 $\displaystyle\int_s (xy + yz + xz)\,\mathrm{d}s = \dfrac{1}{2}\int_s \left[(x + y + z)^2 - x^2 - y^2 - z^2\right]\mathrm{d}s$

$$= \dfrac{1}{2}\int_s -1\,\mathrm{d}s = -\dfrac{1}{2}\int_s \mathrm{d}s = -\dfrac{1}{2}\cdot(\text{曲线的长度})。$$

因为两者交线为球的大圆，因此 $\displaystyle\int_s (xy + yz + xz)\,\mathrm{d}s = -\dfrac{1}{2}\cdot 2\pi = -\pi$

因此所求 $\int_s xyds = -\dfrac{\pi}{3}$

## 5.2 定积分的性质、积分上限的函数及其导数

### 5.2.1 定积分的基本性质

函数 $f(x)$ 在区间 $[a, b]$ 上的定积分：

$$\int_a^b f(x)\,\mathrm{d}x = \lim_{\lambda \to 0}\sum_{i=1}^n f(\xi_i)\Delta x_i = \lim_{\lambda \to 0}\sum_{i=1}^n f(\xi_i)(x_i - x_{i-1})$$

这里，分点 $a = x_0 < x_1, \cdots, x_{i-1} < x_i, \cdots, < x_{n-1} < x_n = b$
子区间长度 $\Delta x_i = x_i - x_{i-1} > 0 \quad (i = 1, 2, \cdots, n)$。

如果交换定积分的上下限 $\int_b^a f(x)\,\mathrm{d}x = \lim_{\lambda \to 0}\sum_{i=1}^n f(\xi_i)\Delta x_i = \lim_{\lambda \to 0}\sum_{i=1}^n f(\xi_i)(x_i - x_{i-1})$，

分点的排列顺序被颠倒 $b = x_0 > x_1, \cdots, x_{i-1} > x_i, \cdots, > x_{n-1} > x_n = a$

子区间长度 $\Delta x_i = x_i - x_{i-1} < 0(i = 1, 2, \cdots, n)$，因此有：

（1）交换定积分的上下限，定积分改变符号，即：

$$\int_a^b f(x)\,\mathrm{d}x = -\int_a^b f(x)\,\mathrm{d}x$$

由 $\int_a^a f(x)\,\mathrm{d}x = -\int_a^a f(x)\,\mathrm{d}x$，可得下一条性质。

（2）上下限相同的定积分等于零，即 $\int_a^a f(x)\,\mathrm{d}x = 0$

（3）定积分不依赖于积分变量的记号，即：

$$\int_a^b f(x)\,\mathrm{d}x = \int_a^b f(t)\,\mathrm{d}t$$

（4）如果在区间 $[a, b]$ 上被积函数 $f(x) \equiv 1$，则 $\int_a^b \mathrm{d}x = b - a$。

$$\int_a^b f(x)\,\mathrm{d}x = \lim_{\lambda \to 0}\sum_{i=1}^n f(\xi_i)\Delta x_i = \lim_{\lambda \to 0}\sum_{i=1}^n \Delta x_i = b - a$$

（5）线性性质：

①可积函数代数和的定积分等于它们定积分的代数和，即：

$$\int_a^b [f(x) \pm g(x)]\,\mathrm{d}x = \int_a^b f(x)\,\mathrm{d}x \pm \int_a^b g(x)\,\mathrm{d}x$$

证：$\int_a^b [f(x) \pm g(x)]\,\mathrm{d}x = \lim_{\lambda \to 0}\sum_{i=1}^n [f(\xi_i) \pm g(\xi_i)]\Delta x_i$

$$= \lim_{\lambda \to 0}\sum_{i=1}^n f(\xi_i)\Delta x_i \pm \lim_{\lambda \to 0}\sum_{i=1}^n g(\xi_i)\Delta x_i$$

$$= \int_a^b f(x)\,\mathrm{d}x \pm \int_a^b g(x)\,\mathrm{d}x$$

②被积函数的常数因子可以提到积分号外，即：

$$\int_a^b k f(x)\,\mathrm{d}x = k\int_a^b f(x)\,\mathrm{d}x$$

（6）定积分对于积分区间具有可加性，即（见图 5 – 3）：

$$\int_a^b f(x)\,\mathrm{d}x = \int_a^c f(x)\,\mathrm{d}x + \int_c^b f(x)\,\mathrm{d}x$$

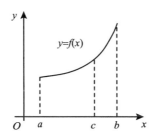

**图 5 – 3 函数 $y = f(x)$ 定积分图例**

证：先设 $a < c < b$。由于函数在区间 $[a,\,b]$ 上可积，无论怎样分割区间 $[a,\,b]$，当 $\lambda \to 0$ 时，Riemann 和 $\sum\limits_{i=1}^{n} f(\xi_i)\Delta x_i$ 的极限总是存在。可让 $c$ 点始终作为分点，区间 $[a,\,b]$ 上的 Riemann 和就等于子区间 $[a,\,c]$ 和子区间 $[c,\,b]$ 上 Riemann 和的加总，即：

$$\sum_{[a,b]} f(\xi_i)\Delta x_i = \sum_{[a,c]} f(\xi_i)\Delta x_i + \sum_{[c,b]} f(\xi_i)\Delta x_i$$

在 $\lambda \to 0$ 条件下，上式两端同时取极限，得：

$$\int_a^b f(x)\,\mathrm{d}x = \int_a^c f(x)\,\mathrm{d}x + \int_c^b f(x)\,\mathrm{d}x$$

再设 $a < b < c$，由 $\int_a^c f(x)\,\mathrm{d}x = \int_a^b f(x)\,\mathrm{d}x + \int_b^c f(x)\,\mathrm{d}x$，得：

$$\int_a^b f(x)\,\mathrm{d}x = \int_a^c f(x)\,\mathrm{d}x - \int_b^c f(x)\,\mathrm{d}x = \int_a^c f(x)\,\mathrm{d}x + \int_c^b f(x)\,\mathrm{d}x$$

（7）保号性质：如果 $\forall x \in [a,\,b]$ $f(x) \geqslant 0$，则 $\int_a^b f(x)\,\mathrm{d}x \geqslant 0$

证：由 $f(\xi_i) \geqslant 0$，$\Delta x_i > 0$ $(i = 1,\,2,\,\cdots,\,n)$，得 $\int_a^b f(x)\,\mathrm{d}x = \lim\limits_{\lambda \to 0} \sum\limits_{i=1}^{n} f(\xi_i)\Delta x_i \geqslant 0$。

（8）保序性质：如果 $\forall x \in [a,\,b]$ $f(x) \geqslant g(x)$，则 $\int_a^b f(x)\,\mathrm{d}x \geqslant \int_a^b g(x)\,\mathrm{d}x$

证：令 $F(x) = f(x) - g(x) \geqslant 0$，由（7）得：

$$\int_a^b F(x)\,\mathrm{d}x = \int_a^b [f(x) - g(x)]\,\mathrm{d}x \geqslant 0$$

（9）绝对值性质：$\int_a^b |f(x)|\,\mathrm{d}x \geqslant \left|\int_a^b f(x)\,\mathrm{d}x\right|$。

证：由 $-|f(x)| \leqslant f(x) \leqslant |f(x)|$，根据定积分的保序性质得：

$$-\int_a^b |f(x)|\,\mathrm{d}x \leqslant \int_a^b f(x)\,\mathrm{d}x \leqslant \int_a^b |f(x)|\,\mathrm{d}x$$

又 $\int_a^b |f(x)|\,\mathrm{d}x \geqslant 0 \quad (a < b)$，故 $\int_a^b |f(x)|\,\mathrm{d}x \geqslant \left|\int_a^b f(x)\,\mathrm{d}x\right|$。

（10）定积分估值定理：设 $m$ 和 $M$ 分别是函数 $f(x)$ 在闭区间 $[a, b]$ 上的最小值和最大值，则：

$$m(b-a) \leqslant \int_a^b f(x)\,\mathrm{d}x \leqslant M(b-a)$$

证：由 $\forall x \in [a, b]\, m \leqslant f(x) \leqslant M$，根据定积分的保序性质有：

$$\int_a^b m\,\mathrm{d}x \leqslant \int_a^b f(x)\,\mathrm{d}x \leqslant \int_a^b M\,\mathrm{d}x$$

故：

$$m(b-a) \leqslant \int_a^b f(x)\,\mathrm{d}x \leqslant M(b-a)$$

（11）定积分中值定理：如果函数 $f(x)$ 在闭区间 $[a, b]$ 上连续，则在 $[a, b]$ 上至少存在一点 $\xi$，使得：

$$\int_a^b f(x)\,\mathrm{d}x = f(\xi)(b-a) \quad (a \leqslant \xi \leqslant b)$$

证：设 $m$ 和 $M$ 分别是函数 $f(x)$ 在闭区间 $[a, b]$ 上的最小值和最大值，将估值定理中的不等式各侧同除以 $(b-a)$ 得到：

$$m \leqslant \frac{1}{(b-a)}\int_a^b f(x)\,\mathrm{d}x \leqslant M$$

数值 $\frac{1}{(b-a)}\int_a^b f(x)\,\mathrm{d}x$ 介于函数 $f(x)$ 在闭区间 $[a, b]$ 上的最小值和最大值之间。根据闭区间上连续函数的介值定理，在 $[a, b]$ 上至少存在一点 $\xi$，使得：

$$f(\xi) = \frac{1}{b-a}\int_a^b f(x)\,\mathrm{d}x \quad (a \leqslant \xi \leqslant b)$$

中值定理得证。

【例题 5.2.1】（2021 年·考研数一第 11 题）$\int_0^{+\infty} \dfrac{\mathrm{d}x}{x^2 + 2x + 2}$

解：$\int_0^{+\infty} \dfrac{\mathrm{d}x}{x^2 + 2x + 2} = \int_0^{+\infty} \dfrac{\mathrm{d}x}{(x+1)^2 + 1} = \arctan(x+1)\Big|_0^{+\infty} = \dfrac{\pi}{2} - \dfrac{\pi}{4} = \dfrac{\pi}{4}$

### 5.2.2　积分上限的函数及其导数

设函数 $f \in C[a, b]$，$x$ 为区间 $[a, b]$ 上任一点，显然，$f(x)$ 在部分区间 $[a, x]$ 上可积。定积分 $\int_a^x f(x)\,\mathrm{d}x$ 成为其上限 $x$ 的函数，也就是说，对于一个取定的 $x$，定

积分有一个确定值对应。在这个表达式中，$x$ 既是积分上限又是积分变量，为避免混淆，把被积表达式的积分变量改写为 $t$，积分上限的函数记为：

$$\Phi(x) = \int_a^x f(t)\,\mathrm{d}t \quad (a \leqslant x \leqslant b)$$

显然，$\Phi(a) = \int_a^a f(t)\,\mathrm{d}t = 0$，$\Phi(b) = \int_a^b f(t)\,\mathrm{d}t$。积分上限的函数具有以下重要性质。

定理 3：如果函数 $f \in C[a, b]$，$x$ 为闭区间 $[a, b]$ 上任一点，积分上限的函数 $\Phi(x) = \int_a^x f(t)\,\mathrm{d}t$ 在闭区间 $[a, b]$ 上可导，其导数为：

$$\Phi'(x) = \frac{\mathrm{d}}{\mathrm{d}x}\int_a^x f(t)\,\mathrm{d}t = f(x) \quad (a \leqslant x \leqslant b)$$

证：若 $x$，$x + \Delta x \in (a, b)$，自变量变化 $\Delta x$ 引起积分上限函数的增量：

$$\Delta\Phi = \Phi(x + \Delta x) - \Phi(x) = \int_a^{x+\Delta x} f(t)\,\mathrm{d}t - \int_a^x f(t)\,\mathrm{d}t = \int_a^{x+\Delta x} f(t)\,\mathrm{d}t$$

$$+ \int_x^a f(t)\,\mathrm{d}t = \int_x^{x+\Delta x} f(t)\,\mathrm{d}t$$

应用定积分中值定理，有：

$$\Delta\Phi = f(\xi)\Delta x\,(\xi\ 在\ x\ 与\ x + \Delta x\ 之间)$$

当 $\Delta x \to 0$ 时，必有 $\xi \to x$，根据导数定义在开区间 $(a, b)$ 内积分上限的函数的导数为：

$$\Phi'(x) = \lim_{\Delta x \to 0}\frac{\Delta\Phi}{\Delta x} = \lim_{\Delta x \to 0}\frac{f(\xi)\Delta x}{\Delta x} = \lim_{\xi \to x}f(\xi) = f(x)$$

积分上限的函数在闭区间 $[a, b]$ 端点 $a$ 处的右导数：

$$\Phi'_+(a) = \lim_{\Delta x \to 0^+}\frac{\Phi(a + \Delta x) - \Phi(a)}{\Delta x} = \lim_{\Delta x \to 0^+}\frac{\int_a^{a+\Delta x} f(t)\,\mathrm{d}t}{\Delta x} = \lim_{\Delta x \to 0^+}\frac{f(\xi)\Delta x}{\Delta x}\quad \xi \in (a, a + \Delta x)$$

显然，$\Delta x \to 0^+$ 时，必有 $\xi \to a$，故 $\Phi'_+(a) = \lim_{\xi \to a}f(\xi) = f(a)$。

积分上限的函数在闭区间 $[a, b]$ 端点 $b$ 处的左导数：

$$\Phi'_-(b) = \lim_{\Delta x \to 0^-}\frac{\Phi(b + \Delta x) - \Phi(b)}{\Delta x} = \lim_{\Delta x \to 0^-}\frac{\int_b^{b+\Delta x} f(t)\,\mathrm{d}t}{\Delta x}$$

$$= \lim_{\Delta x \to 0^-}\frac{f(\xi)\Delta x}{\Delta x}\quad \xi \in (b + \Delta x, b)$$

显然，$\Delta x \to 0^-$ 时，必有 $\xi \to b$，故 $\Phi'_-(b) = \lim_{\xi \to b}f(\xi) = f(b)$。

结论：连续函数 $f(x)$ 取变上限积分的函数的导数就是 $f(x)$ 本身。

【例题 5.2.2】（2020 年·考研数三第 3 题）设奇函数 $f(x)$ 在 $(-\infty, +\infty)$ 上具有连续导数，则（　　）。

A. $\int_0^x [\cos f(t) + f'(t)]\,\mathrm{d}t$ 是奇函数　　　B. $\int_0^x [\cos f(t) + f'(t)]\,\mathrm{d}t$ 是偶函数

C. $\int_0^x \left[ \cos f'(t) + f(t) \right] \mathrm{d}t$ 是奇函数　　　D. $\int_0^x \left[ \cos f'(t) + f(t) \right] \mathrm{d}t$ 是偶函数

解：$F(x) = \int_0^x \left[ \cos f(t) + f'(t) \right] \mathrm{d}t$

$\quad\ F'(x) = \cos f(x) + f'(x)$

由 $f(x)$ 为奇函数知，$f'(x)$ 为偶函数；

$\cos f(x)$ 为偶函数，故 $F'(x)$ 为偶函数；

$F(x)$ 为奇函数，故选 A。

【例题 5.2.3】设积分上限的函数 $F(x) = \int_a^x f(t) \mathrm{d}t$，则由自变量增量 $\Delta x$ 引起的函数增量 $\Delta F(x) = $ _____。

A. $\int_a^x \left[ f(t + \Delta t) - f(t) \right] \mathrm{d}t$　　　　　B. $f(x) \Delta x$

C. $\int_a^{x + \Delta x} f(t) \mathrm{d}t$　　　　　　　　　D. $\int_x^{x + \Delta x} f(t) \mathrm{d}t$

解：$\Delta F(x) = \int_a^{x + \Delta x} f(t) \mathrm{d}t - \int_a^x f(t) \mathrm{d}t = \int_a^{x + \Delta x} f(t) \mathrm{d}t + \int_x^a f(t) \mathrm{d}t = \int_x^{x + \Delta x} f(t) \mathrm{d}t$，选 D。

### 5.2.3　Newton – Leibniz 公式

若 $f \in C[a, b]$，$\forall x \in [a, b]$，积分上限的函数 $\Phi(x) = \int_a^x f(t) \mathrm{d}t$ 满足 $\Phi'(x) = f(x)$。所以 $\Phi(x)$ 是被积函数 $f(x)$ 在闭区间 $[a, b]$ 上的一个原函数。从而可以确定 $f(x)$ 在闭区间 $[a, b]$ 上的定积分 $\int_a^b f(x) \mathrm{d}x = \Phi(b)$。

定理 3：如果函数 $F(x)$ 是连续函数 $f(x)$ 在区间 $[a, b]$ 上的任意一个原函数，那么：

$$\int_a^b f(x) \mathrm{d}x = F(b) - F(a)$$

证：由于积分上限的函数 $\Phi(x) = \int_a^x f(t) \mathrm{d}t$ 是被积函数 $f(x)$ 在闭区间 $[a, b]$ 上的一个原函数，$F(x)$ 也是 $f(x)$ 在闭区间 $[a, b]$ 上的一个原函数，$\forall x \in [a, b]$，这两个原函数只差一个常数，即 $F(x) = \Phi(x) + C$。

令 $x = a$，$F(a) = \Phi(a) + C = \int_a^a f(x) \mathrm{d}x + C = C$

令 $x = b$，$F(b) = \Phi(b) + C = \int_a^b f(x) \mathrm{d}x + C$

两式相减，得出 Newton – Leibniz 公式：

$$\int_a^b f(x) \mathrm{d}x = F(b) - F(a) = F(x) \Big|_a^b$$

讨论：

（1）Newton – Leibniz 公式的意义：连续函数在区间上的定积分等于此函数任意一个原函数在该区间上的增量。

（2）$\int_a^b F'(x)\mathrm{d}x = \int_a^b \mathrm{d}F(x) = F(x)\big|_a^b = F(b) - F(a)$ 反映了函数微分在区间上的定积分与函数在区间上的增量之间的关系。

（3）由定积分的中值定理：

$$F(b) - F(a) = \int_a^b f(x)\mathrm{d}x = f(\xi_1)(b - a) \quad (\xi_1\ \text{介于}\ a,b\ \text{之间})$$

由微分学中值定理：

$$F(b) - F(a) = F'(\xi_2)(b - a) = f(\xi_2)(b - a) \quad (\xi_2\ \text{介于}\ a,\ b\ \text{之间})$$

显然，所有的 $\xi_1$、$\xi_2$ 是一一对应的。定积分的中值定理和微分学的中值定理通过 Newton – Leibniz 公式实现了圆满的统一。

【例题 5.2.4】（2019 年·考研数三第 11 题）已知 $f(x) = \int_1^x \sqrt{1 + t^4}\mathrm{d}t$，则 $\int_0^1 x^2 f(x)\mathrm{d}x = $ _____。

解：$\int_0^1 x^2 f(x)\mathrm{d}x = \dfrac{x^3}{3}f(x)\big|_0^1 - \int_0^1 \dfrac{x^3}{3}f'(x)\mathrm{d}x = 0 - \int_0^1 \dfrac{x^3}{3}\sqrt{1 + x^4}\mathrm{d}x$

$\qquad\qquad = -\dfrac{1}{3} \times \dfrac{1}{4}\int_0^1 \sqrt{1 + x^4}\mathrm{d}(1 + x^4) = -\dfrac{1}{12} \cdot \dfrac{2}{3}(1 + x^4)^{\frac{3}{2}}\big|_0^1$

$\qquad\qquad = -\dfrac{2\sqrt{2} - 1}{18} = \dfrac{1 - 2\sqrt{2}}{18}$

【例题 5.2.5】（2018 年·考研数一第 4 题）设 $M = \int_{-\pi/2}^{\pi/2} \dfrac{(1 + x)^2}{1 + x^2}\mathrm{d}x$，$N = \int_{-\pi/2}^{\pi/2} \dfrac{1 + x}{\mathrm{e}^x}\mathrm{d}x$，$K = \int_{-\pi/2}^{\pi/2}(1 + \sqrt{\cos x})\mathrm{d}x$，则（　　　）。

A. $M > N > K$ 　　　B. $M > K > N$ 　　　C. $K > M > N$ 　　　D. $K > N > M$

解：$M = \int_{-\pi/2}^{\pi/2} \dfrac{(1 + x)^2}{1 + x^2}\mathrm{d}x = \int_{-\pi/2}^{\pi/2} \dfrac{x^2 + 2x + 1}{1 + x^2}\mathrm{d}x = \int_{-\pi/2}^{\pi/2} \dfrac{1 + x^2}{1 + x^2}\mathrm{d}x = \int_{-\pi/2}^{\pi/2} 1\mathrm{d}x$

对于 $N = \int_{-\pi/2}^{\pi/2} \dfrac{1 + x}{\mathrm{e}^x}\mathrm{d}x$，因为 $\mathrm{e}^x > 1 + x$，所以 $\dfrac{1 + x}{\mathrm{e}^x} < 1$，故 $N < M$

对于 $K = \int_{-\pi/2}^{\pi/2}(1 + \sqrt{\cos x})\mathrm{d}x$，因为 $1 + \sqrt{\cos x} > 1$，故 $K > M$

因此 $K > M > N$，因此选择 $C$。

【例题 5.2.6】（2018 年·考研数一第 10 题）设曲线 $y = f(x)$ 的图像过点（0，0），且与曲线 $y = 2^x$ 相切于（1，2），则 $\int_0^1 x f''(x)\mathrm{d}x = $ _____。

解：由已知可得 $f(0) = 0$，$f(1) = 2$，$f'(1) = 2\ln 2$

$\qquad \int_0^1 x f''(x)\mathrm{d}x = x f'(x)\big|_0^1 - \int_0^1 f'(x)\mathrm{d}x = f'(1) - [f(1) - f(0)] = 2\ln 2 - 2$

## 5.3 定积分的换元法和分部积分法

### 5.3.1 定积分的换元法

用换元法作定积分时，换元与换限应当同时并举，即通过变换关系 $u = u(x)$ 或 $x = (t)$ 将积分上下限改成与新变量相应的值，就不必恢复初始积分变量而径直用 Newton – Leibniz 公式计算定积分。

【例题 5.3.1】（2020 年·考研数二第 3 题）$\int_0^1 \dfrac{\arcsin\sqrt{x}}{\sqrt{x(1-x)}} \mathrm{d}x = $ _____。

A. $\dfrac{\pi^2}{4}$        B. $\dfrac{\pi^2}{8}$        C. $\dfrac{\pi}{4}$        D. $\dfrac{\pi}{8}$

解：令 $u = \sqrt{x}$，则原式 $= \int_0^1 \dfrac{\arcsin u}{\sqrt{u^2(1-u^2)}} 2u\mathrm{d}u = 2\int_0^1 \dfrac{\arcsin u}{\sqrt{1-u^2}}\mathrm{d}u$

令 $u = \sin t$，则原式 $= 2\int_0^{\pi/2} \dfrac{t}{\cos t}\cos t\mathrm{d}t = 2 \cdot \dfrac{1}{2}t^2 \Big|_0^{\pi/2} = \dfrac{\pi^2}{4}$，故应选 A。

【例题 5.3.2】设 $f(t)$ 是以 $T$ 为周期的连续函数，证明在长度等于 $T$ 的一个任意区间 $[x, x+T]$ 上的积分 $\int_x^{x+T} f(t)\mathrm{d}t$ 等于常数 $\int_0^T f(t)\mathrm{d}t$，与 $x$ 无关。

证：由于 $\int_x^{x+T} f(t)\mathrm{d}t = \int_x^T f(t)\mathrm{d}t + \int_T^{x+T} f(t)\mathrm{d}t$

在后面一个积分中令 $t = u + T$，则 $\mathrm{d}t = \mathrm{d}u$

又由于 $f(u+T) = f(u)$

$$\int_x^{x+T} f(t)\mathrm{d}t = \int_0^x f(u+T)\mathrm{d}u = \int_0^x f(u)\mathrm{d}u = \int_0^x f(t)\mathrm{d}t$$

所以：

$$\int_x^{x+T} f(t)\mathrm{d}t = \int_x^T f(t)\mathrm{d}t + \int_0^x f(t)\mathrm{d}t = \int_0^T f(t)\mathrm{d}t$$

另外一种方法：设 $F(x) = \int_x^{x+T} f(t)\mathrm{d}t$

由 $\dfrac{\mathrm{d}F}{\mathrm{d}x} = \dfrac{\mathrm{d}}{\mathrm{d}x}\int_x^{x+T} f(t)\mathrm{d}t = \dfrac{\mathrm{d}}{\mathrm{d}x}\int_x^T f(t)\mathrm{d}t + \dfrac{\mathrm{d}}{\mathrm{d}x}\int_T^{x+T} f(t)\mathrm{d}t = -f(x) + f(x+T) = 0$，可知积分 $\int_x^{x+T} f(t)\mathrm{d}t$ 与 $x$ 无关，令 $x = 0$，即得：

$$\int_x^{x+T} f(t)\mathrm{d}t = \int_0^T f(t)\mathrm{d}t。$$

### 5.3.2　定积分的分部积分法

分部积分法用于定积分计算：

设 $u(x)$ 与 $v(x)$ 在区间 $[a, b]$ 上有连续导数 $u'(x)$ 与 $v'(x)$，则：

$$\int_a^b u(x)v'(x)\mathrm{d}x = [u(x)v(x)]_a^b - \int_a^b v(x)u'(x)\mathrm{d}x$$

**【例题 5.3.3】** 计算定积分。

（1） $y = \int_a^x \cos^2 t\mathrm{d}t$

解： $y' = \dfrac{\mathrm{d}}{\mathrm{d}x}\int_a^x \cos^2 t\mathrm{d}t = \cos^2 x$

（2） $f(x) = \int_x^b \dfrac{\mathrm{d}t}{a^2 + t^2}$

解： $f'(x) = \dfrac{\mathrm{d}}{\mathrm{d}x}\int_x^b \dfrac{\mathrm{d}t}{a^2 + t^2} = -\dfrac{\mathrm{d}}{\mathrm{d}x}\int_b^x \dfrac{\mathrm{d}t}{a^2 + t^2} = -\dfrac{1}{a^2 + x^2}$

（3） $f(x) = \int_{-x}^x \mathrm{e}^{t^2}\mathrm{d}t$

解： $f'(x) = \dfrac{\mathrm{d}}{\mathrm{d}x}\int_{-x}^x \mathrm{e}^{t^2}\mathrm{d}t = \dfrac{\mathrm{d}}{\mathrm{d}x}\left(\int_0^x \mathrm{e}^{t^2}\mathrm{d}t + \int_{-x}^0 \mathrm{e}^{t^2}\mathrm{d}t\right) = \mathrm{e}^{x^2} - \dfrac{\mathrm{d}}{\mathrm{d}x}\int_0^{-x} \mathrm{e}^{t^2}\mathrm{d}t$

$$= \mathrm{e}^{x^2} + \dfrac{\mathrm{d}}{\mathrm{d}(-x)}\int_0^{(-x)} \mathrm{e}^{t^2}\mathrm{d}t = \mathrm{e}^{x^2} + \mathrm{e}^{x^2} = 2\mathrm{e}^{x^2}$$

**【例题 5.3.4】** （2019 年·考研数一第 18 题）设 $a_n = \int_0^1 x^n \sqrt{1 - x^2}\mathrm{d}x$ $(n = 0, 1, 2, \cdots)$

（1）证明：数列 $\{a_n\}$ 单调减少，且 $a_n = \dfrac{n - 1}{n + 2}a_{n-2}$ $(n = 2, 3, \cdots)$

（2）求 $\lim\limits_{n \to \infty} \dfrac{a_n}{a_{n-1}}$

解：（1） $a_n - a_{n-1} = \int_0^1 x^n \sqrt{1 - x^2}\mathrm{d}x - \int_0^1 x^{n-1} \sqrt{1 - x^2}\mathrm{d}x = \int_0^1 x^{n-1}(x - 1) \sqrt{1 - x^2}\mathrm{d}x < 0$，

则 $\{a_n\}$ 单调递减。

$a_n = \int_0^1 x^n \sqrt{1 - x^2}\mathrm{d}x \underline{\underline{x = \sin t}} \int_0^{\pi/2} \sin^n t \cdot \cos^2 t\mathrm{d}t = \int_0^{\pi/2} \sin^n t \cdot (1 - \sin^2 t)\mathrm{d}t = I_n -$

$I_{n+2} = \dfrac{1}{n + 2}I_n$，则 $a_{n-2} = \dfrac{1}{n}I_{n-2}$，则 $a_n = \dfrac{n - 1}{n(n + 2)}I_{n-2} = \dfrac{n - 1}{n + 2}a_{n-2}$

（2）由（1）知，$\{a_n\}$ 单调递减，则 $a_n = \dfrac{n - 1}{n + 2}a_{n-2} > \dfrac{n - 1}{n + 2}a_{n-1}$，即 $\dfrac{n - 1}{n + 2} < \dfrac{a_n}{a_{n-1}} < 1$

由夹逼定理知，$\lim\limits_{n \to \infty} \dfrac{a_n}{a_{n-1}} = 1$。

**【例题 5.3.5】**

（1）设 $f \in C[0, 1]$，试证：$\int_0^{\pi/2} f(\sin x)\,dx = \int_0^{\pi/2} f(\cos x)\,dx$

证：令 $x = \dfrac{\pi}{2} - t$，则 $dx = -dt$，有：

$$\int_0^{\pi/2} f(\sin x)\,dx = -\int_{\pi/2}^0 f\left[\sin\left(\frac{\pi}{2} - t\right)\right]dt = \int_0^{\pi/2} f(\cos t)\,dt = \int_0^{\pi/2} f(\cos x)\,dx$$

由 $\int_0^{\pi/2} \sin^2 x\,dx = \int_0^{\pi/2} \cos^2 x\,dx$ 及 $\int_0^{\pi/2} (\sin^2 x + \cos^2 x)\,dx = \int_0^{\pi/2} dx = \dfrac{\pi}{2}$，得

$$\int_0^{\pi/2} \sin^2 x\,dx = \int_0^{\pi/2} \cos^2 x\,dx = \frac{\pi}{4}$$

根据本题的结论，可知 $\int_0^{\pi/2} \sin^n x\,dx = \int_0^{\pi/2} \cos^n x\,dx$，递推公式 $I_n = \dfrac{n-1}{n} I_{n-2}$ 同样适用于计算定积分 $I_n = \int_0^{\pi/2} \cos^n x\,dx$。

（2）设 $f \in C[-1, 1]$，试证：$\int_0^{\pi} x f(\sin x)\,dx = \dfrac{\pi}{2} \int_0^{\pi} f(\sin x)\,dx$

证：令 $x = \pi - t$，则 $dx = -dt$，有：

$\int_0^{\pi} x f(\sin x)\,dx = -\int_{\pi}^0 (\pi - t) f[\sin(\pi - t)]\,dt = \pi \int_0^{\pi} f(\sin t)\,dt - \int_0^{\pi} t f(\sin t)\,dt$ 换元后积分回归，所以：$\int_0^{\pi} x f(\sin x)\,dx = \dfrac{\pi}{2} \int_0^{\pi} f(\sin x)\,dx$。

**【例题 5.3.6】** 设 $I_n = \int_0^{\pi/2} \dfrac{\sin(2n+1)x}{\sin x}\,dx$ $(n \in N)$，试证：$I_n = I_{n-1}$。

证：$I_n = \int_0^{\pi/2} \dfrac{\sin(2n+1)x}{\sin x}\,dx = \int_0^{\pi/2} \dfrac{\sin 2nx \cos x + \cos 2nx \sin x}{\sin x}\,dx$

$\quad = \int_0^{\pi/2} \sin 2nx \dfrac{\cos x}{\sin x}\,dx + \int_0^{\pi/2} \cos 2nx\,dx = \int_0^{\pi/2} \sin 2nx \dfrac{\cos x}{\sin x}\,dx + \dfrac{1}{2n} \sin 2nx \Big|_0^{\pi/2}$

$\quad = \int_0^{\pi/2} \sin 2nx \dfrac{\cos x}{\sin x}\,dx$

$I_{n-1} = \int_0^{\pi/2} \dfrac{\sin(2n-1)x}{\sin x}\,dx = \int_0^{\pi/2} \dfrac{\sin 2nx \cos x - \cos 2nx \sin x}{\sin x}\,dx$

$\quad = \int_0^{\pi/2} \sin 2nx \dfrac{\cos x}{\sin x}\,dx - \int_0^{\pi/2} \cos 2nx\,dx = \int_0^{\pi/2} \sin 2nx \dfrac{\cos x}{\sin x}\,dx - \dfrac{1}{2n} \sin 2nx \Big|_0^{\pi/2}$

$\quad = \int_0^{\pi/2} \sin 2nx \dfrac{\cos x}{\sin x}\,dx$

因此 $I_n = I_{n-1} = \cdots = I_1 = I_0 = \int_0^{\pi/2} \dfrac{\sin x}{\sin x}\,dx = \dfrac{\pi}{2}$。

## 5.4 广义（反常）积分

以上讨论的定积分 $\int_a^b f(x)\mathrm{d}x$ 事实上存在两个前提：（1）积分区间 $[a, b]$ 是有限的；（2）被积函数 $f(x)$ 在区间 $[a, b]$ 上是有界的。但是，在许多实际问题中遇到的定积分，往往需要逾越这两条限制，或进入无穷区间，或者在有限区间内出现无界函数，这就给出了拓宽定积分概念的两个方向。

### 5.4.1 无穷区间上有界函数的广义积分

设函数 $f(x)$ 在无穷区间 $[a, +\infty)$ 上有定义，$\forall b > a$，$f(x)$ 在区间 $[a, b]$ 上可积，极限 $\lim\limits_{b\to\infty}\int_a^b f(x)\mathrm{d}x$ 称为函数 $f(x)$ 在无穷区间 $[a, +\infty)$ 上的广义积分，记为：

$$\int_a^\infty f(x)\mathrm{d}x = \lim_{b\to\infty}\int_a^b f(x)\mathrm{d}x$$

如果极限存在，称广义积分 $\int_a^\infty f(x)\mathrm{d}x$ 收敛，如果极限不存在，称广义积分 $\int_a^\infty f(x)\mathrm{d}x$ 发散。显然，无穷限广义积分是积分上限函数概念与 $x\to\infty$ 时函数极限概念的"复合"。在无穷限广义积分收敛时，它应当具有与定积分相同的基本性质和计算方法。

【**例题 5.4.1**】（2018 年·考研数二第 11 题）$\int_5^{+\infty}\dfrac{1}{x^2-4x+3}\mathrm{d}x = $ _____。

解：$\int_5^{+\infty}\dfrac{1}{x^2-4x+3}\mathrm{d}x = \int_5^{+\infty}\dfrac{1}{(x-3)(x-1)}\mathrm{d}x = \int_5^{+\infty}\dfrac{1}{2}\left(\dfrac{1}{x-3}-\dfrac{1}{x-1}\right)\mathrm{d}x$

$$= \dfrac{1}{2}\ln\dfrac{x-3}{x-1}\bigg|_5^{+\infty} = \dfrac{1}{2}\lim_{x\to\infty}\ln\dfrac{x-3}{x-1}-\ln\dfrac{5-3}{5-1} = \dfrac{1}{2}\ln 2$$

### 5.4.2 瑕点、有限区间上无界函数的广义积分

如果函数 $f(x)$ 在点 $a$ 的任一邻域内都无界，那么点 $a$ 称为函数 $f(x)$ 的瑕点（也称为无界间断点或奇点）。无界函数的广义积分称为瑕积分。

设点 $a$ 为函数 $f(x)$ 的瑕点，$f(x)$ 在半开半闭区间 $(a, b]$ 上连续，取 $t > a$，若极限：

$$\lim_{t\to a^+}\int_t^b f(x)\mathrm{d}x$$

存在，称函数 $f(x)$ 在 $(a, b]$ 上的瑕积分 $\int_a^b f(x)\mathrm{d}x$ 收敛，且：

$$\int_a^b f(x)\,\mathrm{d}x = \lim_{t \to a^+} \int_t^b f(x)\,\mathrm{d}x$$

如果上述极限不存在，称瑕积分 $\int_a^b f(x)\,\mathrm{d}x$ 发散。

类似地，若点 $b$ 为函数 $f(x)$ 的瑕点，$f \in C[a, b)$，取 $t < b$，以积分上限函数的极限 $\lim\limits_{t \to b^-} \int_a^t f(x)\,\mathrm{d}x$ 表示函数 $f(x)$ 在 $[a, b)$ 上的瑕积分 $\int_a^b f(x)\,\mathrm{d}x$，极限存在，积分收敛；极限不存在，积分发散。

若函数 $f(x)$ 的瑕点 $c$ 位于区间 $[a, b]$ 之内时，如果两个瑕积分 $\int_a^c f(x)\,\mathrm{d}x$ 和 $\int_c^b f(x)\,\mathrm{d}x$ 均收敛，称瑕积分 $\int_a^b f(x)\,\mathrm{d}x$ 收敛，且：

$$\int_a^b f(x)\,\mathrm{d}x = \int_a^c f(x)\,\mathrm{d}x + \int_c^b f(x)\,\mathrm{d}x = \lim_{t \to c^-} \int_a^t f(x)\,\mathrm{d}x + \lim_{t \to c^+} \int_t^b f(x)\,\mathrm{d}x$$

否则，称瑕积分 $\int_a^b f(x)\,\mathrm{d}x$ 发散。

【例题 5.4.2】（2019 年·考研数二第 3 题）下列反常积分发散的是（　　）。

A. $\int_0^{+\infty} x\mathrm{e}^{-x}\,\mathrm{d}x$ 　　　B. $\int_0^{+\infty} x\mathrm{e}^{-x^2}\,\mathrm{d}x$ 　　　C. $\int_0^{+\infty} \dfrac{\arctan x}{1+x^2}\,\mathrm{d}x$ 　　　D. $\int_0^{+\infty} \dfrac{x}{1+x^2}\,\mathrm{d}x$

解：直接计算，$\int_0^{+\infty} \dfrac{x}{1+x^2}\,\mathrm{d}x = \dfrac{1}{2}\ln(1+x^2)\big|_0^{+\infty}$ 发散。

【例题 5.4.3】（2018 年·考研数二第 4 题）设函数 $f(x)$ 在 $[0, 1]$ 上二阶可导，且 $\int_0^1 f(x)\,\mathrm{d}x = 0$，则（　　）。

A. 当 $f'(x) < 0$ 时，$f\left(\dfrac{1}{2}\right) < 0$ 　　　　　B. 当 $f''(x) < 0$ 时，$f\left(\dfrac{1}{2}\right) < 0$

C. 当 $f'(x) > 0$ 时，$f\left(\dfrac{1}{2}\right) < 0$ 　　　　　D. 当 $f''(x) > 0$ 时，$f\left(\dfrac{1}{2}\right) < 0$

解：由 $f''(x) > 0$ 可知函数是凸函数，故由凸函数图像性质即可得出 $f\left(\dfrac{1}{2}\right) < 0$。

【例题 5.4.4】讨论广义积分 $I_1 = \int_1^{+\infty} \dfrac{\mathrm{d}x}{x^p}$ 和 $I_0 = \int_0^1 \dfrac{\mathrm{d}x}{x^p}$ 的敛散性。

讨论：（1）无穷限广义积分 $I_1 = \int_1^{+\infty} \dfrac{\mathrm{d}x}{x^p}$。

当 $p = 1$ 时，广义积分 $I_1 = \int_1^{+\infty} \dfrac{\mathrm{d}x}{x} = \ln x\big|_1^{+\infty} = +\infty$

当 $p \neq 1$ 时，广义积分 $I_1 = \int_1^{+\infty} \dfrac{\mathrm{d}x}{x^p} = \left[\dfrac{x^{1-p}}{1-p}\right]_1^{+\infty} = \begin{cases} +\infty & (p < 1) \\ \dfrac{1}{p-1} & (p > 1) \end{cases}$

广义积分 $I_1 = \int_1^{+\infty} \dfrac{\mathrm{d}x}{x^p} = \begin{cases} +\infty & (p \leqslant 1) \\ \dfrac{1}{p-1} & (p > 1) \end{cases}$ 在 $p \leqslant 1$ 时发散，在 $p > 1$ 时收敛于 $\dfrac{1}{p-1}$。

（2）无界函数的广义积分 $I_0 = \int_0^1 \frac{\mathrm{d}x}{x^p}$。

当 $p = 1$ 时，广义积分 $I_0 = \int_0^1 \frac{\mathrm{d}x}{x} = \ln x \big|_0^1 = +\infty$

当 $p \neq 1$ 时，广义积分 $I_0 = \int_0^1 \frac{\mathrm{d}x}{x^p} = \left[\frac{x^{1-p}}{1-p}\right]_0^1 = \begin{cases} \dfrac{1}{1-p} & (p < 1) \\ +\infty & (p > 1) \end{cases}$

即无界函数的广义积分 $I_0 = \int_0^1 \frac{\mathrm{d}x}{x^p} = \left[\frac{x^{1-p}}{1-p}\right]_0^1 = \begin{cases} \dfrac{1}{1-p} & (p < 1) \\ +\infty & (p \geq 1) \end{cases}$ 在 $p \geq 1$ 时发散，在 $p <$

1 时收敛于 $\dfrac{1}{1-p}$。

以上结果可以推广至下面的积分：

$$\int_a^b \frac{\mathrm{d}x}{(x-a)^p}\left(= \int_a^b \frac{\mathrm{d}x}{(b-x)^p}\right) \quad (a < b)$$

当 $p > 0$ 时，$\dfrac{1}{(x-a)^p}$ 在 $a$ 点右邻域无界，积分成为无界函数的广义积分，

令 $x - a = u, \mathrm{d}x = \mathrm{d}u, \int_a^b \frac{\mathrm{d}x}{(x-a)^p} = \int_0^{b-a} \frac{\mathrm{d}u}{u^p} = \begin{cases} \dfrac{(b-a)^{1-p}}{1-p} & (0 < p < 1) \\ +\infty & (p \geq 1) \end{cases}$

当 $p \leq 0$ 时，函数 $\dfrac{1}{(x-a)^p}$ 在区间 $[a, b]$ 上可积。

广义积分的敛散性，可以通过被积函数的原函数来判断，但有时被积函数没有初等函数表示的原函数，这就需要根据被积函数的性质来判断。判断广义积分的敛散性是计算广义积分的前提，如果积分收敛，即使原函数无法求得，也可用其他方法求出广义积分的近似值；如果积分发散，也就没有求值的问题了。

## 第 5 章　习　　题

**A 类**

1. 选择题。

（1）$\int_{\pi/2}^{\pi} \left(\frac{\sin x}{x}\right)' \mathrm{d}x = $ _____。

A. $-\dfrac{2}{\pi}$　　　　　　B. $\dfrac{2}{\pi}$　　　　　　C. 1　　　　　　D. $\dfrac{\sin x}{x} + C$

(2) $f(t)$ 在 $[a, b]$ 上可积，$F(x) = \int_a^b f(t)(x - t)\mathrm{d}t$，则 $F''(x) =$ _____。

A. 0        B. $f(x)$        C. $-f(x)$        D. $2f(x)$

(3) 若 $F'(\mathrm{e}^x) = 1 + x$，则 $F(x) =$ _____。

A. $1 + \ln x$      B. $x + \dfrac{1}{2}x^2 + C$      C. $x\ln x + C$      D. $\ln x + \dfrac{1}{2}\ln^2 x + C$

(4) 若 $f(x) = \begin{cases} x & (x \geqslant 0) \\ \mathrm{e}^x & (x < 0) \end{cases}$，则 $\int_{-1}^2 f(x)\mathrm{d}x =$ _____。

A. $3 - \mathrm{e}^{-1}$      B. $3 + \mathrm{e}^{-1}$      C. $3 - \mathrm{e}$      D. $3 + \mathrm{e}$

(5) $\int_0^2 \dfrac{\mathrm{d}x}{(x-1)^2} =$ _____。

A. 2        B. $-2$        C. 0        D. 不存在

2. 填空题。

用极坐标计算曲线 $\rho = 2\cos\varphi$ 所围图形面积时，极角的积分区间为_____。

**B 类**

1. 求下列不定积分和定积分。

(1) $\int_0^1 \sqrt{1 - x^2}\,\mathrm{d}x$；(2) $\int \dfrac{\mathrm{d}x}{x\sqrt{x^2 - 1}}$；(3) $I = \int_0^1 \dfrac{\mathrm{d}x}{1 + \sqrt{1 - x^2}}$；

(4) $I = \int_0^1 x^2\sqrt{1 - x^2}\,\mathrm{d}x$；(5) $I = \int_1^{\sqrt{3}} \dfrac{\mathrm{d}x}{x^2\sqrt{1 + x^2}}$；(6) $I = \int \sqrt{\dfrac{1 + x}{1 - x}}\,\mathrm{d}x$。

2. 求下列不定积分和定积分。

(1) $\int x\mathrm{e}^x\mathrm{d}x$；(2) $\int \arcsin x\,\mathrm{d}x$；(3) $\int_0^{\pi/2} x\sin x\,\mathrm{d}x$；(4) $\int x^2\cos x\,\mathrm{d}x$；(5) $\int_1^4 \dfrac{\ln x}{\sqrt{x}}\mathrm{d}x$。

3. 求下列定积分。

(1) $\int_0^{\infty} \mathrm{e}^{-x}\mathrm{d}x$；(2) $\int_0^1 \dfrac{x\mathrm{d}x}{\sqrt{1 - x^2}}$($x = 1$ 为瑕点)；(3) $\int_1^2 \dfrac{x\mathrm{d}x}{\sqrt{1 - x^2}}$($x = 1$ 为瑕点)；

(4) $I = \int_0^{+\infty} \mathrm{e}^{-mt}\sin t\,\mathrm{d}t$。

4. 试证 $\int_0^{\frac{\pi}{2}} f(\sin x)\,\mathrm{d}x = \int_0^{\frac{\pi}{2}} f(\cos x)\,\mathrm{d}x$。

5. 设 $y = x\arctan\dfrac{1}{x} + \int_1^x \mathrm{e}^{t^2}\mathrm{d}t$，求 $y'(1)$。

6. 设 $y(x)$ 是由方程 $xy - \int_0^y \mathrm{e}^t\mathrm{d}t = \int_0^1 \ln(1 + t^2)\mathrm{d}t$ 所确定的隐函数，求 $\dfrac{\mathrm{d}y}{\mathrm{d}x}$。

7. 求函数 $F(x) = \int_1^x (1 + t)\arctan t\,\mathrm{d}t$ 的极大值。

**C 类**

1. 求积分 $I = \int_0^2 \dfrac{\sin x}{1 + \sin x}\mathrm{d}x$。

2. 求下列定积分：

（1）$\int_0^1 \dfrac{\arctan x}{(1 + x^2)^2}\mathrm{d}x$；（2）$\int_{-\frac{\pi}{4}}^{\frac{\pi}{4}} x^8 \sin x\mathrm{d}x$；（3）$\int_0^{\pi} x\sqrt{\sin^2 x - \sin^4 x}\mathrm{d}x$；（4）$\int_4^9 \sqrt{x}(1 + \sqrt{x})\mathrm{d}x$；

（5）$\int_0^1 x\arctan x\mathrm{d}x$；（6）$\int_{-1}^1 \dfrac{2x + |x|}{1 + x^2}\mathrm{d}x$；（7）$\int_0^{2\pi} \sqrt{1 - \cos 2\theta}\mathrm{d}\theta$；（8）$\int_0^3 \sqrt{x^2 - 4x + 4}\mathrm{d}x$；

（9）$\int_0^{\frac{\pi}{2}} \dfrac{\sin x}{8 + \sin^2 x}\mathrm{d}x$；（10）$\int_0^{\pi} x\sin x\mathrm{d}x$；（11）$\int_1^2 x\log_2 x\mathrm{d}x$；（12）$\int_{\frac{\pi}{4}}^{\frac{\pi}{3}} \dfrac{x}{\sin^2 x}\mathrm{d}x$；

（13）$\int_0^4 \mathrm{e}^{-\sqrt{x}}\mathrm{d}x$；（14）$\int_1^{16} \dfrac{\mathrm{d}x}{\sqrt{x} + \sqrt[4]{x}}$；（15）$\int_0^1 \dfrac{x^{10}}{\sqrt{1 - x^2}}\mathrm{d}x$；（16）$\int_1^{\sqrt{3}} \dfrac{\mathrm{d}x}{x^2\sqrt{x^2 + 1}}$；

（17）$\int_0^4 \dfrac{x + 2}{\sqrt{2x + 1}}\mathrm{d}x$；（18）$\int_{\frac{1}{2}}^1 \dfrac{x}{(3 - 2x)^2}\mathrm{d}x$；（19）$\int_0^2 \dfrac{\mathrm{d}x}{x^2 - 2x + 2}$；（20）$\int_1^3 \dfrac{\mathrm{d}x}{2x^2 + 3x - 2}$；

（21）$\int_0^3 \dfrac{x^3}{1 + x^2}\mathrm{d}x$；（22）$\int_0^{\frac{\pi}{2}} \sin^5 x\cos^3 x\mathrm{d}x$；（23）$\int_0^{\frac{\pi}{4}} \dfrac{\cos x}{2 + \sin^2 x}\mathrm{d}x$；（24）$\int_0^{\frac{\pi}{4}} \dfrac{\mathrm{d}x}{1 + \cos^2 x}$；

（25）$\int_1^{\sqrt{3}} \dfrac{x + \arctan x}{1 + x^2}\mathrm{d}x$；（26）$\int_0^{\ln 2} \sqrt{\mathrm{e}^x - 1}\mathrm{d}x$；（27）$\int_4^9 \dfrac{\sqrt{x}}{\sqrt{x} - 1}\mathrm{d}x$；（28）$\int_0^1 \ln(1 + x^2)\mathrm{d}x$；

（29）$\int_1^2 \dfrac{f'(x)}{1 + f^2(x)}\mathrm{d}x$。

3. 设 $f(x) = \begin{cases} \dfrac{1}{1 + x^2} & -1 < x < 0 \\ x\sqrt{1 + x^2} & x \geqslant 0 \end{cases}$，计算 $\int_1^3 f(x - 2)\mathrm{d}x$。

4. 设 $f(x) = \int_1^x \dfrac{\ln t}{1 + t}\mathrm{d}t$　$x > 0$，求 $f(x) + f\left(\dfrac{1}{x}\right)$。

5. 求：$\int_0^1 \dfrac{x^m - x^n}{\ln x}\mathrm{d}x$　$(m > 0,\ n > 0)$。

# 第 6 章

# 多元函数微积分

数学是人类社会实践与思想智慧的结晶！能够正确地认识事物的"数"与"形"属性并处理相应关系，则是一个人具有高水平的数学素质的重要组成部分。狭义地说，数学是研究现实世界中事物变化的空间形式与数量关系的科学。广义地说，数学是一门相当精确的可用于描述任意空间中事物变化规律的世界语。

研究空间性质的学科是几何学，描述平直空间属性的几何学是欧几里得（Euclid）几何学。解析几何学是利用代数的方程来处理几何图形，使几何与代数融合。

## 6.1 空间直角坐标系

### 6.1.1 在空间直角坐标系中点的坐标

立体空间是三维的，即经过空间一点，能够作出也只能作出三条相互正交的直线。设定点 $O$ 为坐标原点，三条相互垂直的数轴分别取作 $Ox$、$Oy$、$Oz$ 轴，$Ox$、$Oy$ 轴的正方向可以任意选定，$Oz$ 轴的正方向需要与 $Ox$、$Oy$ 轴的正方向呈右手螺旋，如图 6 - 1 所示。以这样三条长度单位相同的数轴作为空间直角坐标系的坐标轴，任意两条坐标轴所在平面形成了直角坐标系的一个坐标面，即 $xOy$、$yOz$、$zOx$ 平面。这三个相互垂直的坐标面把空间切分成 8 个部分，每一部分叫作一个卦限，如图 6 - 2 所示。

描述点的空间位置，需要三个独立的参数。过点 $P$ 作分别垂直于 $Ox$、$Oy$、$Oz$ 轴的三个平面，它们与三坐标轴的交点依次为 $x$、$y$、$z$，如图 6 - 3 所示，将有序数组 $(x, y, z)$ 称为点 $P$ 的坐标。显然，空间点与三元有序数组是一一对应的。

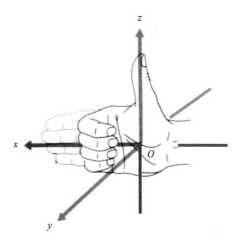

图 6-1　直角坐标系的右手螺旋法则

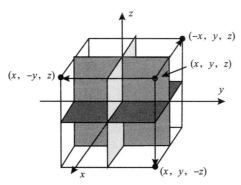

图 6-2　$xOy$、$yOz$、$zOx$ 平面图

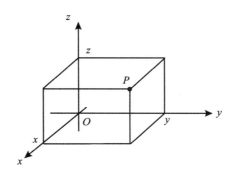

图 6-3　点 $P(x$、$y$、$z)$ 在空间直角坐标系位置图

### 6.1.2　空间两点间的距离

在某个空间直角坐标系中，点 $P_1(x_1, y_1, z_1)$ 与点 $P_2(x_2, y_2, z_2)$ 之间的距离为 $|\overline{P_1P_2}| = \sqrt{(x_2 - x_1)^2 + (y_2 - y_1)^2 + (z_2 - z_1)^2}$，点 $P(x, y, z)$ 与原点 $O(0, 0, 0)$ 之

间的距离为 $|\overrightarrow{OP}| = \sqrt{x^2 + y^2 + z^2}$。

**【例题 6.1.1】** 分别求点 $P(x, y, z)$ 到三个坐标轴的距离。

**解**：过点 $P$ 分别作垂直于坐标轴 $Ox$、$Oy$、$Oz$ 的三个平面，它们与这三个坐标轴的交点的坐标分别是：$(x, 0, 0)$、$(0, y, 0)$、$(0, 0, z)$，因此，点 $P(x, y, z)$ 到 $Ox$、$Oy$、$Oz$ 三个坐标轴的距离分别是 $\sqrt{y^2 + z^2}$，$\sqrt{x^2 + z^2}$，$\sqrt{x^2 + y^2}$。

## 6.2 多元函数

### 6.2.1 多元函数的基本概念

当某个变量只依赖于另一个变量时，这种变量之间的对应关系就是一元函数。只被一个自变量确定的函数，在现实世界中属于特例。几乎所有的真实现象都是在复杂相互作用下的矛盾演化过程。确定一个变量往往需要依赖于多个因素，研究多元函数成为必然。在影响函数的诸多因素中也有主要与次要之分，有些是可以忽略的。如果一个现象最后被简化到只包含两个彼此独立的变量的函数时，这个二元函数就成为描述该现象的数学模型。没有这种近似，复杂问题的求解很困难。

一元函数无论是显式 $y = y(x)$，还是以二元方程 $F(x, y) = 0$ 表示的隐式，其自变量 $x$ 只在数轴上变化，定义域是个区间，或者说是基于 $R^1$ 上的点集，其图形是平面上的曲线。二元函数无论是显式 $z = z(x, y)$，还是以三元方程 $F(x, y, z) = 0$ 表示的隐式，其自变量——二元有序实数组 $(x, y)$ 在 $xOy$ 坐标面上变化，是个平面区域，或者说是基于 $R^2$ 上的点集；二元函数的图形是空间曲面。

下面将研究如何把一元函数微积分建立的方法推广到处理多元函数的问题。为了便于理解，把二元函数的自变量 $(x, y)$ 解释为 $xOy$ 坐标面上点的坐标，把函数 $z$ 解释为曲面的纵坐标——高度。

当自变量 $(x_1, x_2, \cdots, x_n)$ 在定义域中任取一组数值时，因变量 $z$ 必有一个确定的数值与之对应，记为：

$$z = f(x_1, x_2, \cdots, x_n) \qquad (x_1, x_2, \cdots, x_n) \in D$$

因变量 $z$ 与自变量 $(x_1, x_2, \cdots, x_n)$ 的对应法则 $f$ 称为 $n$ 元函数。与自变量对应的 $z$ 值，称为 $n$ 元函数 $f$ 在 $(x_1, x_2, \cdots, x_n)$ 点的函数值。

以有序数组 $(x, y)$ 为自变量的二元函数 $z = f(x, y)$，看作 $xOy$ 平面上坐标为 $(x, y)$ 的点 $P$ 的函数，即 $z = f(x, y) = f(P)$。这就形成了一个二维数量场，它确定了变量 $z$ 在 $xOy$ 平面上分布的规律。

同样以有序数组 $(x, y, z)$ 为自变量的三元函数 $u = f(x, y, z)$，看作空间点 $P(x, y, z)$ 的函数，即 $u = f(x, y, z) = f(P)$。这就是三维空间中的一个数量场，它

给出了变量 $u$ 在空间分布的规律。

在数学分析理论中，二元函数 $f$ 是平面上的点集 $D$ 到实数集 $R$ 的一个映射。

定义：设 $D$ 为 $xOy$ 平面上的一个非空点集，存在一个映射（法则）$f$，使得每一点 $P \in D$，都有 $z = f(P)$，称 $f$ 为定义在 $D$ 上的一个二元函数。$D$ 为函数的定义域，函数的值域为 $f(D) = \{f(P) \mid P \in D\}$。

在点 $P(x, y)$，如果二元函数 $z = f(x, y)$ 有确定的值和它对应，则称 $z = f(x, y)$ 在点 $P(x, y)$ 处有定义。函数有定义点的全体构成的点集就是它的定义域。

## 6.2.2　二元函数的极限与连续性

### 6.2.2.1　二元函数的极限

研究二元函数 $f(x, y)$ 在 $P_0(x_0, y_0)$ 点的极限仍然需要"围城打援"，需要了解函数在该点周边的情况。不论函数 $f(x, y)$ 在 $P_0(x_0, y_0)$ 点是否有定义，动点 $P(x, y)$ 总要在函数的定义域 $D$ 中移动，并无限趋近 $P_0$，在这种条件下才可以讨论极限：

$$\lim_{(x,y) \to (x_0, y_0)} f(x, y) = \lim_{P \to P_0} f(P)$$

换言之，具有研究函数极限资格的点——极限点不一定属于函数的定义域。但极限点 $P_0$ 的任何一个去心邻域 $\mathring{U}(P_0, \delta)$ 中必须有属于定义域的点。极限点称为函数定义域的聚点——包括定义域的内点和边界点。

设二元函数 $f(x, y)$ 的定义域为 $D$，$P_0(x_0, y_0)$ 是 $D$ 的一个聚点。

定义：$\forall \varepsilon > 0$，$\exists \delta > 0$，使得当 $P(x, y) \in D \cap \mathring{U}(P_0, \delta)$ 时，都有 $|f(x, y) - A| < \varepsilon$ 成立，称常数 $A$ 为函数 $f(x, y)$ 在 $P \to P_0$ 时的极限，记作：

$$\lim_{(x,y) \to (x_0, y_0)} f(x, y) = A \text{ 或 } \lim_{P \to P_0} f(P) = A$$

与一元函数极限概念相仿，在 $P \to P_0$ 的所有过程中，函数 $f(x, y)$ 都无限接近一个确定的常数 $A$，才称 $A$ 是 $f(x, y)$ 当 $P \to P_0$ 时的极限。

一元函数极限与二元函数极限的区别来自极限点邻域维数的变化。

对于一元函数，若 $\lim_{x \to x_0} f(x) = A$，$x \to x_0$ 意味着动点 $x$ 沿 $x$ 轴双向趋近 $x_0$，$f(x)$ 都无限接近确定的常数 $A$。

对于二元函数，若 $\lim_{P \to P_0} f(P) = A$，$P \to P_0$ 意味着动点 $P$ 沿任何路径、以各种方式趋近 $P_0$，$f(P)$ 都无限接近确定的常数 $A$。不满足这要求，函数 $f(x, y)$ 在 $P_0(x_0, y_0)$ 点的极限就不存在。

【例题 6.2.1】 设 $f(x, y) = (x^2 + y^2) \sin \dfrac{1}{x^2 + y^2}$，试证：$\lim\limits_{(x,y) \to (0,0)} f(x, y) = 0$。

证：函数 $f(x, y) = (x^2 + y^2) \sin \dfrac{1}{x^2 + y^2}$ 在 $P_0(0, 0)$ 点没有定义，但 $P_0(0, 0)$ 是

函数定义域的一个聚点：

$$|f(x,\ y)-0|=\left|(x^2+y^2)\sin\frac{1}{x^2+y^2}\right|\leqslant x^2+y^2$$

$\forall\varepsilon>0$，只要有 $\delta=\sqrt{\varepsilon}$，当 $0<\sqrt{(x-0)^2+(y-0)^2}<\delta$ 时，总有 $|f(x,\ y)-0|<\varepsilon$，所以：

$$\lim_{(x,y)\to(0,0)}f(x,\ y)=0$$

### 6.2.2.2　多元函数的连续性

设多元函数 $f(P)$ 的定义域为 $D$，且聚点 $P_0\in D$，如果：

$$\lim_{P\to P_0}f(P)=f(P_0)$$

则称多元函数 $f(P)$ 在点 $P_0$ 处连续。

如果函数 $f(P)$ 在区域 $D$ 的每一点上都连续，则称 $f(P)$ 在区域 $D$ 上连续，或称 $f(P)$ 是区域 $D$ 上的连续函数，记作：

$$f(P)\in C(D)$$

从图形上看，二元函数 $z=z(x,\ y)$ 在 $P_0(x_0,\ y_0)$ 点连续的意义是：属于定义域 $D$ 的动点 $P(x,\ y)$ 无论怎样稍微偏离 $P_0$ 点引起曲面纵坐标 $z$ 的变化都是微小的。

我们可以把一元函数看成另一个自变量没有明显出现的二元函数，这样一元函数中关于极限的运算法则对于二元以至多元函数仍然适用，一元连续函数的性质可以延伸到多元连续函数，即：

（1）多元连续函数的和、差、积、商（在分母不为零处）仍是连续函数。

（2）多元连续函数的复合函数也是连续函数。

与一元初等函数相类似，多元初等函数是指可用一个解析式子表示的多元函数，这个式子是由常数及具有不同自变量的一元基本初等函数经过有限次的四则运算和复合运算所构成的。例如：$f(x,\ y)=\dfrac{1-y^2}{1+x^2}$，$f(x,\ y)=\sin\dfrac{x}{y}$，$f(x,\ y)=(x+y)\mathrm{e}^{-x^2}$，$f(x,\ y)=\ln(1+xy)$ 都是多元初等函数。一切多元初等函数在其定义区域内都是连续的。在求多元初等函数 $f(P)$ 在点 $P_0$ 处的极限时，如果 $P_0$ 点在函数的定义域内，其极限值就等于 $P_0$ 点的函数值。

**【例题 6.2.2】**（2006 年·考研数三第 15 题）设 $f(x,\ y)=\dfrac{y}{1+xy}-\dfrac{1-y\sin\dfrac{\pi x}{y}}{\arctan x}$，$x>0$，$y>0$，求（1）$g(x)=\lim\limits_{y\to+\infty}f(x,\ y)$；（2）$\lim\limits_{x\to0^+}g(x)$。

解：（1）$g(x)=\lim\limits_{y\to+\infty}f(x,\ y)=\lim\limits_{y\to\infty}\left(\dfrac{y}{1+xy}-\dfrac{1-y\sin\dfrac{\pi x}{y}}{\arctan x}\right)$

$$= \lim_{y \to \infty} \left( \cfrac{1}{\cfrac{1}{y} + x} - \cfrac{1 - \cfrac{\sin \cfrac{\pi x}{y}}{\cfrac{1}{y}}}{\arctan x} \right) = \frac{1}{x} - \frac{1 - \pi x}{\arctan x}$$

（2）$\displaystyle \lim_{x \to 0^+} g(x) = \lim_{x \to 0^+} \left( \frac{1}{x} - \frac{1 - \pi x}{\arctan x} \right) = \lim_{x \to 0^+} \frac{\arctan x - x + \pi x^2}{x \arctan x}$（通分）

$$= \lim_{x \to 0^+} \frac{\arctan x - x + \pi x^2}{x^2} = \lim_{x \to 0^+} \frac{\cfrac{1}{1 + x^2} - 1 + 2\pi x}{2x}$$

$$= \lim_{x \to 0^+} \frac{-x^2 + 2\pi x \, (1 + x^2)}{2x} = \pi$$

**6.2.2.3　在有界闭区域上多元连续函数的性质：**

与闭区间上一元连续函数的性质相对应，在有界闭区域 $D$ 上的多元连续函数：

（1）必定在 $D$ 上有界，且一定存在最大值和最小值。

（2）在 $D$ 上必定取得介于最大值和最小值之间的任何值。

## 6.3　偏导数

导数是函数的极限变化率。一元函数自变量仅仅沿数轴变化，而多元函数自变量变化的方式要比一元函数多得多。设 $P_0(x_0, y_0)$ 为二元函数 $z = f(x, y)$ 定义区域的一个内点，在邻域 $U(P_0)$ 中，动点 $P$ 趋近点 $P_0$ 的方向和方式都不尽相同，动点 $P$ 沿不同方向趋近点 $P_0$，函数就有不同的变化率。换言之，在同一点处，二元函数的变化率具有明显的方向性。在所有的趋近方向中，平行于坐标轴方向的变化率是最基本的也最为简单，它实质上是只允许一个自变量变化，其他的自变量暂时固定，此时的多元函数降为一元函数，由此引出了偏导数概念。

### 6.3.1　二元函数的偏增量与偏导数

设函数 $z = f(x, y)$ 在点 $(x_0, y_0)$ 的某一邻域内有定义，沿着直线 $y = y_0$ 讨论因 $x$ 变化而引起函数 $z$ 的变化。设自变量 $x$ 在 $x_0$ 处有增量 $\Delta x$，另一个自变量 $y$ 暂时固定为 $y_0$，相应的函数增量 $\Delta_x z$ 称为函数对 $x$ 的偏增量，记作：

$$\Delta_x z = f(x_0 + \Delta x, y_0) - f(x_0, y_0)$$

如果极限 $\displaystyle \lim_{\Delta x \to 0} \frac{\Delta_x z}{\Delta x} = \lim_{\Delta x \to 0} \frac{f(x_0 + \Delta x, y_0) - f(x_0, y_0)}{\Delta x}$ 存在，则称这个极限为函数 $z =$

$f(x, y)$ 在点 $(x_0, y_0)$ 处对 $x$ 的偏导数，记作：

$$\frac{\partial z}{\partial x}\bigg|_{\substack{x=x_0 \\ y=y_0}}, \quad \frac{\partial f}{\partial x}\bigg|_{\substack{x=x_0 \\ y=y_0}}, \quad z_x\bigg|_{\substack{x=x_0 \\ y=y_0}} \text{或} f_x(x_0, y_0)$$

类似地，函数 $z=f(x, y)$ 在点 $(x_0, y_0)$ 处对 $y$ 的偏导数（partial derivatives）：

$$\frac{\partial z}{\partial y}\bigg|_{\substack{x=x_0 \\ y=y_0}} = f_y(x_0, y_0) = \lim_{\Delta y \to 0} \frac{\Delta_y z}{\Delta y} = \lim_{\Delta y \to 0} \frac{f(x_0, y_0 + \Delta y) - f(x_0, y_0)}{\Delta y}$$

若函数 $z=f(x, y)$ 在点 $(x_0, y_0)$ 处对 $x$ 和对 $y$ 的偏导数同时存在，则称 $z=f(x, y)$ 在点 $(x_0, y_0)$ 处可偏导。

如果函数 $z=f(x, y)$ 在平面区域 $D$ 内每一点对 $x$、对 $y$ 的偏导数都存在，这些偏导数依然是 $x$、$y$ 的函数，称它们为 $z=f(x, y)$ 的偏导函数。将函数 $z=f(x, y)$ 对 $x$、对 $y$ 的偏导函数记为：

$$\frac{\partial z}{\partial x} = \frac{\partial f}{\partial x} = f_x(x, y) = \lim_{\Delta x \to 0} \frac{\Delta_x z}{\Delta x} = \lim_{\Delta x \to 0} \frac{f(x + \Delta x, y) - f(x, y)}{\Delta x}$$

$$\frac{\partial z}{\partial y} = \frac{\partial f}{\partial y} = f_y(x, y) = \lim_{\Delta y \to 0} \frac{\Delta_y z}{\Delta y} = \lim_{\Delta y \to 0} \frac{f(x, y + \Delta y) - f(x, y)}{\Delta y}$$

函数 $z=f(x, y)$ 在点 $(x_0, y_0)$ 处的偏导数就是偏导函数在各点的函数值。

从偏导数的定义可知，偏导数的计算继承了一元函数求导的方法。对多元函数的某一个自变量求偏导时，将其他自变量视为常数，按一元函数求导即可。

【例题 6.3.1】求 $z=x^4+2x^2y+y^4$ 在 $(0, 1)$ 点的偏导数。

解：$\dfrac{\partial z}{\partial x} = 4x^3 + 4xy$，$f_x(0, 1) = 0$

$\dfrac{\partial z}{\partial y} = 2x^2 + 4y^3$，$f_y(0, 1) = 4$

【例题 6.3.2】求下列二元函数的偏导数。

（1）$z = \sqrt{\ln(xy)}$

解：$\dfrac{\partial z}{\partial x} = \dfrac{1}{2\sqrt{\ln(xy)}} \cdot \dfrac{y}{xy} = \dfrac{1}{2x\sqrt{\ln(xy)}}$，$\dfrac{\partial z}{\partial y} = \dfrac{1}{2\sqrt{\ln(xy)}} \cdot \dfrac{x}{xy} = \dfrac{1}{2y\sqrt{\ln(xy)}}$

（2）$z = (1+xy)^y$

解：$\dfrac{\partial z}{\partial x} = y(1+xy)^{y-1} \cdot y = y^2(1+xy)^{y-1}$

等式两侧同时取自然对数 $\ln z = y\ln(1+xy)$，再对 $y$ 求偏导，得：

$$\frac{1}{z}\frac{\partial z}{\partial y} = \ln(1+xy) + \frac{xy}{1+xy}$$

故：

$$\frac{\partial z}{\partial y} = (1+xy)^y\ln(1+xy) + xy(1+xy)^{y-1}$$

【例题 6.3.3】已知 $z=x^y y^x$，求证：$x\dfrac{\partial z}{\partial x} + y\dfrac{\partial z}{\partial y} = (x+y+\ln z)z$。

解：将 $z = x^y y^x$ 式两侧同时取自然对数，得 $\ln z = y\ln x + x\ln y$，再分别对 $x$，$y$ 求偏导，有：

$$\frac{1}{z}\frac{\partial z}{\partial x} = \frac{y}{x} + \ln y, \quad x\frac{\partial z}{\partial x} = (y + x\ln y)z$$

$$\frac{1}{z}\frac{\partial z}{\partial y} = \ln x + \frac{x}{y}, \quad y\frac{\partial z}{\partial y} = (x + y\ln x)z$$

故：

$$x\frac{\partial z}{\partial x} + y\frac{\partial z}{\partial y} = (x + y + x\ln y + y\ln x)z = (x + y + \ln z)z$$

### 6.3.2　二元函数偏导数的几何意义

设二元函数 $z = f(x, y)$ 在点 $(x_0, y_0)$ 处可偏导，$P_0(x_0, y_0, z_0)$ 为曲面 $z = f(x, y)$ 上一点。作平面 $y = y_0$，它与曲面 $z = f(x, y)$ 的截痕是平面曲线 $z = f(x, y_0)$，这条位于 $y = y_0$ 平面内的曲线在 $P_0$ 点的切线关于 $x$ 轴的斜率正是函数 $z = f(x, y)$ 在点 $(x_0, y_0)$ 处对 $x$ 的偏导数，即

$$\tan\alpha = \left.\frac{\partial z}{\partial x}\right|_{\substack{x=x_0 \\ y=y_0}}$$

同理，二元函数 $z = f(x, y)$ 在点 $(x_0, y_0)$ 处对 $y$ 的偏导数 $\left.\dfrac{\partial z}{\partial y}\right|_{\substack{x=x_0 \\ y=y_0}} = \tan\beta$，是位于 $x = x_0$ 平面内的曲线 $z = f(x_0, y)$ 在 $P_0$ 点的切线关于 $y$ 轴的斜率。

### 6.3.3　高阶偏导数

设函数 $z = f(x, y)$ 在区域 $D$ 内处处可偏导，而且两个偏导函数 $f_x(x, y)$，$f_y(x, y)$ 在 $D$ 内仍可偏导，则称它们的偏导数为函数的二阶偏导数，按照求导次序的不同，存在以下 4 种二阶偏导数：

$$\frac{\partial}{\partial x}\left(\frac{\partial z}{\partial x}\right) = \frac{\partial^2 z}{\partial x^2} = \frac{\partial^2 f}{\partial x^2} = f_{xx}(x, y), \quad \frac{\partial}{\partial y}\left(\frac{\partial z}{\partial y}\right) = \frac{\partial^2 z}{\partial y^2} = \frac{\partial^2 f}{\partial y^2} = f_{yy}(x, y)$$

$$\frac{\partial}{\partial y}\left(\frac{\partial z}{\partial x}\right) = \frac{\partial^2 z}{\partial x \partial y} = \frac{\partial^2 f}{\partial x \partial y} = f_{xy}(x, y), \quad \frac{\partial}{\partial x}\left(\frac{\partial z}{\partial y}\right) = \frac{\partial^2 z}{\partial y \partial x} = \frac{\partial^2 f}{\partial y \partial x} = f_{yx}(x, y)$$

后两种称为混合偏导数。对于二元函数，每种一阶偏导数可能存在两种二阶偏导数，依此类推，三阶偏导数有 $8(2 \times 2^2)$ 种。

【例题 6.3.4】求 $z = \arctan\dfrac{x}{y}$ 二阶偏导数。

解：一阶偏导数 $\dfrac{\partial z}{\partial x} = \dfrac{y}{x^2 + y^2}$，$\dfrac{\partial z}{\partial y} = -\dfrac{x}{x^2 + y^2}$

二阶偏导数$\dfrac{\partial^2 z}{\partial x^2} = -\dfrac{2xy}{(x^2+y^2)^2}$，$\dfrac{\partial^2 z}{\partial y^2} = \dfrac{2xy}{(x^2+y^2)^2}$

$$\dfrac{\partial^2 z}{\partial x \partial y} = \dfrac{x^2-y^2}{(x^2+y^2)^2}, \quad \dfrac{\partial^2 z}{\partial y \partial x} = \dfrac{x^2-y^2}{(x^2+y^2)^2}$$

从以上例题可发现，两个二阶混合偏导数相等，即$\dfrac{\partial^2 z}{\partial x \partial y} = \dfrac{\partial^2 z}{\partial y \partial x}$，这并非偶然现象。

定理：如果函数$z = f(x, y)$的两个二阶混合偏导数$f_{xy}(x, y)$和$f_{yx}(x, y)$在区域$D$内连续，那么在此区域内：

$$f_{xy}(x, y) = f_{yx}(x, y)$$

即二阶混合偏导数与求导次序无关。证明从略。

其实，如果函数$z = f(x, y)$的所有$n$阶混合偏导数在某个区域连续，在此区域内所有的$n$阶混合偏导数都相等，与求导次序无关。

在没有求出全部混合偏导数之前，如何知道它们都连续呢？当函数及其偏导数都属于初等函数时，可以根据"初等函数在其定义区域上是连续的"予以判断。

【例题 6.3.5】（1998 年·考研数一第 2 题）设$z = \dfrac{1}{x} f(xy) + y\varphi(x+y)$，$f$，$\varphi$具有二阶连续导数，则$\dfrac{\partial^2 z}{\partial x \partial y} = $ _____。

解：先求$\dfrac{\partial z}{\partial x}$：

$$\dfrac{\partial z}{\partial x} = \dfrac{\partial}{\partial x}\left[\dfrac{1}{x}f(xy) + y\varphi(x+y)\right] = -\dfrac{1}{x^2}f(xy) + \dfrac{y}{x}f'(xy) + y\varphi'(x+y)$$

$$\dfrac{\partial^2 z}{\partial x \partial y} = \dfrac{\partial}{\partial y}\left(-\dfrac{1}{x^2}f(xy) + \dfrac{y}{x}f'(xy) + y\varphi'(x+y)\right)$$

$$= -\dfrac{1}{x^2}f'(xy)x + \dfrac{1}{x}f'(xy) + \dfrac{y}{x}f''(xy)x + \varphi'(x+y) + y\varphi''(x+y)$$

$$= -\dfrac{1}{x}f'(xy) + \dfrac{1}{x}f'(xy) + yf''(xy) + \varphi'(x+y) + y\varphi''(x+y)$$

$$= yf''(xy) + \varphi'(x+y) + y\varphi''(x+y)$$

## 6.4　全微分

### 6.4.1　二元函数的偏微分

二元函数$z = f(x, y)$在点$(x_0, y_0)$的某一邻域内有定义，将自变量$y$暂固定为$y_0$，设自变量$x$在点$x_0$处有增量$\Delta x$，函数对$x$的偏增量$\Delta_x z = f(x_0 + \Delta x, y_0) - f(x_0,$

$y_0$）。承袭一元函数增量与微分的关系，有：

$$\Delta_x z = f(x_0 + \Delta x, \ y_0) - f(x_0, \ y_0) = f_x(x_0, \ y_0)\Delta x + o(\Delta x)$$

式中 $f_x(x_0, \ y_0)\Delta x$ 称为函数 $z = f(x, \ y)$ 在点 $(x_0, \ y_0)$ 处对 $x$ 的偏微分，它是偏增量 $\Delta_x z$ 的线性主部。

函数 $z = f(x, \ y)$ 在点 $(x, \ y)$ 处对 $x$ 和对 $y$ 的偏微分（是 $x$、$y$ 的函数）为：

$$\frac{\partial f}{\partial x}\mathrm{d}x = f_x(x, \ y)\mathrm{d}x \ \text{和} \ \frac{\partial f}{\partial y}\mathrm{d}y = f_y(x, \ y)\mathrm{d}y$$

它们分别是偏增量 $\Delta_x z$ 和 $\Delta_y z$ 的线性主部。

### 6.4.2　二元函数的全增量与全微分

设二元函数 $z = f(x, \ y)$ 在点 $(x, \ y)$ 的某邻域内有定义，函数对应于自变量增量 $\Delta x$ 与 $\Delta y$ 的全增量是：

$$\Delta z = f(x + \Delta x, \ y + \Delta y) - f(x, \ y)$$

同一元函数用线性量——微分来近似函数增量一样，在二元函数中，也要用自变量增量 $\Delta x$ 与 $\Delta y$ 的线性组合函数来接近函数的全增量 $\Delta z$，遵循局部线性化的思路和方法，二元函数可微分的概念为：

定义：设函数 $z = f(x, \ y)$ 在点 $(x, \ y)$ 处对应于自变量增量 $\Delta x$ 与 $\Delta y$ 的全增量：

$$\Delta z = f(x + \Delta x, \ y + \Delta y) - f(x, \ y)$$

可以表示为：

$$\Delta z = A\Delta x + B\Delta y + o(\rho)$$

其中，$\rho = \sqrt{(\Delta x)^2 + (\Delta y)^2}$，$A$、$B$ 若仅与 $x$、$y$ 有关，而与 $\Delta x$、$\Delta y$ 无关，则称函数 $z = f(x, \ y)$ 在点 $(x, \ y)$ 处可微分。

全增量 $\Delta z$ 的线性主部 $A\Delta x + B\Delta y$ 是函数 $z = f(x, \ y)$ 在点 $(x, \ y)$ 处的全微分，记作：

$$\mathrm{d}z = A\Delta x + B\Delta y$$

自变量增量 $\Delta x$ 与 $\Delta y$ 常表示为 $\mathrm{d}x$ 与 $\mathrm{d}y$，全微分也写成：

$$\mathrm{d}z = A\mathrm{d}x + B\mathrm{d}y$$

如果函数 $z = f(x, \ y)$ 在区域 $D$ 内处处可微，称 $z = f(x, \ y)$ 为区域 $D$ 内的可微函数。

定理 1：如果函数 $z = f(x, \ y)$ 在点 $(x, \ y)$ 可微分，则：

（1）函数 $z = f(x, \ y)$ 在点 $(x, \ y)$ 连续；

（2）函数 $z = f(x, \ y)$ 在点 $(x, \ y)$ 可偏导；

（3）函数 $z = f(x, \ y)$ 在点 $(x, \ y)$ 的全微分为：

$$\mathrm{d}z = \frac{\partial z}{\partial x}\mathrm{d}x + \frac{\partial z}{\partial y}\mathrm{d}y$$

证：（1）由函数可微分定义 $\Delta z = A\Delta x + B\Delta y + o(\rho)$，而 $\rho \to 0$ 等同于 $\Delta x \to 0$ 与 $\Delta y \to$

0，因此 $\lim\limits_{\rho \to 0} \Delta z = 0$，又 $f(x + \Delta x, \ y + \Delta y) = f(x, \ y) + \Delta z$，故有：

$$\lim_{\Delta x \to 0, \Delta y \to 0} f(x + \Delta x, \ y + \Delta y) = f(x, \ y)$$

从上述定义可知，函数 $z = f(x, \ y)$ 在点 $(x, \ y)$ 可微，意味着函数 $z = f(x, \ y)$ 在点 $(x, \ y)$ 一定连续。这和前述的："多元函数在某点可偏导，在该点却未必连续"含义不同。

（2）设 $P'(x + \Delta x, \ y + \Delta y)$ 为点 $P(x, \ y)$ 某个邻域内的任意一点，根据可微分定义，则全增量：

$$\Delta z = f(P') - f(P) = f(x + \Delta x, \ y + \Delta y) - f(x, \ y) = A \Delta x + B \Delta y + o(\rho)$$

总是成立。如果取 $\Delta y = 0$，即当 $\rho = |\Delta x|$ 时，上式变为：

$$\Delta_x z = f(x + \Delta x, \ y) - f(x, \ y) = A \Delta x + o(|\Delta x|)$$

显然，有：

$$\lim_{\Delta x \to 0} \frac{\Delta_x z}{\Delta x} = \lim_{\Delta x \to 0} \frac{f(x + \Delta x, \ y) - f(x, \ y)}{\Delta x} = A + \lim_{\Delta x \to 0} \frac{o(\Delta x)}{\Delta x} = A$$

所以偏导数 $\dfrac{\partial z}{\partial x}$ 存在，且等于 $A$。

同理可证偏导数 $\dfrac{\partial z}{\partial y}$ 存在，且等于 $B$。定理 1 证毕。

定理 1 实际上说，函数可微是函数连续、可偏导的充分条件。或者说，函数连续、可偏导只是函数可微分的必要条件，不是充分条件。

定理 2：如果函数 $z = f(x, \ y)$ 的偏导函数 $f_x(x, \ y)$、$f_y(x, \ y)$ 在点 $(x, \ y)$ 处连续，则函数在该点可微分。（可微充分条件）

证：点 $P(x, \ y)$ 处的偏导函数 $f_x(x, \ y)$、$f_y(x, \ y)$ 连续，意味着偏导函数在点 $P$ 的某一邻域内必然存在。设 $P'(x + \Delta x, \ y + \Delta y)$ 是这个邻域中的任意一点，函数的全增量应为：

$$\begin{aligned} \Delta z &= f(P') - f(P) = f(x + \Delta x, \ y + \Delta y) - f(x, \ y) \\ &= [f(x + \Delta x, \ y + \Delta y) - f(x, \ y + \Delta y)] + [f(x, \ y + \Delta y) - f(x, \ y)] \end{aligned}$$

前一个方括号里面是函数 $z = f(x, \ y)$ 第二个自变量固定为 $y + \Delta y$ 时的偏增量，依据二元函数偏增量和偏微分的关系：

$$f(x + \Delta x, \ y + \Delta y) - f(x, \ y + \Delta y) = f_x(x, \ y + \Delta y)\Delta x + o(\Delta x)$$

后一个方括号里面是：

$$f(x, \ y + \Delta y) - f(x, \ y) = f_y(x, \ y)\Delta y + o(\Delta y)$$

在偏导数连续的前提下，全增量可表示为：

$$\Delta z = f_x(x, \ y + \Delta y)\Delta x + o(\Delta x) + f_y(x, \ y)\Delta y + o(\Delta y)$$

随着 $\rho \to 0$ 即 $(\Delta x, \ \Delta y) \to (0, \ 0)$ 时，有以下两个极限存在：

$$o(\Delta x) + o(\Delta y) \to 0 \quad (\text{或者记为 } o(\Delta x) + o(\Delta y) = o(\rho))$$

$$f_x(x, \ y + \Delta y) \to f_x(x, \ y)$$

则：

$$\Delta z = f_x(x, y)\Delta x + f_y(x, y)\Delta y + o(\rho)$$

可见，如果偏导数在点（$x$，$y$）处连续，函数 $z = f(x, y)$ 在点（$x$，$y$）处就可微分。

定理 2 实际指出函数可微分的充分条件是偏导函数连续。

二元函数全微分等于两个偏微分之和。

$$dz = \frac{\partial z}{\partial x}dx + \frac{\partial z}{\partial y}dy$$

表示二元函数微分满足叠加原理，也可推广到三元和更多元函数。

例如，如果三元函数 $u = u(x, y, z)$ 可微分，则：

$$du = \frac{\partial u}{\partial x}dx + \frac{\partial u}{\partial y}dy + \frac{\partial u}{\partial z}dz$$

二元函数可微分的必要与充分条件可以推广到三元和更多元函数。

【例题 6.4.1】（2006 年·考研数三第 3 题）设函数 $f(u)$ 可微，且 $f'(0) = \dfrac{1}{2}$，则 $z = f(4x^2 - y^2)$ 在点（1，2）处的全微分 $dz\big|_{(1,2)} = $ _____。

解：方法一：因为 $\dfrac{\partial z}{\partial x}\bigg|_{(1,2)} = f'(4x^2 - y^2)\cdot 8x\big|_{(1,2)} = 4$

$$\frac{\partial z}{\partial y}\bigg|_{(1,2)} = f'(4x^2 - y^2)\cdot(-2y)\big|_{(1,2)} = -2$$

所以 $dz\big|_{(1,2)} = \left[\dfrac{\partial z}{\partial x}\bigg|_{(1,2)}dx + \dfrac{\partial z}{\partial y}\bigg|_{(1,2)}dy\right] = 4dx - 2dy$

方法二：对 $z = f(4x^2 - y^2)$ 微分得：

$$dz = f'(4x^2 - y^2)d(4x^2 - y^2) = f'(4x^2 - y^2)(8xdx - 2ydy)$$

故 $dz\big|_{(1,2)} = f'(0)(8dx - 2dy) = 4dx - 2dy$

## 6.5　多元复合函数求导法

将一元复合函数的链式求导法则推广到多元复合函数（见图 6 - 4）。

图 6 - 4　底层函数为一元函数的二元复合函数链式求导示意图

### 6.5.1　全导数

设 $u = u(t)$，$v = v(t)$，$u$、$v$ 在点 $t$ 可导，二元函数 $z = f(u, v)$，$f$ 在对应点具有连

续偏导数，则中间变量是一元函数的二元复合函数 $z = f[u(t), v(t)]$ 在点 $t$ 可导，其导数：

$$\frac{dz}{dt} = \frac{\partial z}{\partial u} \cdot \frac{du}{dt} + \frac{\partial z}{\partial v} \cdot \frac{dv}{dt}$$

证：设由底层变量在点 $t$ 处增量为 $\Delta t$，由此引起的中间变量增量分别为 $\Delta u$、$\Delta v$，并使二元复合函数获得增量 $\Delta z$，由于偏导数连续，所以函数 $f$ 在该点可微，其全增量：

$$\Delta z = \frac{\partial z}{\partial u}\Delta u + \frac{\partial z}{\partial v}\Delta v + o(\rho) \quad \rho = \sqrt{(\Delta u)^2 + (\Delta v)^2}$$

上式两侧同除以 $\Delta t$，

$$\frac{\Delta z}{\Delta t} = \frac{\partial z}{\partial u} \cdot \frac{\Delta u}{\Delta t} + \frac{\partial z}{\partial v} \cdot \frac{\Delta v}{\Delta t} + \frac{o(\rho)}{\Delta t}$$

由于 $u$、$v$ 在点 $t$ 可导，当 $\Delta t \to 0$ 时，有 $\Delta u \to 0$，$\Delta v \to 0$ 且

$$\frac{\Delta u}{\Delta t} \to \frac{du}{dt}, \quad \frac{\Delta v}{\Delta t} \to \frac{dv}{dt}, \quad \frac{\Delta z}{\Delta t} \to \frac{dz}{dt}$$

当 $\Delta t \to 0$ 时，还有 $\rho \to 0$，即 $\frac{o(\rho)}{\Delta t} \to 0$，所以复合函数 $z = f[u(t), v(t)]$ 在点 $t$ 可导，$\frac{dz}{dt}$ 称为全导数：

$$\frac{dz}{dt} = \frac{\partial z}{\partial u} \cdot \frac{du}{dt} + \frac{\partial z}{\partial v} \cdot \frac{dv}{dt}$$

推广至三元函数 $u = f(x, y, z)$，如果三个中间变量 $x = x(t)$，$y = y(t)$，$z = z(t)$ 在点 $t$ 可导，三元函数 $f$ 在对应点具有连续偏导数，则：

$$\frac{du}{dt} = \frac{\partial u}{\partial x} \cdot \frac{dx}{dt} + \frac{\partial u}{\partial y} \cdot \frac{dy}{dt} + \frac{\partial u}{\partial z} \cdot \frac{dz}{dt}$$

【例题 6.5.1】设 $z = e^{x-2y}$，$x = \sin t$，$y = t^3$，求 $\left.\dfrac{dz}{dt}\right|_{t=0}$。

解：$\dfrac{dz}{dt} = \dfrac{\partial z}{\partial x} \cdot \dfrac{dx}{dt} + \dfrac{\partial z}{\partial y} \cdot \dfrac{dy}{dt} = e^{x-2y} \cdot \dfrac{dx}{dt} - 2e^{x-2y} \cdot \dfrac{dy}{dt} = (\cos t - 6t^2)e^{\sin t - 2t^3}$

$$\left.\frac{dz}{dt}\right|_{t=0} = 1$$

## 6.5.2 多元复合函数求导法

当多元复合函数的中间变量是多元函数时，求导法则为（见图 6-5）：

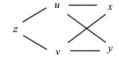

**图 6-5 底层函数为二元函数的二元复合函数链式求导示意图**

（1）若复合函数的构成为 $z=f(u,v)$，$u=u(x,y)$，$v=v(x,y)$，中间变量 $u$、$v$ 是底层自变量 $x$、$y$ 的二元函数，$u(x,y)$，$v(x,y)$ 在点 $(x,y)$ 可微；外层函数 $z=f(u,v)$ 在对应的点 $(u,v)$ 具有连续偏导数，则 $z=f[u(x,y),v(x,y)]$ 在点 $(x,y)$ 可微，且：

$$\frac{\partial z}{\partial x}=\frac{\partial z}{\partial u}\cdot\frac{\partial u}{\partial x}+\frac{\partial z}{\partial v}\cdot\frac{\partial v}{\partial x}$$

$$\frac{\partial z}{\partial y}=\frac{\partial z}{\partial u}\cdot\frac{\partial u}{\partial y}+\frac{\partial z}{\partial v}\cdot\frac{\partial v}{\partial y}$$

复合两层的二元函数在对一个自变量求偏导时，都要把另一个自变量视为常数，每层的求偏导运算都相当于一元函数求导。

推广至三元复合函数 $z=f(u,v,w)$，$u=u(x,y)$，$v=v(x,y)$，$w=w(x,y)$（见图 6-6），

$$\frac{\partial z}{\partial x}=\frac{\partial z}{\partial u}\cdot\frac{\partial u}{\partial x}+\frac{\partial z}{\partial v}\cdot\frac{\partial v}{\partial x}+\frac{\partial z}{\partial w}\cdot\frac{\partial w}{\partial x}$$

$$\frac{\partial z}{\partial y}=\frac{\partial z}{\partial u}\cdot\frac{\partial u}{\partial y}+\frac{\partial z}{\partial v}\cdot\frac{\partial v}{\partial y}+\frac{\partial z}{\partial w}\cdot\frac{\partial w}{\partial y}$$

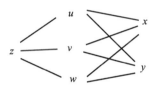

图 6-6 底层函数为二元函数的三元函数链式求导示意图

（2）若复合函数的构成为 $z=f(u,x,y)$，$u=u(x,y)$，在外层函数里面，中间变量 $u$ 与底层自变量 $x$、$y$ 是混编的（见图 6-7）。对于这种情况令 $v=x$，$w=y$，利用（1）的结果，

$$\frac{\partial z}{\partial x}=\frac{\partial f}{\partial u}\cdot\frac{\partial u}{\partial x}+\frac{\partial f}{\partial x}$$

$$\frac{\partial z}{\partial y}=\frac{\partial f}{\partial u}\cdot\frac{\partial u}{\partial y}+\frac{\partial f}{\partial y}$$

注意！$\dfrac{\partial z}{\partial x}$ 与 $\dfrac{\partial f}{\partial x}$ 不同。

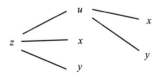

图 6-7 底层函数为二元函数的三元函数混编链式求导示意图

$\dfrac{\partial z}{\partial x}$是在复合函数 $z = f[u(x, y), x, y]$ 中，把 $y$ 固定不变，对变量 $x$ 求偏导；

$\dfrac{\partial f}{\partial x}$是在外层函数 $z = f(u, x, y)$ 中，把 $u$，$y$ 都固定不变，对变量 $x$ 求偏导。

而 $\dfrac{\partial z}{\partial u}$ 与 $\dfrac{\partial f}{\partial u}$ 相同，都是在函数 $z = f(u, x, y)$ 中，把 $x$，$y$ 都固定不变，对变量 $u$ 求偏导。

（3）若复合函数的构成为 $z = f(u)$，$u = u(x, y)$，外层是一元函数，唯一的中间变量 $u$ 是二元函数 $u = u(x, y)$（见图 6-8），则：

$$\frac{\partial z}{\partial x} = \frac{\mathrm{d}f}{\mathrm{d}u} \cdot \frac{\partial u}{\partial x} \qquad \frac{\partial z}{\partial y} = \frac{\mathrm{d}f}{\mathrm{d}u} \cdot \frac{\partial u}{\partial y}$$

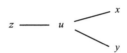

图 6-8　底层函数为二元函数的一元函数链式求导示意图

【例题 6.5.2】（1995 年·考研数一第 3 题第 1 小题）设 $u = f(x, y, z)$，$\varphi(x^2, \mathrm{e}^y, z) = 0$，$y = \sin x$，其中 $f$、$\varphi$ 都具有一阶连续偏导数，且 $\dfrac{\partial \varphi}{\partial z} \neq 0$，求 $\dfrac{\mathrm{d}u}{\mathrm{d}x}$。

解：先由方程式 $\varphi(x^2, \mathrm{e}^y, z) = 0$，其中 $y = \sin x$ 确定 $z = z(x)$，并求 $\dfrac{\mathrm{d}z}{\mathrm{d}x}$。

将方程两边对 $x$ 求导得：

$$\varphi_1' \cdot 2x + \varphi_2' \cdot \mathrm{e}^y \cos x + \varphi_3' \cdot \frac{\mathrm{d}z}{\mathrm{d}x} = 0$$

解得：$\dfrac{\mathrm{d}z}{\mathrm{d}x} = -\dfrac{1}{\varphi_3'}(\varphi_1' \cdot 2x + \varphi_2' \cdot \mathrm{e}^y \cos x)$ ①

再将 $u = f(x, y, z)$ 对 $x$ 求导，其中 $y = \sin x$，$z = z(x)$

可得：$\dfrac{\mathrm{d}u}{\mathrm{d}x} = f_1' + f_2' \cdot \cos x + f_3' \cdot \dfrac{\mathrm{d}z}{\mathrm{d}x}$

将①式代入得：$\dfrac{\mathrm{d}u}{\mathrm{d}x} = f_1' + f_2' \cdot \cos x - f_3' \cdot \dfrac{1}{\varphi_3'}(\varphi_1' \cdot 2x + \varphi_2' \cdot \mathrm{e}^y \cos x)$

【例题 6.5.3】设 $f$ 具有一阶连续偏导数，求下列函数的一阶偏导数。

（1）$z = f(x^2 - y^2, \mathrm{e}^{xy})$

解：复合函数 $z = f(x^2 - y^2, \mathrm{e}^{xy})$ 的外层是可微的抽象函数，内层是具体的可微函数，相当于：

$$z = f(u, v), \quad u = x^2 - y^2, \quad v = \mathrm{e}^{xy}$$

偏导数 $\dfrac{\partial f}{\partial u}$ 可以表示为 $f_1'$，其含义是外层函数 $f$ 对第 1 个中间变量（$x^2 - y^2$）求偏导数；

同样，偏导数 $\dfrac{\partial f}{\partial v}$ 可以表示为 $f_2'$，其含义是外层函数 $f$ 对第 2 个中间变量 $e^{xy}$ 求偏导数。

$$\frac{\partial z}{\partial x} = \frac{\partial z}{\partial u} \cdot \frac{\partial u}{\partial x} + \frac{\partial z}{\partial v} \cdot \frac{\partial v}{\partial x} = 2xf_1' + ye^{xy}f_2'$$

$$\frac{\partial z}{\partial y} = \frac{\partial z}{\partial u} \cdot \frac{\partial u}{\partial y} + \frac{\partial z}{\partial v} \cdot \frac{\partial v}{\partial y} = -2yf_1' + xe^{xy}f_2'$$

（2）$u = xy + zf\left(\dfrac{y}{x}\right)$

解：$\dfrac{\partial u}{\partial x} = y - \dfrac{zy}{x^2}f'$；$\dfrac{\partial u}{\partial y} = x + \dfrac{z}{x}f'$；$\dfrac{\partial u}{\partial z} = f\left(\dfrac{y}{x}\right)$

式中 $f'$ 表示函数 $f$ 对中间变量 $\dfrac{y}{x}$ 求导数。

**【例题 6.5.4】**（2017 年·考研数一第 15 题）设函数 $f(u, v)$ 具有 2 阶连续偏导数，$y = f(e^x, \cos x)$，求 $\dfrac{dy}{dx}\Big|_{x=0}$，$\dfrac{d^2y}{dx^2}\Big|_{x=0}$。

解：

$$y = f(e^x, \cos x) \overset{x=0}{\Longrightarrow} y(0) = f(1, 1)$$

$$\Rightarrow \frac{dy}{dx}\Big|_{x=0} = (f_1'e^x + f_2'(-\sin x))\Big|_{x=0} = f_1'(1, 1) \cdot 1 + f_2'(1, 1) \cdot 0 = f_1'(1, 1)$$

$$\Rightarrow \frac{d^2y}{dx^2} = f_{11}''e^{2x} + f_{12}''e^x(-\sin x) + f_{21}''e^x(-\sin x) + f_{22}''\sin^2 x + f_1'e^x - f_2'\cos x$$

$$\Rightarrow \frac{d^2y}{dx^2}\Big|_{x=0} = f_{11}''(1, 1) + f_1'(1, 1) - f_2'(1, 1)$$

结论：

$$\frac{dy}{dx}\Big|_{x=0} = f_1'(1, 1)$$

$$\frac{d^2y}{dx^2}\Big|_{x=0} = f_{11}''(1, 1) + f_1'(1, 1) - f_2'(1, 1)$$

**【例题 6.5.5】**（2004 年·考研数三第 2 题）设函数 $f(u, v)$ 由关系式 $f[xg(y), y] = x + g(y)$ 确定，其中函数 $g(y)$ 可微，且 $g(y) \neq 0$，则 $\dfrac{\partial^2 f}{\partial u \partial v} = $ _____。

解：令 $u = xg(y)$，$v = y$，则 $f(u, v) = \dfrac{u}{g(v)} + g(v)f(u, v)$，

所以，$\dfrac{\partial f}{\partial u} = \dfrac{1}{g(v)}$，$\dfrac{\partial^2 f}{\partial u \partial v} = -\dfrac{g'(v)}{g^2(v)}$。

### 6.5.3　多元隐函数求导法

在 2.4 节中，给出了不经显化直接由方程 $F(x, y) = 0$ 所确定的一元函数 $y = y(x)$

（或者 $x = x(y)$） 的求导法。下面在二元复合函数求导法的基础上分别建立一元隐函数和二元隐函数的求导公式。

设 $F$ 为 $C^{(1)}$ 类二元函数，如果方程 $F(x, y) = 0$ 能够确立一个单值连续且具有连续导数的一元函数 $y = y(x)$ （或者 $x = x(y)$），那么等式：

$$F[x, y(x)] = 0$$

的左侧可以看作变量 $x$ 的复合函数。等式两侧同时求全导数，得：

$$\frac{\partial F}{\partial x} + \frac{\partial F}{\partial y} \cdot \frac{\mathrm{d}y}{\mathrm{d}x} = 0$$

由于偏导函数 $F_y$ 连续，若 $F_y(x_0, y_0) \neq 0$，在点 $(x_0, y_0)$ 的某邻域内 $F_y \neq 0$，于是：

$$\frac{\mathrm{d}y}{\mathrm{d}x} = -\frac{F_x}{F_y}$$

同理，由于偏导函数 $F_x$ 连续，若 $F_x(x_0, y_0) \neq 0$，在点 $(x_0, y_0)$ 的某邻域内 $F_x \neq 0$，有：

$$\frac{\mathrm{d}x}{\mathrm{d}y} = -\frac{F_y}{F_x}$$

如果 $F$ 为 $C^{(2)}$ 类函数，可知：

$$\frac{\mathrm{d}^2 y}{\mathrm{d}x^2} = \frac{\mathrm{d}}{\mathrm{d}x}\left(\frac{\mathrm{d}y}{\mathrm{d}x}\right) = \frac{\mathrm{d}}{\mathrm{d}x}\left(-\frac{F_x}{F_y}\right) = \frac{\partial}{\partial x}\left(-\frac{F_x}{F_y}\right) + \frac{\partial}{\partial y}\left(-\frac{F_x}{F_y}\right)\frac{\mathrm{d}y}{\mathrm{d}x}$$

$$= \frac{-F_{xx}F_y + F_x F_{yx}}{F_y^2} + \frac{-F_{xy}F_y + F_x F_{yy}}{F_y^2}\left(-\frac{F_x}{F_y}\right)$$

$$= \frac{-F_y^2 F_{xx} + 2F_x F_y F_{yx} - F_x^2 F_{yy}}{F_y^3}$$

**【例题 6.5.6】**（2008 年 · 考研数三第 16 题）设 $z = z(x, y)$ 是由方程 $x^2 + y^2 - z = \varphi(x + y + z)$ 所确定的函数，其中 $\varphi$ 具有 2 阶导数且 $\varphi' \neq -1$ 时，

（1）求 $\mathrm{d}z$。

（2）记 $u(x, y) = \dfrac{1}{x-y}\left(\dfrac{\partial z}{\partial x} - \dfrac{\partial z}{\partial y}\right)$，求 $\dfrac{\partial u}{\partial x}$。

解：（1） $2x\mathrm{d}x + 2y\mathrm{d}y - \mathrm{d}z = \varphi'(x + y + z) \cdot (\mathrm{d}x + \mathrm{d}y + \mathrm{d}z)$

$\Rightarrow (\varphi' + 1)\mathrm{d}z = (-\varphi' + 2x)\mathrm{d}x + (-\varphi' + 2y)\mathrm{d}y$

$\Rightarrow \mathrm{d}z = \dfrac{(-\varphi' + 2x)\mathrm{d}x + (-\varphi' + 2y)\mathrm{d}y}{\varphi' + 1}$ （因为 $\varphi' \neq -1$）

（2）由上一问可知 $\dfrac{\partial z}{\partial x} = \dfrac{-\varphi' + 2x}{\varphi' + 1}$，$\dfrac{\partial z}{\partial y} = \dfrac{-\varphi' + 2y}{\varphi' + 1}$，

所以 $u(x, y) = \dfrac{1}{x-y}\left(\dfrac{\partial z}{\partial x} - \dfrac{\partial z}{\partial y}\right) = \dfrac{1}{x-y}\left(\dfrac{-\varphi' + 2x}{\varphi' + 1} - \dfrac{-\varphi' + 2y}{\varphi' + 1}\right)$

$$= \frac{1}{x-y} \cdot \frac{-2y + 2x}{\varphi' + 1} = \frac{2}{\varphi' + 1}$$

所以 $\dfrac{\partial u}{\partial x} = \dfrac{-2\varphi''\left(1 + \dfrac{\partial z}{\partial x}\right)}{(\varphi' + 1)^2} = -\dfrac{2\varphi''\left(1 + \dfrac{2x - \varphi'}{1 + \varphi'}\right)}{(\varphi' + 1)^2} = -\dfrac{2\varphi''(1 + \varphi' + 2x - \varphi')}{(\varphi' + 1)^3}$

$\qquad\qquad = -\dfrac{2\varphi''(1 + 2x)}{(\varphi' + 1)^3}$

【例题 6.5.7】 设 $\ln \sqrt{x^2 + y^2} = \arctan \dfrac{y}{x}$，求：$y'$、$y''$。

解：令 $F(x, y) = \dfrac{1}{2}\ln(x^2 + y^2) - \arctan \dfrac{y}{x}$

$$F_x = \dfrac{x}{x^2 + y^2} - \dfrac{-y}{x^2 + y^2} = \dfrac{x + y}{x^2 + y^2}; \quad F_y = \dfrac{y}{x^2 + y^2} - \dfrac{x}{x^2 + y^2} = \dfrac{y - x}{x^2 + y^2}$$

当 $x \neq y$ 时，有

$$\dfrac{\mathrm{d}y}{\mathrm{d}x} = -\dfrac{F_x}{F_y} = \dfrac{x + y}{x - y}$$

$$\dfrac{\mathrm{d}^2 y}{\mathrm{d}x^2} = \dfrac{\mathrm{d}}{\mathrm{d}x}\left(\dfrac{\mathrm{d}y}{\mathrm{d}x}\right) = \dfrac{\mathrm{d}}{\mathrm{d}x}\left(\dfrac{x + y}{x - y}\right) = \dfrac{(1 + y')(x - y) - (x + y)(1 - y')}{(x - y)^2}$$

$$= \dfrac{\left(1 + \dfrac{x + y}{x - y}\right)(x - y) - (x + y)\left(1 - \dfrac{x + y}{x - y}\right)}{(x - y)^2} = \dfrac{2(x^2 + y^2)}{(x - y)^2}$$

如果 $F$ 为 $C^{(1)}$ 类三元函数，方程 $F(x, y, z) = 0$ 能够确立一个单值连续且有连续偏导数的二元函数 $z = z(x, y)$（或者 $y = y(x, z)$、$x = x(y, z)$），那么等式：

$$F[x, y, z(x, y)] = 0$$

的左侧可看作一个二元复合函数，等式两侧先后对变量 $x$、$y$ 求偏导数，有：

$$\dfrac{\partial F}{\partial x} + \dfrac{\partial F}{\partial z} \cdot \dfrac{\partial z}{\partial x} = 0; \quad \dfrac{\partial F}{\partial y} + \dfrac{\partial F}{\partial z} \cdot \dfrac{\partial z}{\partial y} = 0$$

因为偏导数 $F_z$ 连续，若 $F_z(x_0, y_0, z_0) \neq 0$，在点 $(x_0, y_0, z_0)$ 的某邻域内 $F_z \neq 0$，于是：

$$\dfrac{\partial z}{\partial x} = -\dfrac{F_x}{F_z}; \quad \dfrac{\partial z}{\partial y} = -\dfrac{F_y}{F_z}$$

## 6.6  多元函数的极值问题

### 6.6.1  二元函数 $z = f(x, y)$ 的极值

在前面章节中区分了一元函数在"某点邻域内的极值"与在"区间上的最值"两个概念。类似地，多元函数的极值点一定是邻域的内点，在邻域内极值具有局部最值的性质。

定义：如果函数 $z = f(x, y)$ 在点 $P_0(x_0, y_0)$ 的某个邻域 $U(P_0)$ 内有定义。

对于该邻域内所有其他的点 $(x, y)$ 都有 $f(x, y) < f(x_0, y_0)$，则称函数 $z = f(x, y)$ 在 $P_0$ 点具有极大值 $f(x_0, y_0)$，称点 $P_0$ 为函数的一个极大值点。

若对于该邻域内所有其他的点 $(x, y)$ 都有 $f(x, y) > f(x_0, y_0)$，称函数 $z = f(x, y)$ 在 $P_0$ 点具有极小值 $f(x_0, y_0)$，称点 $P_0$ 为函数的一个极小值点。

显然，函数的极值点一定是函数定义域的内点。

例如：函数 $z = x^2 + 2y^2 - 3$，在点 $(0, 0)$ 处具有极小值 $-3$；

函数 $z = 2 - \sqrt{(x-1)^2 + y^2}$，在点 $(1, 0)$ 处具有极大值 $2$。

从极值点定义不难想象，曲面 $z = f(x, y)$ 在极值点 $(x_0, y_0)$ 处如果存在切平面，这个平面一定与坐标面 $z = 0$ 平行（见图 6-9）。

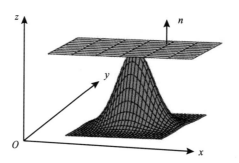

图 6-9  函数 $z = x^2 + 2y^2 - 3$ 的极值点图示

由于曲面 $z = f(x, y)$ 在点 $(x_0, y_0)$ 处切平面的法向量为

$$n = \{f_x(x_0, y_0), f_y(x_0, y_0), -1\}$$

要使 $n \parallel \hat{k}$，应当有

$$f_x(x_0, y_0) = f_y(x_0, y_0) = 0$$

一阶偏导数都为零的点，称为函数的驻点。但是函数的驻点不一定是函数的极值点。根据极值点的定义可以判断点 $(x_0, y_0)$ 是否是函数的极值点。

设 $h$、$k$ 为任意小的非零值，对于点 $(x_0, y_0)$ 来说，不论 $h$、$k$ 怎样变化，如果：

$$f(x_0 + h, y_0 + k) - f(x_0, y_0)$$

始终不改变符号，就可以确定点 $(x_0, y_0)$ 是极值点。

**【例题 6.6.1】** 以下函数

(1) $f(x, y) = 1 + x^2 + y^2$；(2) $f(x, y) = 1 - x^2 - 2y^2$；(3) $f(x, y) = x^2 - y^2$ 都以 $(0, 0)$ 为驻点，$(0, 0)$ 是极值点吗？

解：这三个函数都有 $f_x(0, 0) = f_y(0, 0) = 0$。设 $h$、$k$ 为任意小的非零值，对这三个函数分别考察

$$f(h, k) - f(0, 0)$$

（1）$f(h, k) - f(0, 0) = h^2 + k^2 > 0$，（0，0）是极值点，$f(0, 0) = 1$ 是函数极小值。

（2）$f(h, k) - f(0, 0) = -h^2 - 2k^2 < 0$，（0，0）是极值点，$f(0, 0) = 1$ 是函数极大值。

（3）$f(h, k) - f(0, 0) = h^2 - k^2$，符号可改变，（0，0）不是极值点。

【例题 6.6.2】（2017 年·考研数一第 17 题）已知函数 $y(x)$ 由方程 $x^3 + y^3 - 3x + 3y - 2 = 0$ 确定，求 $y(x)$ 的极值。

解：两边求导得：

$$3x^2 + 3y^2 y' - 3 + 3y' = 0 \qquad (1)$$

令 $y' = 0$ 得 $x = \pm 1$

对（1）式两边关于 $x$ 求导得 $6x + 6y(y')^2 + 3y^2 y'' + 3y'' = 0 \qquad (2)$

将 $x = \pm 1$ 代入原题给的等式中，得 $\begin{cases} x = 1 \\ y = 1 \end{cases}$ 或者 $\begin{cases} x = -1 \\ y = 0 \end{cases}$，

将 $x = 1$，$y = 1$ 代入（2）得 $y''(1) = -1 < 0$

将 $x = -1$，$y = 0$ 代入（2）得 $y''(-1) = 2 > 0$

故 $x = 1$ 为极大值点，$y(1) = 1$；$x = -1$ 为极小值点，$y(-1) = 0$

## 6.6.2　关于二元函数极值的两个定理

定理 1：（二元函数有极值的必要条件）设函数 $z = f(x, y)$ 在点（$x_0$，$y_0$）处有极值，且在点（$x_0$，$y_0$）处可偏导，则有

$$f_x(x_0, y_0) = f_y(x_0, y_0) = 0$$

证：设函数 $z = f(x, y)$ 在点 $P_0(x_0, y_0)$ 处有极大值，则在点 $P_0$ 的某个邻域内，除 $P_0$ 点外任意一点 $P(x, y)$ 的函数值都满足：

$$f(x, y) < f(x_0, y_0)$$

在该邻域内取 $y = y_0$ 而 $x \neq x_0$ 的点，也有：

$$f(x, y_0) < f(x_0, y_0)$$

这表明一元函数 $f(x, y_0)$ 在 $x = x_0$ 处取得极大值，根据 Fermat 引理，必有：

$$f_x(x_0, y_0) = 0$$

同理可证：

$$f_y(x_0, y_0) = 0$$

从几何意义上，曲面 $z = f(x, y)$ 若在点（$x_0$，$y_0$）处有切平面，其切平面必平行于 $xOy$ 坐标面。

推广到三元函数 $u = f(x, y, z)$ 在点（$x_0$，$y_0$，$z_0$）处有极值，且在点（$x_0$，$y_0$，$z_0$）处可偏导，则有：

$$f_x(x_0, y_0, z_0) = f_y(x_0, y_0, z_0) = f_z(x_0, y_0, z_0) = 0$$

从定理 1 可知，具有偏导数的函数的极值点必定是驻点，但是函数的驻点不一定是极值点。判断驻点是否是极值点需要下面这个定理。

定理 2：（二元函数有极值的充分条件）设函数 $z = f(x, y)$ 在其驻点 $(x_0, y_0)$ 的某个邻域内有二阶连续偏导数，令：

$$A = f_{xx}(x_0, y_0), \quad B = f_{xy}(x_0, y_0), \quad C = f_{yy}(x_0, y_0)$$

则，（1）当 $AC - B^2 > 0$ 时，$(x_0, y_0)$ 是极值点。如果 $A > 0$，$f(x_0, y_0)$ 是极小值；如果 $A < 0$，$f(x_0, y_0)$ 是极大值。

（2）当 $AC - B^2 < 0$ 时，$(x_0, y_0)$ 不是极值点。

（3）当 $AC - B^2 = 0$ 时，$(x_0, y_0)$ 是否是极值点需另作讨论。

证明从略。

二元函数 $z = f(x, y)$ 求极值的步骤如下：

（1）解方程组 $\begin{cases} f_x(x, y) = 0 \\ f_y(x, y) = 0 \end{cases}$，找出函数所有的驻点。

（2）求每个驻点处二阶偏导数的值 $A$、$B$、$C$。

（3）确定 $AC - B^2$ 的符号，依据定理 2 判断各驻点是否是极值点。

与一元函数类似，二元函数在个别点处的偏导数不存在（不可偏导点）也可能是极值点。例如，函数 $f(x, y) = -\sqrt{x^2 + y^2}$ 在 $(0, 0)$ 点的偏导数不存在，但是 $f(0, 0)$ 却是函数的极大值。

【例题 6.6.3】（2009 年·考研数三第 15 题）求二元函数 $f(x, y) = x^2(2 + y^2) + y\ln y$ 的极值。

解：$f_x'(x, y) = 2x(2 + y^2) = 0$，$f_y'(x, y) = 2x^2 y + \ln y + 1 = 0$，故 $x = 0$，$y = \dfrac{1}{e}$

$$f_{xx}'' = 2(2 + y^2), \quad f_{yy}'' = 2x^2 + \frac{1}{y}, \quad f_{xy}'' = 4xy$$

则 $f_{xx}'' \big|_{\left(0, \frac{1}{e}\right)} = 2\left(2 + \dfrac{1}{e^2}\right)$，$f_{xy}'' \big|_{\left(0, \frac{1}{e}\right)} = 0$，$f_{yy}'' \big|_{\left(0, \frac{1}{e}\right)} = e$

因为 $f_{xx}'' > 0$ 而 $(f_{xy}'')^2 - f_{xx}'' f_{yy}'' < 0$

所以二元函数存在极小值 $f\left(0, \dfrac{1}{e}\right) = -\dfrac{1}{e}$。

### 6.6.3 二元函数最值求法

有界闭区域上多元连续函数的性质：在有界闭区域 $D$ 上的多元连续函数必定在 $D$ 上有界，且一定有最大值和最小值。

使函数取得最值的点，既可能在区域 $D$ 的内部，也可能在 $D$ 的边界上。最值如果在区域 $D$ 的内部取得，它一定也是函数的极值点。因此需要将函数在区域 $D$ 内部的极值与区域 $D$ 边界上的函数值进行比较，以确定最值点和最值。

在实际问题中，如果知道函数的最值一定在区域 $D$ 的内部取得，且函数在 $D$ 内只有一个驻点，可以肯定，驻点的函数值就是最值。

**【例题 6.6.4】** 求函数 $f(x, y) = x^2 - 2xy + 2y$ 在矩形区域 $D = \{(x, y) \mid 0 \leq x \leq 3, 0 \leq y \leq 2\}$ 上的最大值和最小值。

解：由方程组 $\begin{cases} f_x = 2x - 2y = 0 \\ f_y = -2x + 2 = 0 \end{cases}$ 解出驻点为 $(1, 1)$，而 $f(1, 1) = 1$。

考察 $f(x, y) = x^2 - 2xy + 2y$ 在区域 $D$ 边界（矩形的 4 条边）上的函数值

$L_1$：$f(x, y) = f(x, 0) = x^2$　$(0 \leq x \leq 3)$，$0 \leq f \leq 9$

$L_2$：$f(x, y) = f(3, y) = 9 - 4y$　$(0 \leq y \leq 2)$，$1 \leq f \leq 9$

$L_3$：$f(x, y) = f(x, 2) = x^2 - 4x + 4 = (x-2)^2$　$(0 \leq x \leq 3)$，$0 \leq f \leq 4$

$L_4$：$f(x, y) = f(0, y) = 2y$　$(0 \leq y \leq 2)$，$0 \leq f \leq 4$

显然在区域 $D$ 上函数的最大值和最小值都在边界上：

$$f_{\max} = f(3, 0) = 9, \quad f_{\min} = f(0, 0) = f(2, 2) = 0$$

**【例题 6.6.5】** 求函数 $f(x, y) = 1 + xy - x - y$ 在有界区域 $D$ 上的最值，区域 $D$ 由曲线 $y = x^2$ 和 $y = 4$ 围成。

解：由方程组 $\begin{cases} f_x = y - 1 = 0 \\ f_y = x - 1 = 0 \end{cases}$ 求出驻点 $(1, 1)$，这点恰在区域 $D$ 上的边界曲线 $y = x^2$ 上。在这条曲线上，函数化为一元函数：

$$f(x, y) = f(x, x^2) = x^3 - x^2 - x + 1 \quad (-2 \leq x \leq 2)$$

由 $f'(x) = 3x^2 - 2x - 1 = 0$，可求出该曲线上的两个可疑极值点 $x = -1$，$-\dfrac{1}{3}$，再考虑曲线两个端点 $x = \pm 2$，这 4 点的函数值分别为：

$$f(-2, 4) = -9, \ f(-1, 1) = 0, \ f\left(-\frac{1}{3}, \frac{1}{9}\right) = \frac{32}{27}, \ f(2, 4) = 3$$

在边界线 $y = 4$ 上，函数化为 $f(x, y) = f(x, 4) = 3x - 3$（$-2 \leq x \leq 2$），其最大值、最小值就在两个端点 $x = \pm 2$ 上。

经过比较，函数 $f(x, y) = 1 + xy - x - y$ 在区域 $D$ 上的最值为：

$$f_{\min} = f(-2, 4) = -9, \quad f_{\max} = f(2, 4) = 3$$

**【例题 6.6.6】**（2016 年·考研数二第 6 题）设 $u(x, y)$ 在平面有界闭区域 $D$ 上连续，在 $D$ 的内部具有二阶连续偏导数，且满足 $\dfrac{\partial^2 u}{\partial x \partial y} \neq 0$ 及 $\dfrac{\partial^2 u}{\partial x^2} + \dfrac{\partial^2 u}{\partial y^2} = 0$，则（　　　）。

A. $u(x, y)$ 的最大值点和最小值点必定都在区域 $D$ 的边界上

B. $u(x, y)$ 的最大值点和最小值点必定都在区域 $D$ 的内部

C. $u(x, y)$ 的最大值点在区域 $D$ 的内部，最小值点在区域 $D$ 的边界上

D. $u(x, y)$ 的最小值点在区域 $D$ 的内部，最大值点在区域 $D$ 的边界上

解：$u(x, y)$ 在平面有界闭区域 $D$ 上连续，所以 $u(x, y)$ 在 $D$ 内必然有最大值和

最小值。并且如果在内部存在驻点 $(x_0, y_0)$，也就是 $\dfrac{\partial u}{\partial x} = \dfrac{\partial u}{\partial y} = 0$，在这个点处 $A = \dfrac{\partial^2 u}{\partial x^2}$，

$C = \dfrac{\partial^2 u}{\partial y^2}$，$B = \dfrac{\partial^2 u}{\partial x \partial y} = \dfrac{\partial^2 u}{\partial y \partial x}$，由条件 $AC - B^2 < 0$，显然 $u(x, y)$ 不是极值点，当然也不是

最值点，所以 $u(x, y)$ 的最大值点和最小值点必定都在区域 $D$ 的边界上。所以应该

选 A。

**【例题 6.6.7】** 某企业生产 $A$、$B$ 两种产品，总成本函数为

$$C(x, y) = 4.5x^2 + 3y^2$$

其中，$x$、$y$ 分别是 $A$、$B$ 两种产品的市场投放量（万件）。市场销量又是各自定价 $u$、$v$

的函数 $x^2 = 30 - u$，$y^2 = 45 - v$，求两种产品的产量 $x$、$y$ 为多少时，企业利润最大。

解：企业利润

$$
\begin{aligned}
L(x, y) &= xu + yv - C(x, y) \\
&= x(30 - x^2) + y(45 - y^2) - (4.5x^2 + 3y^2) \\
&= -x^3 - 4.5x^2 + 30x - y^3 - 3y^2 + 45y
\end{aligned}
$$

由方程组 $\begin{cases} L_x = -3x^2 - 9x + 30 = 0 \\ L_y = -3y^2 - 6y + 45 = 0 \end{cases}$，$(0 < x < \sqrt{30}, \ 0 < y < \sqrt{45})$ 解出函数在定义域

内唯一的驻点 $(2, 3)$，即生产 $A$ 产品 2 万件，生产 $B$ 产品 3 万件，企业可获得最大利

润，此时 $A$、$B$ 两种产品的定价分别为：

$u = 30 - x^2 = 26$（元），$v = 45 - y^2 = 36$（元）

企业最大利润：

$L(2, 3) = 2 \times 26 + 3 \times 36 - (4.5 \times 2^2 + 3 \times 3^2) = 115$（万元）

在以上讨论的一类极值问题中，最终的目标函数的各自变量在定义域内是独立变化

的，并无附加的约束条件，称为无条件极值问题。

### 6.6.4 条件极值、Lagrange 乘数法

**【例题 6.6.8】** 求椭圆 $x^2 + \dfrac{y^2}{2} = 1$ 上与直线 $2x + y - 4 = 0$ 距离最近与最远的点。

分析：点 $P(x, y)$ 到直线 $2x + y - 4 = 0$ 的距离 $d$ 为：

$$d(x, y) = \frac{|2x + y - 4|}{\sqrt{2^2 + 1^2}}$$

仅有这个目标函数还不够，题目要求点 $P$ 在椭圆上，即 $x$、$y$ 必须满足方程：

$$x^2 + \frac{y^2}{2} = 1$$

这是对自变量的约束条件。

有时可以从对自变量的约束条件中解出两个自变量之间的显函数关系，代入目标函

数，化为无条件的极值问题。更多情况无须进行这种转化，可以直接求出条件极值点。

如何求目标函数 $z = f(x, y)$ 在约束条件 $\varphi(x, y) = 0$ 下取得的极值呢？我们做如下分析。

约束方程 $\varphi(x, y) = 0$ 的存在，事实上确定了一个隐函数 $y = y(x)$，这意味着受到约束的目标函数 $z = f(x, y)$ 最终仅仅是自变量 $x$ 的一元函数，即：

$$z = f(x, y) = f[x, y(x)]$$

如果 $P_0(x_0, y_0)$ 是一个条件极值点，表示一元复合函数 $z = f[x, y(x)]$ 在点 $P_0$ 处取得极值。当然，全导数 $\dfrac{dz}{dx}\Big|_{P_0} = 0$，即：

$$f_x(x_0, y_0) + f_y(x_0, y_0)\dfrac{dy}{dx}\Big|_{P_0} = 0$$

根据隐函数求导公式 $\dfrac{dy}{dx}\Big|_{P_0} = -\dfrac{\varphi_x(x_0, y_0)}{\varphi_y(x_0, y_0)}$，有：

$$\frac{f_x(x_0, y_0)}{\varphi_x(x_0, y_0)} = \frac{f_y(x_0, y_0)}{\varphi_y(x_0, y_0)}$$

得到这个结果的先决条件是：函数 $f(x, y)$ 与 $\varphi(x, y)$ 都在点 $P_0$ 的某个邻域里可微，并且 $\varphi_x(x_0, y_0) \neq 0$、$\varphi_y(x_0, y_0) \neq 0$。设等比式的比值为一个未定的乘数 $-\lambda$，

$$\frac{f_x(x_0, y_0)}{\varphi_x(x_0, y_0)} = \frac{f_y(x_0, y_0)}{\varphi_y(x_0, y_0)} = -\lambda$$

将等比式改写成以下两个方程：

$$f_x(x_0, y_0) + \lambda\varphi_x(x_0, y_0) = 0$$
$$f_y(x_0, y_0) + \lambda\varphi_y(x_0, y_0) = 0$$

受到附加条件 $\varphi(x, y) = 0$ 约束的目标函数 $z = f(x, y)$ 在点 $P_0$ 处取得的极值的必要条件归结为：$P_0$ 点的坐标 $(x_0, y_0)$ 以及未定乘数 $\lambda$ 是方程组

$$\begin{cases} f_x(x, y) + \lambda\varphi_x(x, y) = 0 \\ f_y(x, y) + \lambda\varphi_y(x, y) = 0 \\ \varphi(x, y) = 0 \end{cases}$$

的根。换言之，$(x_0, y_0, \lambda)$ 是用目标函数与约束条件共同构造的以 $x$、$y$、$\lambda$ 为自变量的三元函数 $L(x, y, \lambda) = f(x, y) + \lambda\varphi(x, y)$ 的驻点。因为

$$L_x(x_0, y_0, \lambda) = 0,\ 即 f_x(x_0, y_0) + \lambda\varphi_x(x_0, y_0) = 0$$
$$L_y(x_0, y_0, \lambda) = 0,\ 即 f_y(x_0, y_0) + \lambda\varphi_y(x_0, y_0) = 0$$
$$L_\lambda(x_0, y_0, \lambda) = 0,\ 即 \varphi(x_0, y_0) = 0$$

Lagrange 乘数法：求目标函数 $z = f(x, y)$ 在约束条件 $\varphi(x, y) = 0$ 下的可能极值点，需要先构造一个辅助函数：$L(x, y, \lambda) = f(x, y) + \lambda\varphi(x, y)$ 其中，未定乘数 $\lambda$ 也是一个变量，三元函数 $L(x, y, \lambda)$ 称为 Lagrange 函数。

先通过求解方程组

$$\begin{cases} L_x = 0 \\ L_y = 0, \\ L_\lambda = 0 \end{cases} 即 \begin{cases} f_x(x, y) + \lambda\varphi_x(x, y) = 0 \\ f_y(x, y) + \lambda\varphi_y(x, y) = 0 \\ \varphi(x, y) = 0 \end{cases}$$

确定 Lagrange 函数的驻点。把得到的 $(x_0, y_0)$ 作为目标函数 $z = f(x, y)$ 在约束条件 $\varphi(x, y) = 0$ 下的可能极值点。

继续【例题 6.6.8】，把目标函数设为：

$$d = f(x, y) = \frac{|2x + y - 4|}{\sqrt{5}}$$

约束方程为：

$$\varphi(x, y) = x^2 + \frac{y^2}{2} - 1 = 0$$

考虑目标函数可能出现的两种情况，分别作辅助函数：

$$L_1 = \frac{2x + y - 4}{\sqrt{5}} + \lambda\left(x^2 + \frac{y^2}{2} - 1\right) \text{ 及 } L_2 = \frac{-(2x + y - 4)}{\sqrt{5}} + \lambda\left(x^2 + \frac{y^2}{2} - 1\right)$$

对于第一种情况，求解方程组：

$$L_{1x} = \frac{2}{\sqrt{5}} + 2\lambda x = 0, \quad L_{1y} = \frac{1}{\sqrt{5}} + \lambda y = 0$$

$$\varphi = x^2 + \frac{y^2}{2} - 1 = 0$$

解出 $x = y$，代入上式，得到可能极值点坐标为

$$x_0 = y_0 = \pm\sqrt{2/3} \approx \pm 0.82$$

椭圆 $x^2 + \frac{y^2}{2} = 1$ 上与直线 $2x + y = 4$ 距离最近的点为 $(\sqrt{2/3}, \sqrt{2/3})$，最远的点为 $(-\sqrt{2/3}, -\sqrt{2/3})$。

对于第二种情况将解出 $x = -y$，不是最值点。

【例题 6.6.9】求函数 $f(x, y, z) = xyz$ 在附加条件 $x^2 + 2y^2 + 3z^2 = 6$ 下的最大值和最小值。

解：作辅助函数：

$$L = xyz + \lambda(x^2 + 2y^2 + 3z^2 - 6)$$

求解方程组：

$$L_x = yz + 2\lambda x = 0, \quad L_y = xz + 4\lambda y = 0, \quad L_z = xy + 6\lambda z = 0$$

$$L_\lambda = x^2 + 2y^2 + 3z^2 - 6 = 0$$

联立前三个方程，得 $x^2 = 2y^2 = 3z^2$，代入末式，解出

$$x = \pm\sqrt{2}, \quad y = \pm 1, \quad z = \pm\sqrt{2/3}$$

得到 $2^3 = 8$ 个可疑极值点，然而这些点处的目标函数值只有两种，所以

$$f_{\max} = \frac{2}{\sqrt{3}}, \quad f_{\min} = -\frac{2}{\sqrt{3}}$$

【例题 6.6.10】将正数 $a$ 分成三个非负数之和，求它们的平方和的最值。

解：设这三个非负数分别为 $x$、$y$、$z$，显然 $0 \le x, y, z \le a$。

目标函数为它们的平方和：

$$f(x,\ y,\ z) = x^2 + y^2 + z^2$$

约束条件是：

$$\varphi(x,\ y,\ z) = x + y + z - a = 0$$

作辅助函数：

$$L = x^2 + y^2 + z^2 + \lambda(x + y + z - a)$$

解方程组：

$$2x + \lambda = 0,\ 2y + \lambda = 0,\ 2z + \lambda = 0,\ x + y + z = a$$

得函数 $L(x,\ y,\ z,\ \lambda)$ 的驻点为 $\left(\dfrac{a}{3},\ \dfrac{a}{3},\ \dfrac{a}{3},\ -\dfrac{2a}{3}\right)$，则目标函数的最小值为 $\dfrac{a^2}{3}$。

目标函数的最大值点落在定义域的边界上：

$$f_{\max} = f(a,\ 0,\ 0) = f(0,\ a,\ 0) = f(0,\ 0,\ a) = a^2$$

【例题 6.6.11】 在椭圆 $x^2 + 3y^2 = 12$ 内部作底边平行于长轴的内接等腰三角形，求最大面积。

解：设内接等腰三角形底边与椭圆一个交点的横坐标为 $x$（$0 < x < 2\sqrt{3}$，$-2 \leqslant y \leqslant 2$），则三角形面积：

$$S = S(x,\ y) = x(2 - y)$$

此交点应满足约束方程：

$$x^2 + 3y^2 = 12$$

作辅助函数：

$$L = x(2 - y) + \lambda(x^2 + 3y^2 - 12)$$

联立以下方程：

$$2 - y + 2\lambda x = 0,\ -x + 6\lambda y = 0$$

消去 $\lambda$，求出 $x^2 - 3y^2 + 6y = 0$，再与约束方程 $x^2 + 3y^2 = 12$ 联立，得到方程：

$$y^2 - y - 2 = 0$$

解出 $y_1 = -1$，$y_2 = 2$（在边界上）。辅助函数 $L$ 的驻点为（3，－1）。内接等腰三角形的最大面积为

$$S_{\max} = S(3,\ -1) = 9$$

【例题 6.6.12】 求点 $P_0(x_0,\ y_0,\ z_0)$ 到平面 $\pi$：$Ax + By + Cz + D = 0$ 的最短距离，（$P_0 \notin \pi$）。

解：在平面 $\pi$ 上任取一点 $P(x,\ y,\ z)$，以距离 $d = \overline{P_0 P}$ 的平方为目标函数：

$$f(x,\ y,\ z) = d^2 = (x - x_0)^2 + (y - y_0)^2 + (z - z_0)^2$$

约束方程为：$Ax + By + Cz + D = 0$

作辅助函数：

$$L = (x - x_0)^2 + (y - y_0)^2 + (z - z_0)^2 + \lambda(Ax + By + Cz + D)$$

联立以下方程：

$$2(x - x_0) + \lambda A = 0 \qquad ①$$

$$2(y - y_0) + \lambda B = 0 \qquad\qquad ②$$

$$2(z - z_0) + \lambda C = 0 \qquad\qquad ③$$

得距离：

$$d = \sqrt{(x - x_0)^2 + (y - y_0)^2 + (z - z_0)^2} = \frac{|\lambda|}{2}\sqrt{A^2 + B^2 + C^2}$$

再与约束方程联立，以确定未定乘数 $\lambda$。由 A×①式 + B×②式 + C×③式，得：

$$Ax + By + Cz - (Ax_0 + By_0 + Cz_0) = -\frac{\lambda}{2}(A^2 + B^2 + C^2)$$

$$D + Ax_0 + By_0 + Cz_0 = \frac{\lambda}{2}(A^2 + B^2 + C^2)$$

解出 $\dfrac{\lambda}{2} = \dfrac{Ax_0 + By_0 + Cz_0 + D}{A^2 + B^2 + C^2}$，最短距离：

$$d_{min} = \frac{|Ax_0 + By_0 + Cz_0 + D|}{\sqrt{A^2 + B^2 + C^2}}$$

**【例题 6.6.13】** 设某工艺品的总价值是原料的千克数 $x$ 与加工时间的小时数 $y$ 的函数

$$f(x, y) = 6 \times 10^4 x^{\frac{1}{4}} y^{\frac{3}{4}}$$

若每千克原料需 2000 元，每小时加工费 1000 元。现筹集了 800 万元的资金，如何采购原料安排加工时间才能获得最大产出。

解：为求在约束条件 $2000x + 1000y = 8000000$ 下的最大产出，构造辅助函数：

$$L = 60000 x^{\frac{1}{4}} y^{\frac{3}{4}} + \lambda(2000x + 1000y - 8000000)$$

求解方程组：

$$L_x = 1500\left(\frac{y}{x}\right)^{\frac{3}{4}} + 2000\lambda = 0, \quad L_y = 4500\left(\frac{x}{y}\right)^{\frac{1}{4}} + 1000\lambda = 0$$

将得到的 $y = 6x$，代入约束条件解出：

$$x = 1000, \quad y = 6000$$

在总资金 800 万元确定的条件下，采购原料 1000 千克与安排加工时间 6000 小时才能获得最大产出。

**【例题 6.6.14】** 若 $x_1, x_2, \cdots, x_n$ 都是非负变量，求函数 $f(x_1, x_2, \cdots, x_n) = x_1 + x_2 + \cdots + x_n$ 在 $x_1^2 + x_2^2 + \cdots + x_n^2 = 1$ 条件下的最值。

解：作辅助函数：

$$L = x_1 + x_2 + \cdots + x_n + \lambda(x_1^2 + x_2^2 + \cdots + x_n^2)$$

方程组：

$$L_{x_1} = 0 \quad 1 + 2\lambda x_1 = 0$$

$$L_{x_2} = 0 \quad 1 + 2\lambda x_2 = 0$$

$$\cdots$$

$$L_{x_n} = 0 \quad 1 + 2\lambda x_n = 0$$
$$L_\lambda = 0 \quad x_1^2 + x_2^2 + \cdots + x_n^2 - 1 = 0$$

的解为：

$$x_1 = x_2 = \cdots = x_n = \frac{\sqrt{n}}{n}$$

显然：

$$f_{\max} = \sqrt{n} \quad f_{\min} = 1$$

Lagrange 乘数法还可以推广到目标函数的自变量多于两个，约束条件多于一个的情形。

例如求函数 $u = f(x, y, z)$ 在两个约束条件 $\varphi(x, y, z) = 0$ 与 $\psi(x, y, z) = 0$ 下的可能极值点。

构造辅助函数：

$$L(x, y, z, \lambda_1, \lambda_2) = f(x, y, z) + \lambda_1 \varphi(x, y, z) + \lambda_2 \psi(x, y, z)$$

$\lambda_1$、$\lambda_2$ 是两个相互独立的未定乘数。可能极值点的坐标 $(x_0, y_0, z_0)$ 与两个乘数由方程组：

$$L_x = f_x(x, y, z) + \lambda_1 \varphi_x(x, y, z) + \lambda_2 \psi_x(x, y, z) = 0$$
$$L_y = f_y(x, y, z) + \lambda_1 \varphi_y(x, y, z) + \lambda_2 \psi_y(x, y, z) = 0$$
$$L_z = f_z(x, y, z) + \lambda_1 \varphi_z(x, y, z) + \lambda_2 \psi_z(x, y, z) = 0$$
$$L_{\lambda_1} = \varphi(x, y, z) = 0, \quad L_{\lambda_2} = \psi(x, y, z) = 0$$

确定。

## 6.7　多元函数积分学

### 6.7.1　多元函数积分学的概念

几何形体 $\Omega$ 上的 Riemann 积分：设函数 $f(P)$ 定义在可度量的几何形体 $\Omega$ 上（$P \in \Omega$）。

将 $\Omega$ 任意分割为 $n$ 个可度量的小块，把它们的度量记为 $\Delta\Omega_i (i = 1, 2, \cdots, n)$，在 $\Delta\Omega_i$ 中任取一点 $P_i$，将所有 $f(P_i)\Delta\Omega_i$ 累加，作 Riemann 和式：

$$\sum_{i=1}^n f(P_i)\Delta\Omega_i$$

如果不论对 $\Omega$ 怎样分划，也不论在 $\Delta\Omega_i$ 中怎样选取 $P_i$，只要所有子区域直径的最大值 $\lambda$ 趋于零时，这个和式恒有极限 $I$，则称此极限为函数 $f(P)$ 在几何形体 $\Omega$ 上的 Riemann 积分，记为：

$$I = \int_\Omega f(P)\mathrm{d}\Omega = \lim_{\lambda \to 0} \sum_{i=1}^n f(P_i)\Delta\Omega_i$$

这时，也称函数 $f(P)$ 在几何形体 $\Omega$ 上可积。

依次可以给出二重积分概念：如果几何形体 $\Omega$ 是一块可求面积的平面图形，且有界闭区域 $D$ 在 $xOy$ 平面上。那么，$d\Omega = d\sigma$，函数 $f(P) = f(x, y)$ 在闭区域 $D$ 上的 Riemann 积分称为二重积分，记为：

$$\iint_D f(x, y)\,d\sigma = \lim_{\lambda \to 0} \sum_{i=1}^{n} f(x_i, y_i)\Delta\sigma_i$$

其中，$x$、$y$ 称为积分变量，$f(x, y)$ 称为被积函数，$d\sigma$ 称为面积元素，$f(x, y)\,d\sigma$ 称为被积表达式，$D$ 称为积分区域。

类似的还有三重积分概念：如果 $\Omega$ 是空间有界区域，那么，$d\Omega = dV$，函数 $f(P) = f(x, y, z)$ 在闭区域 $\Omega$ 上的 Riemann 积分称为三重积分，记为：

$$\iiint_\Omega f(x, y, z)\,dV = \lim_{\lambda \to 0} \sum_{i=1}^{n} f(x_i, y_i, z_i)\Delta V_i$$

其中，$x$，$y$，$z$ 称为积分变量，$f(x, y, z)$ 称为被积函数，$dV$ 称为体积元素，$f(x, y, z)dV$ 称为被积表达式，$\Omega$ 称为积分区域。

### 6.7.2  二重积分

#### 6.7.2.1  二重积分及其几何意义

如图 $6-10$ 所示，是一个以 $xOy$ 平面上的闭区域 $D$ 为底，侧面是以 $D$ 的边界曲线为准线，母线平行于 $Oz$ 轴的柱面，顶是曲面 $z = f(x, y)$ 的曲顶柱体，这里假设 $f(x, y) > 0$ 且在 $D$ 上连续。曲顶柱体与平顶柱体的区别在于当动点 $(x, y)$ 在 $D$ 上移动时，柱体的高度不是常量，而是连续变量 $f(x, y)$。

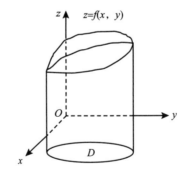

图 $6-10$  函数 $z = f(x, y)$ 的二重积分图例

为求该柱体的体积，将区域 $D$ 任意分割为 $N$ 个小块 $\Delta\sigma_i (i = 1, 2, \cdots, N)$，以所有的分割线为准线，作母线平行于 $Oz$ 轴的柱面，把曲顶柱体划分成 $N$ 个细小的曲顶柱体。在小块 $\Delta\sigma_i$ 内任取一点 $P_i(x_i, y_i)$，用细小平顶柱体体积 $f(x_i, y_i)\Delta\sigma_i$ 作为这个细

小曲顶柱体体积的近似值。显然，这 $N$ 个细小柱体的体积之和 $\sum\limits_{i=1}^{N} f(x_i, y_i)\Delta\sigma_i$ 可以认为是整个曲顶柱体体积的近似值，若取这 $N$ 个小块 $\Delta\sigma_i (i=1, 2, \cdots, N)$ 中直径（以 $\lambda_i$ 表示直径）最大值趋于零，即：

$$\lambda = \max\{\lambda_1, \lambda_2, \cdots, \lambda_i, \cdots, \lambda_n\} \to 0$$

取上述和的极限，若这个极限存在，则该极限定义为曲顶柱体的体积，即：

$$V = \lim_{\lambda \to 0} \sum_{i=1}^{N} f(P_i)\Delta\sigma_i = \lim_{\lambda \to 0} \sum_{i=1}^{N} f(x_i, y_i)\Delta\sigma_i$$

这正是函数 $f(x, y)$ 在区域 $D$ 上 Riemann 和的极限，称为函数 $f(x, y)$ 在区域 $D$ 上二重积分，即：

$$\iint_D f(x, y)\,\mathrm{d}\sigma = \lim_{\lambda \to 0} \sum_{i=1}^{N} f(P_i)\Delta\sigma_i = \lim_{\lambda \to 0} \sum_{i=1}^{N} f(x_i, y_i)\Delta\sigma_i$$

显然，二重积分 $\iint_D f(x, y)\,\mathrm{d}\sigma$ 的几何意义就是：以闭区域 $D$ 为底，曲面 $z = f(x, y)$ 所覆盖的曲顶柱体体积。

如果 $f(x, y) > 0 (x, y) \in D$，体积是正值；如果 $f(x, y) < 0 (x, y) \in D$，只要将 $xOy$ 平面以下的体积视为负值即可。

#### 6.7.2.2　二重积分的性质

定积分的性质几乎都可以推广到二重积分。

设函数 $f(x, y)$ 在 $xOy$ 平面内的有界闭区域 $D$ 上可积。

（1）若 $f(x, y) \equiv 1$，则 $\iint_D \mathrm{d}\sigma = \sigma$，$\sigma$ 是积分区域 $D$ 的面积。

（2）线性性质。

若函数 $g(x, y)$ 也在区域 $D$ 上可积，则：

$$\iint_D [f(x, y) + g(x, y)]\,\mathrm{d}\sigma = \iint_D f(x, y)\,\mathrm{d}\sigma + \iint_D g(x, y)\,\mathrm{d}\sigma$$

若 $k$ 为常数，则：

$$\iint_D kf(x, y)\,\mathrm{d}\sigma = k\iint_D f(x, y)\,\mathrm{d}\sigma$$

（3）对积分区域具有可加性。

如果 $D = D_1 \cup D_2$，且 $D_1 \cap D_2 = \varnothing$，则：

$$\iint_D f(x, y)\,\mathrm{d}\sigma = \iint_{D_2} f(x, y)\,\mathrm{d}\sigma + \iint_{D_2} f(x, y)\,\mathrm{d}\sigma$$

（4）保号性质。

如果 $\forall (x, y) \in D$，都有 $f(x, y) \geqslant 0$，则：

$$\iint_D f(x, y)\,\mathrm{d}\sigma \geqslant 0$$

（5）保序性质。

如果 $\forall (x, y) \in D$，都有 $f(x, y) \le g(x, y)$，则：

$$\iint_D f(x, y)\mathrm{d}\sigma \le \iint_D g(x, y)\mathrm{d}\sigma$$

推论：$\left| \iint_D f(x, y)\mathrm{d}\sigma \right| \le \iint_D |f(x, y)|\mathrm{d}\sigma$

证：由于 $-|f(x, y)| \le f(x, y) \le |f(x, y)|$，故：

$$-\iint_D |f(x, y)|\mathrm{d}\sigma \le \iint_D f(x, y)\mathrm{d}\sigma \le \iint_D |f(x, y)|\mathrm{d}\sigma$$

即：

$$\left| \iint_D f(x, y)\mathrm{d}\sigma \right| \le \iint_D |f(x, y)|\mathrm{d}\sigma$$

（6）估值不等式。

如果 $\forall (x, y) \in D$，都有 $m \le f(x, y) \le M$，且 $\iint_D \mathrm{d}\sigma = \sigma$，则：

$$m\sigma \le \iint_D f(x, y)\mathrm{d}\sigma \le M\sigma$$

（7）中值定理。

若函数 $f(x, y)$ 在闭区域 $D$ 上连续，则在 $D$ 上至少存在一点 $(\xi, \eta)$ 使得：

$$\iint_D f(x, y)\mathrm{d}\sigma = f(\xi, \eta)\sigma$$

$\sigma$ 是积分区域 $D$ 的面积。

证：由二重积分的估值不等式 $m \le \dfrac{1}{\sigma}\iint_D f(x, y)\mathrm{d}\sigma \le M, m \, M$ 分别是区域 $D$ 上 $f(x, y)$

的最小值和最大值。可知 $\dfrac{1}{\sigma}\iint_D f(x, y)\mathrm{d}\sigma$ 是介于最大值和最小值之间的一个数值。

根据闭区域上多元连续函数的介值定理：闭区域 $D$ 上至少有一点例如 $(\xi, \eta)$ 取此值，即有：

$$f(\xi, \eta) = \frac{1}{\sigma}\iint_D f(x, y)\mathrm{d}\sigma$$

故在 $D$ 上至少存在一点 $(\xi, \eta)$ 使得 $\iint_D f(x, y)\mathrm{d}\sigma = f(\xi, \eta)\sigma$。

【例题 6.7.1】比较以下两个二重积分的大小。

$$I_1 = \iint_D \ln(x + y)\mathrm{d}\sigma \text{ 与 } I_2 = \iint_D \ln^2(x + y)\mathrm{d}\sigma$$

（1）$D$ 是三个顶点分别为 $(1, 0)$、$(1, 1)$、$(2, 0)$ 的三角形区域；

（2）$D = [3, 5] \times [0, 1]$

解：（1）$\forall (x, y) \in D$，有 $1 \le x + y \le 2$，则：

$$0 \le \ln(x + y) < 1, \quad \ln(x + y) > \ln^2(x + y)$$

故：

$$I_1 > I_2$$

### 6.7.2.3　在直角坐标系中计算二重积分

$f(x, y)$ 在区域 $D$ 上二重积分 $\iint_D f(x, y)\mathrm{d}\sigma$ 计算方法来自对相应曲顶柱体体积计算过程的分析。解决的思路是以单变量积分为基础，将二重积分转化为二次单积分。

简明起见，假设 $f(x, y) > 0$　$(x, y) \in D$，但所得结论不受此条件的限制。

先考虑由不等式组：

$$y_1(x) \leq y \leq y_2(x) \quad a \leq x \leq b$$

确定的积分区域 $D$，也就是如图 6-11 所示的曲顶柱体底。它的特点是穿过 $D$ 内部且垂直于 $x$ 轴的直线与 $D$ 边界的交点不超过两个，边界线函数 $y_1(x)$、$y_2(x)$ 在区间 $[a, b]$ 上连续。

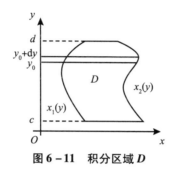

**图 6-11　积分区域 $D$**

用一系列垂直于 $x$ 轴的平面对曲顶柱体作"切片"式分割。平面 $x = x_0$ 截曲顶柱体所得截面图形是一个曲边梯形，底边平行于 $y$ 轴，以 $[y_1(x_0), y_2(x_0)]$ 为区间，两侧平行于 $z$ 轴，曲线 $z = f(x_0, y)$ 为曲边梯形的曲边，如图 6-12 所示。这个曲边梯形的面积对变量 $y$ 进行的定积分：

$$A(x_0) = \int_{y_1(x_0)}^{y_2(x_0)} f(x_0, y)\mathrm{d}y$$

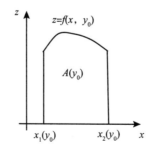

**图 6-12　函数 $z = f(x - y_0)$ 的积分区域**

由 $x = x_0$ 和 $x = x_0 + \mathrm{d}x$ 两平面从曲顶柱体切出的薄片体积为（微元法）。

$$A(x_0)\mathrm{d}x = \mathrm{d}x\int_{y_1(x_0)}^{y_2(x_0)} f(x_0, y)\mathrm{d}y$$

曲顶柱体体积是所有这些薄片体积的叠加。这里平行截面面积成为变量 $x$ 的已知函数：

$$A(x) = \int_{y_1(x)}^{y_2(x)} f(x, y)\,\mathrm{d}y$$

将 $A(x)$ 在区间 $[a, b]$ 上作定积分即可得出立体体积：

$$\int_a^b A(x)\,\mathrm{d}x$$

在积分区域 $D$ 由不等式组 $y_1(x) \leqslant y \leqslant y_2(x)$，$a \leqslant x \leqslant b$ 确定的情况下，二重积分化作两次单积分：

$$\iint_D f(x, y)\,\mathrm{d}\sigma = \int_a^b \mathrm{d}x \int_{y_1(x)}^{y_2(x)} f(x, y)\,\mathrm{d}y$$

作第一个积分时，固定变量 $x$，把函数 $f(x, y)$ 视为变量 $y$ 的一元函数，对 $y$ 作积分，其下限为函数 $y_1(x)$ 上限为函数 $y_2(x)$。第一次积分得到的以 $x$ 为自变量的函数 $A(x)$。然后将 $A(x)$ 在区间 $[a, b]$ 上对 $x$ 作定积分。这种积分顺序是由积分区域的性质决定的。

若积分区域 $D$ 由不等式组：

$$x_1(y) \leqslant x \leqslant x_2(y) \quad c \leqslant y \leqslant d$$

确定，如图 6-12 所示。穿过 $D$ 内部且垂直于 $y$ 轴的直线与 $D$ 边界的交点不超过两个，且边界线函数 $x_1(y)$、$x_2(y)$ 在区间 $[c, d]$ 上连续。

在这种情况下，第一步是用垂直于 $y$ 轴的平面对曲顶柱体作"切片"式分割。

平面 $y = y_0$ 与曲顶柱体相截所得曲边梯形的面积为变量 $x$ 从"入口" $x_1(y_0)$ 到"出口" $x_2(y_0)$ 的定积分：

$$A(y_0) = \int_{x_1(y_0)}^{x_2(y_0)} f(x, y_0)\,\mathrm{d}x$$

被 $y = y_0$ 和 $y = y_0 + \mathrm{d}y$ 两平行平面从曲顶柱体中切出的薄片体积为：

$$A(y_0)\,\mathrm{d}y = \mathrm{d}y \int_{x_1(y_0)}^{x_2(y_0)} f(x, y_0)\,\mathrm{d}x$$

曲顶柱体体积是所有这些薄片体积的叠加，平行截面面积写成变量 $y$ 的函数：

$$A(y) = \int_{x_1(y)}^{x_2(y)} f(x, y)\,\mathrm{d}x$$

将 $A(y)$ 在区间 $[c, d]$ 上作定积分即可得出立体体积：

$$\int_c^d A(y)\,\mathrm{d}y$$

当积分区域 $D$ 由不等式组 $x_1(y) \leqslant x \leqslant x_2(y) \quad c \leqslant y \leqslant d$ 确定时，二重积分转化为两次单积分：

$$\iint_D f(x, y)\,\mathrm{d}\sigma = \int_c^d \mathrm{d}y \int_{x_1(y)}^{x_2(y)} f(x, y)\,\mathrm{d}x$$

作第一个积分时，固定变量 $y$，把函数 $f(x, y)$ 视为变量 $x$ 的一元函数，对 $x$ 作积分，其下限为函数 $x_1(y)$ 上限为函数 $x_2(y)$。第一次积分得到的以 $y$ 为自变量的函数

$A(y)$。然后将 $A(y)$ 在区间 $[c, d]$ 上对 $y$ 作定积分。

对比两种情况，当二重积分的积分区域表示为 $D = \{(x, y) \mid y_1(x) \leqslant y(x) \leqslant y_2(x)$，$a \leqslant x \leqslant b\}$ 时，称其为 $x$ 型积分区域。如果表示为 $D = \{(x, y) \mid x_1(y) \leqslant x(y) \leqslant x_2(y)$，$c \leqslant y \leqslant d\}$ 时，称其为 $y$ 型积分区域。

把二重积分化作二次积分时，要考察积分区域的形状，确定积分顺序，正确写出第一次积分的积分限函数是转换的关键步骤。

**【例题 6.7.2】** 计算二重积分。

(1) $\iint_D xy \mathrm{d}\sigma$，积分区域 $D$ 是直线 $x = 2$，$y = 1$，$y = x$ 围成的三角形。

解：①积分区域 $D$ 按 $x$ 型表示：$1 \leqslant y \leqslant x$，$1 \leqslant x \leqslant 2$

$$\iint_D xy \mathrm{d}\sigma = \int_1^2 \mathrm{d}x \int_1^x xy \mathrm{d}y = \int_1^2 \left[\frac{1}{2}xy^2\right]_1^x \mathrm{d}x$$

$$= \int_1^2 \frac{1}{2}(x^3 - x)\mathrm{d}x = \frac{1}{2}\left[\frac{x^4}{4} - \frac{x^2}{2}\right]_1^2 = \frac{9}{8}$$

②积分区域 $D$ 按 $y$ 型表示：$y \leqslant x \leqslant 2$，$1 \leqslant y \leqslant 2$

$$\iint_D xy \mathrm{d}\sigma = \int_1^2 \mathrm{d}y \int_y^2 xy \mathrm{d}x = \int_1^2 \left[\frac{1}{2}x^2 y\right]_y^2 \mathrm{d}y$$

$$= \int_1^2 \frac{1}{2}(4y - y^3)\mathrm{d}y = \frac{1}{2}\left[2y^2 - \frac{y^4}{4}\right]_1^2 = \frac{9}{8}$$

改变二次积分的顺序的背后是改变对"曲顶柱体"进行"切片"的方向，分割方式变化不影响二重积分的数值。

(2) $\iint_D (x + 2y)\mathrm{d}\sigma$，积分区域 $D$ 由两条抛物线 $y = 2x^2$，$y = 1 + x^2$ 围成。

解：积分区域属于 $x$ 型，表示为：
$D: 2x^2 \leqslant y \leqslant 1 + x^2$，$-1 \leqslant x \leqslant 1$

$$\iint_D (x + 2y)\mathrm{d}\sigma = \int_{-1}^1 \mathrm{d}x \int_{2x^2}^{1+x^2} (x + 2y)\mathrm{d}y$$

$$= \int_{-1}^1 \left[xy + y^2\right]_{2x^2}^{1+x^2} \mathrm{d}x$$

$$= \int_{-1}^1 (-3x^4 - x^3 + 2x^2 + x + 1)\mathrm{d}x$$

$$= 2\int_0^1 (-3x^4 + 2x^2 + 1)\mathrm{d}x = \frac{32}{15}$$

**【例题 6.7.3】**（1994 年·考研数一第 4 题）设区域 $D$ 为 $x^2 + y^2 \leqslant R^2$，则 $\iint_D \left(\dfrac{x^2}{a^2} + \dfrac{y^2}{b^2}\right)\mathrm{d}x\mathrm{d}y = $ _____。

解：原式 $= \displaystyle\int_0^{2\pi} \mathrm{d}\theta \int_0^R r^2 \left(\frac{\cos^2\theta}{a^2} + \frac{\sin^2\theta}{b^2}\right) r \mathrm{d}r = \int_0^{2\pi} \left(\frac{\cos^2\theta}{a^2} + \frac{\sin^2\theta}{b^2}\right)\mathrm{d}\theta \cdot \int_0^R r^3 \mathrm{d}r.$

注意：$\int_0^{2\pi} \cos^2\theta \mathrm{d}\theta = \int_0^{2\pi} \sin^2\theta \mathrm{d}\theta = \pi$，

则：原式 $= \left(\dfrac{1}{a^2} + \dfrac{1}{b^2}\right)\pi \cdot \dfrac{1}{4}R^4 = \dfrac{\pi}{4}R^4\left(\dfrac{1}{a^2} + \dfrac{1}{b^2}\right)$

【例题 6.7.4】计算下列二次积分。

（1）$\displaystyle\int_0^1 \mathrm{d}x \int_x^1 x^2 \mathrm{e}^{-y^2} \mathrm{d}y$

解：这个二次积分对应的二重积分积分区域被表示为 $x$ 型，

$$D: x \leqslant y \leqslant 1, \ 0 \leqslant x \leqslant 1$$

然而，第一次积分不能进行。将积分区域转化为 $y$ 型表述，

$$D: 0 \leqslant x \leqslant y, \ 0 \leqslant y \leqslant 1$$

积分顺序随之变化，即：

$$\int_0^1 \mathrm{d}x \int_x^1 x^2 \mathrm{e}^{-y^2} \mathrm{d}y = \int_0^1 \mathrm{d}y \int_0^y x^2 \mathrm{e}^{-y^2} \mathrm{d}x$$
$$= \frac{1}{3}\int_0^1 y^3 \mathrm{e}^{-y^2} \mathrm{d}y = \frac{1}{6}\int_0^1 y^2 \mathrm{e}^{-y^2} \mathrm{d}(y^2) = \frac{1}{6}\int_0^1 u\mathrm{e}^{-u}\mathrm{d}u = \frac{1}{6} - \frac{1}{3\mathrm{e}}$$

（2）$\displaystyle\int_0^1 \mathrm{d}y \int_{\sqrt{y}}^1 \sqrt{x^3+1}\ \mathrm{d}x$

解：这个二次积分对应的二重积分积分区域被表示为 $y$ 型：

$$D: \sqrt{y} \leqslant x \leqslant 1, \ 0 \leqslant y \leqslant 1$$

然而，第一次积分不能进行。将积分区域转化为 $x$ 型表述：

$$D: 0 \leqslant y \leqslant x^2, \ 0 \leqslant x \leqslant 1$$

积分顺序随之变化，即：

$$\int_0^1 \mathrm{d}y \int_{\sqrt{y}}^1 \sqrt{x^3+1}\ \mathrm{d}x = \int_0^1 \mathrm{d}x \int_0^{x^2} \sqrt{x^3+1}\ \mathrm{d}y$$
$$= \int_0^1 x^2 \sqrt{x^3+1}\ \mathrm{d}x = \frac{1}{3}\int_0^1 \sqrt{x^3+1}\ \mathrm{d}(x^3+1) = \frac{2}{9}(2\sqrt{2}-1)$$

【例题 6.7.5】改变下列二次积分的积分次序。

（1）$\displaystyle\int_0^1 \mathrm{d}y \int_y^{\sqrt{y}} f(x, y)\mathrm{d}x$

解：将积分区域 $D: y \leqslant x \leqslant \sqrt{y}, \ 0 \leqslant y \leqslant 1$ 由 $y$ 型表示改变为 $x$ 型表示 $D: x^2 \leqslant y \leqslant x$，$0 \leqslant x \leqslant 1$。

$$\int_0^1 \mathrm{d}y \int_y^{\sqrt{y}} f(x, y)\mathrm{d}x = \int_0^1 \mathrm{d}x \int_{x^2}^x f(x, y)\mathrm{d}y$$

（2）$\displaystyle\int_0^1 \mathrm{d}y \int_{-\sqrt{1-y^2}}^{1-y} f(x, y)\mathrm{d}x$

解：将区域 $D: -\sqrt{1-y^2} \leqslant x \leqslant 1-y, \ 0 \leqslant y \leqslant 1$ 由 $y$ 型表示改变为 $x$ 型表示：

$$D = D_1 \cup D_2$$

$$D_1: 0 \leqslant y \leqslant \sqrt{1-x^2}, \ -1 \leqslant x \leqslant 0; \quad D_2: 0 \leqslant y \leqslant 1-x, \ 0 \leqslant x \leqslant 1$$

$$\int_0^1 \mathrm{d}y \int_{-\sqrt{1-y^2}}^{1-y} f(x,\ y)\,\mathrm{d}x = \int_{-1}^0 \mathrm{d}x \int_0^{\sqrt{1-x^2}} f(x,\ y)\,\mathrm{d}y + \int_0^1 \mathrm{d}x \int_0^{1-x} f(x,\ y)\,\mathrm{d}y$$

【例题 6.7.6】证明 $\displaystyle\int_0^a \mathrm{d}y \int_0^y f(x)\,\mathrm{d}x = \int_0^a (a-x)f(x)\,\mathrm{d}x$

证：二次积分对应的积分区域 $D$：$0 \leqslant x \leqslant y$，$0 \leqslant y \leqslant a$，改变为 $x$ 型表示 $D$：$x \leqslant y \leqslant a$，$0 \leqslant x \leqslant a$。

$$\int_0^a \mathrm{d}y \int_0^y f(x)\,\mathrm{d}x = \int_0^a \mathrm{d}x \int_x^a f(x)\,\mathrm{d}y = \int_0^a \big[yf(x)\big]_x^a \,\mathrm{d}x = \int_0^a (a-x)f(x)\,\mathrm{d}x$$

【例题 6.7.7】利用二重积分计算由曲线 $y = x^2$ 与直线 $x - y + 2 = 0$ 围成区域的面积。

解：积分区域 $D$：$x^2 \leqslant y \leqslant x + 2$，$-1 \leqslant x \leqslant 2$ 面积：

$$\iint_D \mathrm{d}\sigma = \int_{-1}^2 \mathrm{d}x \int_{x^2}^{x+2} \mathrm{d}y = \int_{-1}^2 (x + 2 - x^2)\,\mathrm{d}x = \frac{9}{2}$$

二重积分的积分区域 $D$ 如果关于坐标轴具有某种对称性，并且被积函数 $f(x,\ y)$ 在对称区域上具有奇偶性，在化作二次积分的基础上，可利用奇偶函数在对称区间上定积分的性质予以简化。

【例题 6.7.8】（2005 年·考研数一第 15 题）设 $D = \{(x,\ y) \mid x^2 + y^2 \leqslant \sqrt{2},\ x \geqslant 0,\ y \geqslant 0\}$，$[1 + x^2 + y^2]$，$[1 + x^2 + y^2]$ 表示不超过 $1 + x^2 + y^2$ 的最大整数. 计算二重积分 $\displaystyle\iint_D xy[1 + x^2 + y^2]\mathrm{d}x\mathrm{d}y$。

解：令 $D_1 = \{(x,\ y) \mid x^2 + y^2 \leqslant 1,\ x \geqslant 0,\ y \geqslant 0\}$，

$$D_2 = \{(x,\ y) \mid 1 \leqslant x^2 + y^2 \leqslant \sqrt{2},\ x \geqslant 0,\ y \geqslant 0\}$$

则 $\displaystyle\iint_D xy[1 + x^2 + y^2]\mathrm{d}x\mathrm{d}y = \iint_{D_1} xy\,\mathrm{d}x\mathrm{d}y + 2\iint_{D_2} xy\,\mathrm{d}x\mathrm{d}y$

$$= \int_0^{\frac{\pi}{2}} \sin\theta\cos\theta\,\mathrm{d}\theta \int_0^1 r^3\,\mathrm{d}r + 2\int_0^{\frac{\pi}{2}} \sin\theta\cos\theta\,\mathrm{d}\theta \int_1^{\sqrt{2}} r^3\,\mathrm{d}r$$

$$= \frac{1}{8} + \frac{3}{4} = \frac{7}{8}$$

【例题 6.7.9】求立体 $\Omega$ 的体积。

$\Omega$ 由柱面 $|x + y| \leqslant 1$，$|x - y| \leqslant 1$ 和柱面 $z = \sqrt{1 - y^2}$ 所围成。

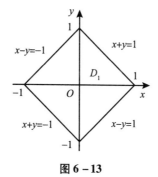

图 6 – 13

解：曲顶柱体的底由不等式 $-1 \leqslant x+y \leqslant 1$ 与 $-1 \leqslant x-y \leqslant 1$ 给出，被积函数（曲顶柱体的高）$z = \sqrt{1-y^2}$ 关于 $x$ 和 $y$ 都是偶函数。

取子积分区域 $D_1$：$0 \leqslant x \leqslant 1-y$，$0 \leqslant y \leqslant 1$

曲顶柱体体积

$$V = \iint_D z \mathrm{d}\sigma = 4 \iint_{D_1} \sqrt{1-y^2} \, \mathrm{d}\sigma$$

$$= 4 \int_0^1 \mathrm{d}y \int_0^{1-y} \sqrt{1-y^2} \, \mathrm{d}x = 4 \int_0^1 (1-y) \sqrt{1-y^2} \, \mathrm{d}y = \pi - \frac{4}{3}$$

## 第6章 习　题

**A 类**

1. 指出下列各点所在的象限。

(1) $(1, -2, 3)$；(2) $(2, 3, -4)$；(3) $(2, -3, -4)$；(4) $(-2, -3, 1)$。

2. 分别指出点 $P(-3, 2, -1)$ 关于三坐标面 $xoy$，$yoz$，$zox$ 的对称点坐标，它关于三轴 $x$ 轴，$y$ 轴，$z$ 轴的对称点的坐标，它关于原点的对称点坐标。

3. 分别指出点 $A(-4, 3, 5)$ 在 $xoy$ 面、$yoz$ 面及 $zox$ 面上的投影点坐标，还有它在 $x$ 轴上的投影点坐标，它在 $y$ 轴上的投影点坐标，它在 $z$ 轴上的投影点坐标。

4. 在已知空间直角系下，一个立方体的 4 个顶点分别为 $A(-a, -a, -a)$，$B(a, -a, -a)$，$C(-a, a, -a)$ 和 $D(a, a, a)$，写出立方体的其余顶点的坐标。

5. 已知三角形的三个顶点 $A(2, -1, 4)$，$B(3, 2, -6)$，$C(-5, 0, 2)$。

(1) 求过 $A$ 点的中线长；(2) 求过 $B$ 点的中线长；(3) 求过 $C$ 点的中线长。

6. 已知平行四边形 $ABCD$ 的两个顶点 $A(2, -3, -5)$，$B(-1, 3, 2)$ 的及它的对角线的交点 $E(4, -1, 7)$，求顶点 $C$ 及顶点 $D$ 的坐标。

7. 若直线段 $AB$ 被点 $C(2, 0, 2)$ 及点 $D(5, -2, 0)$ 内分为 3 等分，求端点 $A$ 及端点 $B$ 的坐标。

8. 在 $yoz$ 面上，求与三个已知点 $A(3, 1, 2)$，$B(4, -2, -2)$ 和 $C(0, 5, 1)$ 等距离的点。

**B 类**

1. 已知函数 $f(x, y) = x^2 + y^2 - xy\tan\dfrac{x}{y}$，求 $f(tx, ty)$。

2. 已知函数 $f(x+y, x-y) = \mathrm{e}^{x^2+y^2}(x^2-y^2)$，求 $f(x, y)$ 和 $f(\sqrt{2}, \sqrt{2})$ 的值。

3. 求下列函数的定义域：

（1）$z = \ln(y^2 - 2x + 1)$；（2）$z = \dfrac{1}{\sqrt{x+y}} + \dfrac{1}{\sqrt{x-y}}$；（3）$z = \sqrt{x - \sqrt{y}}$；

（4）$z = \dfrac{\sqrt{x+y}}{\sqrt{x-y}}$。

4. 求下列函数的极限：

（1）$\lim\limits_{(x,y)\to(0,1)} \dfrac{1-xy}{x^2+y^2}$；（2）$\lim\limits_{(x,y)\to(1,0)} \dfrac{\ln(x+e^y)}{\sqrt{x^2+y^2}}$；（3）$\lim\limits_{(x,y)\to(0,0)} \dfrac{2-\sqrt{xy+4}}{xy}$；

（4）$\lim\limits_{(x,y)\to(2,0)} \dfrac{\tan(xy)}{y}$；（5）$\lim\limits_{(x,y)\to(1,1)} \dfrac{x^2-y^2}{x-y}$；（6）$\lim\limits_{\substack{x\to\infty\\y\to\infty}} \dfrac{\sin(x^2+y^2)}{x^2+y^2}$；

（7）$\lim\limits_{(x,y)\to(0,0)} \dfrac{1+x^2+y^2}{x^2+y^2}$；（8）$\lim\limits_{\substack{x\to+\infty\\y\to+\infty}} (x^2+y^2)\,e^{-(x+y)}$。

5. 函数 $z = \dfrac{y^2+2x}{y^2-2x}$ 在何处是间断的？

6. 讨论函数 $f(x,y) = \begin{cases} \dfrac{x^2 y}{x^2+y^2}, & x^2+y^2 \neq 0 \\ 0, & x^2+y^2 = 0 \end{cases}$ 的连续范围？

7. 求下列函数的偏导数。

（1）$z = x^3 y - y^3 x$；（2）$s = \dfrac{u^2+v^2}{uv}$；（3）$z = \sqrt{\ln(xy)}$；（4）$z = e^{xy} + yx^2$；

（5）$z = \sin(xy) + \cos^2(xy)$；（6）$z = \ln\tan\dfrac{x}{y}$；（7）$z = (1+xy)^y$；（8）$u = x^{\frac{y}{z}}$；

（9）$u = \arctan(x-y)^z$；（10）$z = x^5 - 6x^4 y^2 + y^6$；（11）$z = e^x(\cos y + x\sin y)$；

（12）$z = \ln(x + \ln y)$。

8. 设 $z = e^{-\left(\frac{1}{x}+\frac{1}{y}\right)}$，求证：$x^2 \dfrac{\partial z}{\partial x} + y^2 \dfrac{\partial z}{\partial y} = 2z$。

9. 设 $f(x,y) = x + (y-1)\arcsin\sqrt{\dfrac{x}{y}}$，求 $f_x(x,1)$。

10. 设 $f(x,y) = \arcsin\sqrt{\dfrac{y}{x}}$，求 $f_x(2,1)$。

11. 设 $f(x,y) = \begin{cases} \dfrac{x^2 y}{x^2+y^2}, & (x,y) \neq 0, \\ 0, & (x,y) = 0. \end{cases}$，求 $f_x(0,0)$，$f_y(0,0)$。

12. 求下列函数的偏导数 $\dfrac{\partial^2 z}{\partial x^2}$，$\dfrac{\partial^2 z}{\partial y^2}$ 和 $\dfrac{\partial^2 z}{\partial x \partial y}$。

（1）$z = x^4 + y^4 - 4x^2 y^2$；（2）$z = \arctan\dfrac{y}{x}$；（3）$z = y^x$。

13. 设 $f(x,y,z) = xy^2 + yz^2 + zx^2$，求 $f_{xx}(0,0,1)$，$f_{xz}(1,0,2)$，$f_{yz}(0,-1,0)$

及 $f_{zzx}(2,0,1)$。

14. 设 $z = x^2 y$，求 $\dfrac{\partial z}{\partial x}\Big|_{(1,1)}$，$\dfrac{\partial z}{\partial y}\Big|_{(2,1)}$，$\dfrac{\partial^2 z}{\partial x \partial y}$。

15. 已知 $z = e^{\frac{x}{y}}$，求 $\dfrac{\partial z}{\partial x}$，$\dfrac{\partial z}{\partial y}$，$\dfrac{\partial^2 z}{\partial x \partial y}$。

16. 设 $z = x^3 \sin y - y e^x$，求 $\dfrac{\partial z}{\partial x}$，$\dfrac{\partial z}{\partial y}$，$\dfrac{\partial^2 z}{\partial x \partial y}$。

17. 求函数设 $u = x - \cos\dfrac{y}{2} + \arctan\dfrac{z}{y}$ 的全微分。

18. 求下列函数的全微分：

（1）$z = xy + \dfrac{x}{y}$；（2）$z = e^{\frac{y}{x}}$；（3）$z = y^x$；（4）$z = \dfrac{x+y}{x-y}$；

（5）$z = \dfrac{y}{\sqrt{x^2 + y^2}}$；（6）$u = x^{yz}$。

19. 设 $z = e^{\sin(xy)}$，求 $\dfrac{\partial z}{\partial x}$，$\dfrac{\partial z}{\partial y}$，$dz$。

20. 设 $z = \arctan(xy)$，求 $\dfrac{\partial z}{\partial x}$，$\dfrac{\partial z}{\partial y}$，$dz$。

21. 求函数 $z = \ln(1 + x^2 + y^2)$ 当 $x = 1$，$y = 2$ 时的全微分。

22. 求函数 $f(x,y) = \ln(1 + x^2 + y^2)$ 当 $x = 2$，$y = 4$ 时的全微分。

23. 求函数 $z = e^{xy}$ 当 $x = 1$，$y = 1$，$\Delta x = 0.15$，$\Delta y = 0.1$ 时的全微分。

24. 设 $z = (2x + y)^{x+2y}$，计算 $\dfrac{\partial z}{\partial x}$，$\dfrac{\partial z}{\partial y}$。

25. 求函数 $u = z^4 - 3xz + x^2 + y^2$ 在点 $(1,1,1)$ 处的全微分。

26. 设 $z = u^2 + v^2$，而 $u = x + y$，$v = x - y$，求 $\dfrac{\partial z}{\partial x}$，$\dfrac{\partial z}{\partial y}$。

27. 设 $z = u^2 \ln v$，而 $u = \dfrac{x}{y}$，$v = 3x - 2y$，求 $\dfrac{\partial z}{\partial x}$，$\dfrac{\partial z}{\partial y}$。

28. 设 $z = e^{x-2y}$ 而 $x = \sin t$，$y = t^3$，求 $\dfrac{dz}{dt}$。

29. 设 $z = \arcsin(x - y)$ 而 $x = 3t$，$y = 4t^3$，求 $\dfrac{dz}{dt}$。

30. 设 $z = \arctan(xy)$ 而 $y = e^x$，求 $\dfrac{dz}{dx}$。

31. 设 $u = \dfrac{e^{ax}(y-z)}{a^2 + 1}$ 而 $y = a\sin x$，$z = \cos x$，求 $\dfrac{du}{dx}$。

32. 设 $z = \arctan\dfrac{x}{y}$ 而 $x = u + v$，$y = u - v$，验证：$\dfrac{\partial z}{\partial u} + \dfrac{\partial z}{\partial v} = \dfrac{u-v}{u^2 + v^2}$。

33. 设 $z = e^{3x+2y}$，而 $x = \cos t$，$y = t^2$，求 $\dfrac{dz}{dt}$。

34. 设 $z = y^{x^2} + \mathrm{e}^{xy}$，求 $\dfrac{\partial z}{\partial y}\bigg|_{(1,2)}$。

35. 设 $z = xy\mathrm{e}^{x+y^2} + \sin\dfrac{x}{y^2}$，求 $\dfrac{\partial z}{\partial x}$，$\dfrac{\partial z}{\partial y}$。

36. 列函数的一阶偏导数（其中 $f$ 具有一阶连续偏导数）。

（1）$u = f(x^2 - y^2,\ \mathrm{e}^{xy})$；（2）$u = f\left(\dfrac{x}{y},\ \dfrac{y}{z}\right)$；（3）$u = f(x,\ xy,\ xyz)$。

37. 设 $u = xy + xF(u)$，而 $u = \dfrac{y}{x}$，$F(u)$ 为可导函数，证明：$x\dfrac{\partial z}{\partial x} + y\dfrac{\partial z}{\partial y} = z + xy$。

38. 设 $\arctan\dfrac{x}{y}$，$x = u + v$，$y = u - v$，验证：$\dfrac{\partial z}{\partial u} + \dfrac{\partial z}{\partial v} = \dfrac{u - v}{u^2 + v^2}$。

39. 设 $z = xyf\left(\dfrac{y}{x}\right)$，$f(u)$ 可导，求 $x\dfrac{\partial z}{\partial x} + y\dfrac{\partial z}{\partial y}$。

40. 求下列函数的偏导数 $\dfrac{\partial^2 z}{\partial x^2}$，$\dfrac{\partial^2 z}{\partial x\partial y}$，$\dfrac{\partial^2 z}{\partial y^2}$（其中 $f$ 具有二阶连续偏导数）。

（1）$z = f(xy,\ y)$；（2）$z = f\left(x,\ \dfrac{x}{y}\right)$；（3）$z = f(xy^2,\ x^2y)$。

41. 设 $z = f(x^2 + y^2)$，其中 $f$ 具有二阶导数，求 $\dfrac{\partial^2 z}{\partial x^2}$，$\dfrac{\partial^2 z}{\partial x\partial y}$，$\dfrac{\partial^2 z}{\partial y^2}$。

42. 求由下列方程所确定的隐函数的导数或偏导数：

（1）$\sin y + \mathrm{e}^x - xy^2 = 0$，求 $\dfrac{\mathrm{d}y}{\mathrm{d}x}$；（2）设 $\ln\sqrt{x^2 + y^2} = \arctan\dfrac{y}{x}$，求 $\dfrac{\mathrm{d}y}{\mathrm{d}x}$；

（3）$x^y = y^x$，求 $\dfrac{\mathrm{d}y}{\mathrm{d}x}$；（4）$x + 2y + z - 2\sqrt{xyz} = 0$，求 $\dfrac{\partial z}{\partial x}$，$\dfrac{\partial z}{\partial y}$；

（5）$\dfrac{x}{z} = \ln\dfrac{z}{y}$，求 $\dfrac{\partial z}{\partial x}$，$\dfrac{\partial z}{\partial y}$。

43. 设方程 $F(xz,\ yz) = 0$，确定 $z$ 是 $x$，$y$ 的函数，求：$\dfrac{\partial^2 z}{\partial x^2}$。

44. 方程 $2\sin(x + 2y - 3z) = x + 2y - 3z$ 确定 $z$ 是 $x$，$y$ 的函数，证明：$\dfrac{\partial z}{\partial x} + \dfrac{\partial z}{\partial y} = 1$。

45. 设 $x = x(y,\ z)$，$y = y(x,\ z)$，$z = z(x,\ y)$ 都是由方程 $F(x,\ y,\ z) = 0$ 所确定的具有连续偏导数的函数，

证明：$\dfrac{\partial x}{\partial y} \cdot \dfrac{\partial y}{\partial z} \cdot \dfrac{\partial z}{\partial x} = -1$。

46. 设 $\Phi(u,\ v)$ 具有连续偏导数，证明由方程 $\Phi(cx - az,\ cy - bz) = 0$ 所确定的函数 $z = f(x,\ y)$ 满足 $a\dfrac{\partial z}{\partial x} + b\dfrac{\partial z}{\partial y} = c$。

47. 已知 $u = \mathrm{e}^x yz^2$，而 $z = z(x,\ y)$ 是由 $x + y + z - xyz = 0$ 所确定的隐函数，求 $\dfrac{\partial u}{\partial x}\bigg|_{(0,1,-1)}$。

48. 方程 $e^z - xyz = 0$ 确定 $z$ 是 $x$，$y$ 的函数，求 $\dfrac{\partial^2 z}{\partial x^2}$。

49. 设 $z^3 - 3xyz = a^3$，求 $\dfrac{\partial^2 z}{\partial x \partial y}$。

50. 方程 $x + y^2 + z^3 - xy = 2z$ 确定 $z$ 是 $x$，$y$ 的函数，求 $\dfrac{\partial^2 z}{\partial x \partial y}$。

51. 方程 $z - e^z + 2xy = 3$ 确定 $z$ 是 $x$，$y$ 的函数，求 $\dfrac{\partial^2 z}{\partial x^2}$，$\dfrac{\partial^2 z}{\partial x \partial y}$。

52. 方程 $F\left(x + \dfrac{z}{y},\ y + \dfrac{z}{x}\right) = 0$ 确定 $z$ 是 $x$，$y$ 的函数，证明：$x\dfrac{\partial z}{\partial x} + y\dfrac{\partial z}{\partial y} = z - xy$。

53. 设 $f(x, y) = \displaystyle\int_0^{xy} e^{-t^2}\,dt$，求 $\dfrac{x}{y}\dfrac{\partial^2 f}{\partial x^2} - 2\dfrac{\partial^2 f}{\partial x \partial y} + \dfrac{y}{x}\dfrac{\partial^2 f}{\partial y^2}$。

54. 通过自变量变换 $\begin{cases} x = e^{\xi} \\ y = e^{\eta} \end{cases}$ 变换方程 $ax^2\dfrac{\partial^2 z}{\partial x^2} + 2bxy\dfrac{\partial^2 z}{\partial x \partial y} + cy^2\dfrac{\partial^2 z}{\partial y^2} = 0$，$a$，$b$，$c$ 为常数。

55. 多元函数微分学的几何应用。

（1）求曲线 $x = \dfrac{t}{1+t}$，$y = \dfrac{1+t}{t}$，$z = t^2$ 在对应于 $t_0 = 1$ 的点处的切线及法平面方程。

（2）求曲线 $y^2 = 2mx$，$z^2 = m - x$ 在点 $(x_0,\ y_0,\ z_0)$ 处的切线及法平面方程。

（3）求曲线 $x = t$，$y = t^2$，$z = t^3$ 上的点，使在该点的切线平行于平面 $x + 2y + z = 4$。

（4）求曲线 $x = t$，$y = 4\sqrt{t}$，$z = t^2$ 在点 $(4,\ 8,\ 16)$ 处的切线及法平面方程。

（5）求曲线 $x = t$，$y = -t^2$，$z = t^3$ 上的点，使曲线在该点处的切线平行于平面 $3y - z = 1$。

（6）求曲面 $e^z - z + xy = 3$ 在点 $(2,\ 1,\ 0)$ 处的切平面及法线方程。

（7）求曲面 $ax^2 + by^2 + cz^2 = 1$ 在点 $(x_0,\ y_0,\ z_0)$ 处的切平面及法线方程。

（8）试证曲面 $\sqrt{x} + \sqrt{y} + \sqrt{z} = \sqrt{a}$（$a > 0$）上任何点处的切平面在各坐标轴上的截距之和等于 $a$。

（9）曲面 $xe^y + y^2e^{2z} + z^3e^{3x} = \dfrac{2}{e} + 1$ 在点 $(2,\ -1,\ 0)$ 处的切平面及法线方程。

（10）在曲面 $2z = x^2 + y^2$ 上求一点，使曲面在该点处的法线垂直于平面 $x - y + z = 1$。

56. 求函数 $f(x,\ y) = 4(x - y) - x^2 - y^2$ 的极值。

57. 求函数 $f(x,\ y) = x^4 + 2y^4 - 2x^2 - 12y^2 + 6$ 的极值。

58. 求函数 $f(x,\ y) = (6x - x^2)(4y - y^2)$ 的极值。

59. 求函数 $f(x,\ y) = e^{2x}(x + y^2 + 2y)$ 的极值。

60. 求函数 $z = x^2 + xy + y^2 - 3x + 2$ 的极值。

61. 求函数 $z = x^2 - 4xy + 3x - y^2 + 4y - 1$ 的极值。

62. 求函数 $z = xy$ 在适合附加条件 $x + y = 1$ 下的极大值。

63. 求函数 $f(x,\ y,\ z) = x - 2y + 2z$ 在约束条件 $x^2 + y^2 + z^2 = 1$ 下的极值。

64. 求函数 $z = x^2 + y^2$ 在条件 $\dfrac{x}{a} + \dfrac{y}{b} = 1$ 下的极值。

65. 从斜边之长为 $l$ 的一切直角三角形中，求有最大周长的直角三角形。

66. 造一个体积等于定数 $k$ 的长方形无盖水池，应如何选择水池的尺寸，方可使它的表面积最小。

67. 面 $xOy$ 上求一点，使它到 $x = 0$，$y = 0$ 及 $x + 2y - 16 = 0$ 三条线的距离平方之和为最小。

68. 拉格朗日乘数法，试将已知正数 $a$ 分成三个正数之积，使它们的平方和为最小。

69. 设椭圆 $x^2 + 3y^2 = 12$ 的内接等腰三角形，其底边平行于椭圆的长轴，而使面积最大。

70. 可通过电台及报纸两种方式做销售某种商品的广告，根据统计资料，销售收入 $R$（万元）与电台广告费用 $x_1$（万元）及报纸广告费用 $x_2$（万元）之间的关系有如下经验公式：

$$R = 15 + 14x_1 + 32x_2 - 8x_1x_2 - 2x_1^2 - 10x_2^2$$

求：（1）在广告费用不限的情况下，求最优广告策略；（2）若提供的广告费用为 1.5 万元，求相应的最优广告策略。

71. 生产的一种产品同时在两个市场销售，售价分别为 $p_1$ 和 $p_2$，销售量分别为 $q_1$ 和 $q_2$，需求函数分别为 $q_1 = 24 - 0.2p_1$ 和 $q_2 = 10 - 0.05p_2$，总成本函数为 $C = 35 + 40(q_1 + q_2)$。问：厂家如何确定两个市场的售价，能使其获得的利润最大？最大利润为多少？

72. 商品的需求量分别是 $x$ 与 $y$，相应的价格分别是 $p$ 与 $q$，已知 $p = 26 - x$，$q = 40 - 4y$，两种商品的联合成本 $C(x, y) = x^2 + 2xy + y^2$，求两种商品获得最大总利润时的需求量与相应的价格。

73. 生产甲、乙两种产品，销售单价分别为 100 元和 80 元，已知生产 $x$ 件甲种产品和 $y$ 件乙种产品的总费用为 $C = C(x, y) = 10000 + 40x + 30y + 0.1(x^2 + y^2)$ 如果要求两种产品共生产 1000 件，问甲、乙两种产品各生产多少件时，所得利润最大？

74. 生产甲、乙两种产品，当产量分别为 $x$，$y$（千只）时，其利润函数为 $L(x, y) = -x^2 - 4y^2 + 8x + 24y - 15$。如果现有原料 15000 千克（不要求用完），生产两种产品每千只都要消耗原料 2000 千克。求（1）获最大利润时的产量及最大利润；（2）如果原料降至 12000 千克，求这时的最大利润及获最大利润时的产量。

**C 类**

1. 根据积分性质估计积分 $\iint_D (x + y + 10) d\sigma$ 的值，其中 $D$ 是圆 $x^2 + y^2 \leq 4$。

2. 求 $\iint_D xe^{xy} dx dy$ 的值，其中 $D$ 为 $0 \leq x \leq 1$；$-1 \leq y \leq 0$。

3. 求 $\iint_D x^2 y d\sigma$ 的值，其中 $D$ 是矩形 $0 \leq x \leq 1$；$-1 \leq y \leq 1$。

4. 将二重积分 $\iint_D f(x, y)\mathrm{d}x\mathrm{d}y$ 化为二次积分，积分区域 $D$ 给定如下：

（1）$D$：$x + y = 1$，$x - y = 1$，$x = 0$ 所围的区域；

（2）$D$：$y = x$，$y = 3x$，$x = 1$，$x = 3$ 所围的区域；

（3）$D$：$x = 3$，$x = 5$，$3x - 2y + 4 = 0$，$3x - 2y + 1 = 0$ 所围的区域；

（4）$D$：$y = x^2$，$y = 4 - x^2$ 所围的区域；

（5）$D$：$(x - 2)^2 + (y - 3)^2 = 4$ 所围的区域。

5. 计算下列二次积分。

（1）$\int_0^{\frac{\pi}{2}}\mathrm{d}y\int_y^{\frac{\pi}{2}}\dfrac{\sin x}{x}\mathrm{d}x$；（2）$\int_0^1\mathrm{d}x\int_x^1\sin y^2\mathrm{d}y$；（3）$\int_0^1\mathrm{d}x\int_0^{\sqrt{x}}\mathrm{e}^{-\frac{y^2}{2}}\mathrm{d}y$。

6. 交换下列各积分次序。

（1）$\int_0^1\mathrm{d}y\int_y^{\sqrt{y}}f(x, y)\mathrm{d}x$；（2）$\int_1^e\mathrm{d}x\int_0^{\ln x}f(x, y)\mathrm{d}y$；（3）$\int_{-1}^1\mathrm{d}x\int_0^{\sqrt{1-x^2}}f(x, y)\mathrm{d}y$；

（4）$\int_0^1\mathrm{d}x\int_0^x f(x, y)\mathrm{d}y + \int_1^2\mathrm{d}x\int_0^{2-x}f(x, y)\mathrm{d}y$；

（5）$\int_0^1\mathrm{d}x\int_0^{x^2}f(x, y)\mathrm{d}y + \int_1^3\mathrm{d}x\int_0^{\frac{1}{2}(3-x)}f(x, y)\mathrm{d}y$。

7. 计算下列二重积分。

（1）$\iint_D (x + 6y)\mathrm{d}x\mathrm{d}y$，$D$：$y = x$，$y = 5x$，$x = 1$ 所围成的区域；

（2）$\iint_D \cos(x + y)\mathrm{d}x\mathrm{d}y$，$D$：$x = 0$，$y = \pi$，$y = x$ 所围成的区域；

（3）$\iint_D \dfrac{y}{x}\mathrm{d}x\mathrm{d}y$，$D$：$y = 2x$，$y = x$，$x = 4$，$x = 2$ 所围成的区域；

（4）$\iint_D (x^2 + y)\mathrm{d}x\mathrm{d}y$，$D$：$y = x^2$，$y^2 = x$ 所围成的区域；

（5）$\iint_D x\sqrt{y}\,\mathrm{d}x\mathrm{d}y$，$D$ 是由抛物线 $y = \sqrt{x}$ 及 $y = x^2$ 所围成的区域；

（6）$\iint_D xy\mathrm{d}x\mathrm{d}y$，$D$ 是由 $y = x$ 与 $x = 3$ 及 $xy = 1$ 所围成的区域；

（7）$\iint_D \left(1 - \dfrac{x}{2} - 2y\right)\mathrm{d}x\mathrm{d}y$，$D$：$-1 \leqslant x \leqslant 1$，$-2 \leqslant y \leqslant 2$ 所围成的区域；

（8）$\iint_D 2x\mathrm{d}x\mathrm{d}y$，$D$ 是由 $y = 0$，$y = x$，$x + y = 2$ 所围成的区域；

（9）$\iint_D \dfrac{y^2}{x^2}\mathrm{d}x\mathrm{d}y$，$D$ 是由 $x = 2$，$y = x$，$xy = 1$ 所围成的区域；

（10）$\iint_D \dfrac{\sin y}{y}\mathrm{d}x\mathrm{d}y$，$D$ 是由 $y = x$ 及 $y^2 = x$ 所围成的区域。

8. 设 $f(x, y)$ 为连续函数，交换下列二次积分的积分次序。

（1）$\int_0^1\mathrm{d}y\int_{\frac{y^2}{2}}^{\sqrt{3-y^2}}f(x, y)\mathrm{d}x$；

（2）$\displaystyle\int_0^1 \mathrm{d}y \int_{-\sqrt{2-y^2}}^y f(x,\ y)\,\mathrm{d}x$；

（3）$\displaystyle\int_0^1 \mathrm{d}x \int_0^{x^2} f(x,\ y)\,\mathrm{d}y + \int_1^3 \mathrm{d}x \int_0^{\frac{3-x}{2}} f(x,\ y)\,\mathrm{d}y$；

（4）$\displaystyle\int_{\frac{1}{2}}^1 \mathrm{d}y \int_{\frac{1}{y}}^2 f(x,\ y)\,\mathrm{d}x + \int_1^2 \mathrm{d}y \int_y^2 f(x,\ y)\,\mathrm{d}x$。

9. 将给定区域 $D$：$x^2 + y^2 \le 2Ry$，$x \ge 0$，$R > 0$ 下的二重积分 $\displaystyle\iint_D f(x,\ y)\,\mathrm{d}x\mathrm{d}y$ 化为极坐标系下的二次积分。

10. 将下列二重积分化为极坐标形式。

（1）$\displaystyle\int_0^{2R} \mathrm{d}y \int_0^{\sqrt{2Ry-y^2}} f(x,\ y)\,\mathrm{d}x$；

（2）$\displaystyle\int_0^R \mathrm{d}x \int_0^{\sqrt{R^2-x^2}} f(x^2,\ y^2)\,\mathrm{d}y$；

（3）$\displaystyle\iint_D f(x,\ y)\,\mathrm{d}x\mathrm{d}y$，其中区域 $D$ 由不等式 $x \ge 0$，$y \ge 0$，$(x^2 + y^2)^3 \le 4a^2 x^2 y^2$；

（4）$\displaystyle\int_0^{\frac{R}{\sqrt{1+R^2}}} \mathrm{d}x \int_0^{Rx} f\left(\frac{y}{x}\right)\mathrm{d}y + \int_{\frac{R}{\sqrt{1+R^2}}}^R \mathrm{d}x \int_0^{\sqrt{R^2-x^2}} f\left(\frac{y}{x}\right)\mathrm{d}y$。

11. 将 $\displaystyle\int_0^a \mathrm{d}x \int_0^x \sqrt{x^2 + y^2}\,\mathrm{d}y$ 化为极坐标系下的二次积分。

12. 在极坐标系下计算下列二重积分。

（1）$\displaystyle\iint_D \sqrt{x^2 + y^2}\,\mathrm{d}x\mathrm{d}y$ 其中 $D$：$a^2 \le x^2 + y^2 \le b^2$（$b > a > 0$）；

（2）$\displaystyle\iint_D \sin\sqrt{x^2 + y^2}\,\mathrm{d}x\mathrm{d}y$ 其中 $D$：$\pi^2 \le x^2 + y^2 \le 4\pi^2$；

（3）$\displaystyle\iint_D (x^2 + y^2)\,\mathrm{d}x\mathrm{d}y$，$D$ 是由 $x^2 + y^2 = a^2$ 所围成的区域；

（4）$\displaystyle\iint_D \mathrm{e}^{-(x^2+y^2)}\,\mathrm{d}x\mathrm{d}y$，$D$ 是圆域 $x^2 + y^2 \le 4$；

（5）$\displaystyle\iint_D \ln\sqrt{(x^2 + y^2)}\,\mathrm{d}\sigma$，$D = \{(x,\ y) \mid 1 \le x^2 + y^2 \le \mathrm{e}^2\}$；

（6）$\displaystyle\iint_D xy\,\mathrm{d}\sigma$，$D = \{(x,\ y) \mid 1 \le x^2 + y^2 \le 2x,\ y \ge 0\}$。

13. 计算二重积分 $\displaystyle\iint_D |y - x|\,\mathrm{d}x\mathrm{d}y$，$D$：$0 \le x \le 1$，$0 \le y \le 1$。

14. 计算二重积分 $\displaystyle\iint_{x^2+y^2\le 4} |x^2 + y^2 - 1|\,\mathrm{d}\sigma$。

15. 利用二重积分计算由抛物线 $y = x^2$ 及直线 $y = x + 2$ 围成区域的面积。

16. 试用二重积分计算由曲线 $y^2 = x$，$y - x + 2 = 0$ 围成区域的面积。

17. 利用二重积分计算由曲面 $x + y + z = 3$，$x^2 + y^2 = 1$ 及 $z = 0$ 所围立体的体积。

18. 利用二重积分计算由平面 $z = 1 + x + y$，$z = 0$，$x + y = 1$，$x = 0$，$y = 0$ 所围立体的

体积。

19. 利用二重积分计算由曲面 $z = x^2 + 2y^2$ 与 $z = 2 - x^2$ 所围立体的体积。

20. 半径为 $a$ 的球的球心位置在正圆柱侧面上，圆柱的半径为 $\dfrac{a}{2}$，试求柱体被球所割出部分的体积。

# 第 7 章

# 无 穷 级 数

无穷多项的取和式称为级数。各项均为常数的级数称为常数项级数；各项均为定义在同一区间上函数的级数称为函数项级数。无穷级数（*infinite series*）是函数逼近理论的重要内容，是表示函数，研究函数，进行数值运算的非常有用的工具。

## 7.1 常数项级数的概念和性质

### 7.1.1 级数的部分和数列

数列 $(u_n)_{n=1}^{\infty} = u_1$，$u_2$，$\cdots$，$u_n$，$\cdots$表示按照一定的法则依次排列的无穷多个数。将这数列中的每一项都用加号连接起来，构成一个无穷多项的取和式：

$$\sum_{n=1}^{\infty} u_n = u_1 + u_2 + \cdots + u_n + \cdots$$

就是级数。$u_n$ 称为级数的通项或一般项，它是整数序变量 $n$ 的函数 $u_n = u(n)$。

无穷多个数的"求和"问题，从形式上是有限个数的求和问题的外推，但在理解与运算上都与有限个数的求和问题发生了实质性变化，首先就是出现了无穷级数的收敛与发散问题，即无穷项的和是否存在的问题。然后就是级数收敛于"谁"，也就是求级数和的问题。数学是通过极限运算来实现"有限"向"无限"过渡的，观察序变量 $n \to \infty$ 时级数通项以及有限项和式的变化趋势。将数列的前 $n$ 项和：

$$S_n = u_1 + u_2 + \cdots + u_n = \sum_{i=1}^{n} u_i$$

称为级数 $\sum_{n=1}^{\infty} u_n$ 的部分和。当 $n$ 依次取 1，2，$\cdots$，$n$，$\cdots$时，级数的部分和依序排列：

$$S_1 = u_1，\ S_2 = u_1 + u_2，\ \cdots，\ S_n = u_1 + u_2 + \cdots + u_n，\ \cdots$$

又构成了一个部分和数列：

$$(S_n)_{n=1}^{\infty} = S_1，\ S_2，\ \cdots，\ S_n，\ \cdots$$

如果级数的部分和数列存在极限 $s$，即：

$$\lim_{n \to \infty} S_n = s$$

称级数收敛。将极限 $s$ 称为级数和，即：

$$s = \sum_{n=1}^{\infty} u_n$$

如果级数部分和数列的极限不存在，称级数发散。级数与它的部分和数列有相同的敛散性。

级数通项与部分和数列的关系为：

$$u_n = S_n - S_{n-1} \quad n = 2, 3, \cdots$$

去掉级数 $\displaystyle\sum_{n=1}^{\infty} u_n$ 前 $n$ 项（部分和为 $S_n$），仍然得到一个级数：

$$\sum_{n=1}^{\infty} u_n - S_n = u_{n+1} + u_{n+2} + \cdots = \sum_{k=n+1}^{\infty} u_k = r_n$$

它是原来级数的 $n$ 项后余项，记为 $r_n$。余项与原来的级数具有相同的敛散性。

## 7.1.2 常数项级数收敛的必要条件

定理 1：若级数 $\displaystyle\sum_{n=1}^{\infty} u_n$ 收敛，必有 $\displaystyle\lim_{n \to \infty} u_n = 0$。

证：设级数 $\displaystyle\sum_{n=1}^{\infty} u_n$ 的部分和数列 $(S_n)_{n=1}^{\infty}$ 存在极限，$\displaystyle\lim_{n \to \infty} S_n = s$。则：

$$\lim_{n \to \infty} u_n = \lim_{n \to \infty} (S_n - S_{n-1}) = \lim_{n \to \infty} S_n - \lim_{n \to \infty} S_{n-1}$$

由于 $(S_n)_{n=1}^{\infty}$ 和 $(S_{n-1})_{n=2}^{\infty}$ 是同一数列，所以：

$$\lim_{n \to \infty} u_n = \lim_{n \to \infty} S_n - \lim_{n \to \infty} S_{n-1} = s - s = 0$$

换言之，$\displaystyle\lim_{n \to \infty} u_n = 0$ 是级数 $\displaystyle\sum_{n=1}^{\infty} u_n$ 收敛的必要条件（不是充分条件！）

定理 2：当 $n \to \infty$ 时，若级数 $\displaystyle\sum_{n=1}^{\infty} u_n$ 通项的极限不为零，即 $\displaystyle\lim_{n \to \infty} u_n \neq 0$，级数必发散。

换言之，$\displaystyle\lim_{n \to \infty} u_n \neq 0$ 是级数 $\displaystyle\sum_{n=1}^{\infty} u_n$ 发散的充分条件。

【例题 7.1.1】判断下列级数的敛散性。

（1）$\displaystyle\sum_{n=1}^{\infty} \frac{2}{3^n}$

解：$S_n = \dfrac{2}{3} + \dfrac{2}{3^2} + \cdots + \dfrac{2}{3^n} = 2 \times \dfrac{\dfrac{1}{3} \times \left(1 - \dfrac{1}{3^n}\right)}{1 - \dfrac{1}{3}} = 1 - \dfrac{1}{3^n}$

$\displaystyle\lim_{n \to \infty} S_n = \lim_{n \to \infty} \left(1 - \dfrac{1}{3^n}\right) = 1$，所以 $\displaystyle\sum_{n=1}^{\infty} \dfrac{2}{3^n}$ 收敛。

(2) $\displaystyle\sum_{n=1}^{\infty} 2\left(\frac{2}{3}\right)^{n-1}$

解：因为 $\displaystyle\sum_{n=1}^{\infty} 2\left(\frac{2}{3}\right)^{n-1}$ 为等比级数，且 $|q| = \dfrac{2}{3} < 1$，所以级数 $\displaystyle\sum_{n=1}^{\infty} 2\left(\frac{2}{3}\right)^{n-1}$ 收敛。

(3) $\displaystyle\sum_{n=1}^{\infty} u_n = \sum_{n=1}^{\infty} \frac{1}{(2n-1)(2n+1)}$

解：$S_n = \dfrac{1}{1\times 3} + \dfrac{1}{3\times 5} + \cdots + \dfrac{1}{(2n-1)(2n+1)} = \dfrac{1}{2}\left(1 - \dfrac{1}{2n+1}\right)$，

因为 $\displaystyle\lim_{n\to\infty} S_n = \lim_{n\to\infty} \frac{1}{2}\left(1 - \frac{1}{2n+1}\right) = \frac{1}{2}$，所以 $\displaystyle\sum_{n=1}^{\infty} \frac{1}{(2n-1)(2n+1)}$ 收敛。

(4) $\displaystyle\sum_{n=1}^{\infty} u_n = \sum_{n=1}^{\infty} \frac{2}{(2n-1)(2n+1)}$

解：$S_n = \dfrac{2}{1\times 3} + \dfrac{2}{3\times 5} + \cdots + \dfrac{2}{(2n-1)(2n+1)} = 1 - \dfrac{1}{2n+1}$，

因为 $\displaystyle\lim_{n\to\infty} S_n = \lim_{n\to\infty} 1 - \frac{1}{2n+1} = 1$，所以 $\displaystyle\sum_{n=1}^{\infty} \frac{2}{(2n-1)(2n+1)}$ 收敛。

(5) 等比级数 $\displaystyle\sum_{n=1}^{\infty} u_n = \sum_{n=1}^{\infty} aq^{n-1}$，其中首项 $a\neq 0$，$q$ 是公比。

解：若 $|q| > 1$，$\displaystyle\lim_{n\to\infty} u_n = \lim_{n\to\infty} aq^{n-1} = \infty$，可知当公比绝对值大于 1 时等比级数发散；

若 $q = 1$，$\displaystyle\lim_{n\to\infty} u_n = \lim_{n\to\infty} aq^{n-1} = a\neq 0$，可知当公比为 1 时等比级数发散；

若 $q = -1$，$\displaystyle\lim_{n\to\infty} u_n = a\lim_{n\to\infty} (-1)^{n-1}$，极限不存在，可知当公比为 $-1$ 时等比级数发散。

若 $|q| < 1$，$\displaystyle\lim_{n\to\infty} u_n = a\lim_{n\to\infty} q^{n-1} = 0$，此时还不能做出等比级数收敛的结论。

等比级数的部分和定义为 $S_n = \displaystyle\sum_{k=1}^{n} aq^{k-1}$，则：

$$qS_n = \sum_{k=1}^{n} aq^k = \sum_{k=1}^{n} aq^{k-1} - a + aq^n = S_n - a + aq^n$$

即：

$$(1-q)S_n = a(1-q^n)$$

得到等比级数的部分和的计算公式：

$$S_n = \frac{a(1-q^n)}{1-q}$$

在 $|q| < 1$ 的条件下，$\displaystyle\lim_{n\to\infty} q^n = 0$，$\displaystyle\lim_{n\to\infty} S_n$ 存在，即：

$$s = \lim_{n\to\infty} S_n = \lim_{n\to\infty} \frac{a(1-q^n)}{1-q} = \frac{a}{1-q}$$

等比级数收敛，级数和为 $s$。

以上讨论的结果归纳为：$|q| \geqslant 1$ 时，等比级数 $\displaystyle\sum_{n=1}^{\infty} aq^{n-1}$ 发散；$|q| < 1$ 时，等比级

数 $\sum\limits_{n=1}^{\infty} aq^{n-1}$ 收敛，且级数和 $s = \dfrac{a}{1-q}$。

（6）调和级数 $\sum\limits_{n=1}^{\infty} u_n = \sum\limits_{n=1}^{\infty} \dfrac{1}{n} = 1 + \dfrac{1}{2} + \dfrac{1}{3} + \dfrac{1}{4} + \cdots + \dfrac{1}{n} + \cdots$

解：诚然，$\lim\limits_{n\to\infty} \dfrac{1}{n} = 0$，通项的极限为零只是级数收敛的必要条件，不是充分条件，不能确定调和级数收敛。

① 由 $\sum\limits_{n=1}^{\infty} \dfrac{1}{n} = 1 + \dfrac{1}{2} + \dfrac{1}{3} + \dfrac{1}{4} + \cdots + \dfrac{1}{n} + \cdots$

其中 $1 + \dfrac{1}{2} > \dfrac{1}{2}$；$\dfrac{1}{3} + \dfrac{1}{4} > \dfrac{1}{4} + \dfrac{1}{4} = \dfrac{1}{2}$；$\dfrac{1}{5} + \dfrac{1}{6} + \dfrac{1}{7} + \dfrac{1}{8} > \dfrac{1}{8} + \dfrac{1}{8} + \dfrac{1}{8} + \dfrac{1}{8} = \dfrac{1}{2}$

$$\dfrac{1}{2^m+1} + \dfrac{1}{2^m+2} + \cdots + \dfrac{1}{2^m+2^m-1} + \dfrac{1}{2^{m+1}} > 2^m \cdot \dfrac{1}{2^{m+1}} = \dfrac{1}{2}$$

调和级数前 $2^{m+1}$ 项的部分和：

$$S_{2^{m+1}} = \left(1 + \dfrac{1}{2}\right) + \left(\dfrac{1}{3} + \dfrac{1}{4}\right) + \left(\dfrac{1}{5} + \dfrac{1}{6} + \dfrac{1}{7} + \dfrac{1}{8}\right) + \cdots$$
$$+ \left(\dfrac{1}{2^m+1} + \dfrac{1}{2^m+2} + \cdots + \dfrac{1}{2^m+2^m-1} + \dfrac{1}{2^{m+1}}\right)$$

故：

$$S_{2^{m+1}} > (m+1)\dfrac{1}{2}$$

显然，当 $m\to\infty$ 时，$(m+1)\dfrac{1}{2} \to \infty$，一个每一项都小于或等于调和级数对应项的级数都是发散的，所以调和级数发散。

② 利用 $\dfrac{1}{n} > \ln\left(1 + \dfrac{1}{n}\right)$①的关系证明：

调和级数前 $n$ 项部分和：

$$S_n = 1 + \dfrac{1}{2} + \dfrac{1}{3} + \dfrac{1}{4} + \cdots + \dfrac{1}{n}$$
$$> \ln(1+1) + \ln\left(1 + \dfrac{1}{2}\right) + \ln\left(1 + \dfrac{1}{3}\right) + \ln\left(1 + \dfrac{1}{4}\right) + \cdots + \ln\left(1 + \dfrac{1}{n}\right)$$
$$= \ln\left(2 \cdot \dfrac{3}{2} \cdot \dfrac{4}{3} \cdot \dfrac{5}{4} \cdot \cdots \cdot \dfrac{n+1}{n}\right) = \ln(n+1)$$
$$\lim_{n\to\infty} S_n > \lim_{n\to\infty}(n+1) \to \infty$$

所以调和级数发散。

---

① 当 $x > 0$ 时，$1 > \dfrac{1}{1+x}$。根据定积分的保序性质，在区间 $[0, x]$ 上，有
$$\int_0^x dx = \int_0^x \dfrac{dx}{1+x}，\text{故 } x > \ln(1+x)，\text{即} \dfrac{1}{n} > \ln\left(1 + \dfrac{1}{n}\right)。$$

### 7.1.3 收敛级数的性质

性质 1：对于两个收敛级数 $\displaystyle\sum_{n=1}^{\infty} u_n = s$，$\displaystyle\sum_{n=1}^{\infty} v_n = t$，有：

（1）$\displaystyle\sum_{n=1}^{\infty} ku_n = k\sum_{n=1}^{\infty} u_n = ks$ （$k$ 为常数）；

（2）逐项相加（减）法则 $\displaystyle\sum_{n=1}^{\infty}(u_n \pm v_n) = s \pm t$；

（3）如果 $u_n \leqslant v_n(\forall n \in N)$，则 $\displaystyle\sum_{n=1}^{\infty} u_n = s \leqslant \sum_{n=1}^{\infty} v_n = t$。

性质 2：非零常数乘以级数的每一项不改变级数敛散性；级数中删除或添加有限多项不改变其敛散性。

性质 3：不改变收敛级数各项次序，任意加入括号后所得级数仍然收敛，级数和不变。

证：设 $\displaystyle\sum_{n=1}^{\infty} u_n = s$，则：

$$(u_1 + \cdots + u_{n_1}) + (u_{n_1+1} + \cdots + u_{n_2}) + (u_{n_2+1} + \cdots + u_{n_3}) + \cdots = s$$

加括号级数的部分和数列 $(S_{n_k})_{k=1}^{\infty}$ 是原级数部分和数列 $(S_n)_{n=1}^{\infty}$ 的子数列，由于数列 $(S_n)_{n=1}^{\infty}$ 收敛，其子数列也收敛。

如果加括号以后所得级数发散，那么原级数本来发散。但是原级数发散不能肯定加括号级数也发散，例如：级数 $\displaystyle\sum_{n=1}^{\infty}(-1)^{n-1} = 1 - 1 + 1 - 1 + \cdots$ 发散；

而加括号级数 $(1-1) + (1-1) + \cdots$ 收敛。

【例题 7.1.2】判断下列级数的敛散性。

（1）$\dfrac{1}{20} + \dfrac{1}{21} + \dfrac{1}{22} + \cdots$ 调和级数的 19 项后余项，发散。

（2）$\dfrac{1}{20} + \dfrac{1}{200} + \dfrac{1}{2000} + \cdots$ 公比小于 1 的等比级数，收敛。

（3）$3^{10} + 3^9 + \cdots + 3^2 + 3 + 1 + \dfrac{1}{3} + \dfrac{1}{3^2} + \cdots$ 公比小于 1 的等比级数，收敛。

【例题 7.1.3】设级数 $\displaystyle\sum_{n=1}^{\infty} u_n$ 收敛，判断下列级数的敛散性。

（1）$\displaystyle\sum_{n=1}^{\infty}(u_n + 0.0001)$

解：由于级数 $\displaystyle\sum_{n=1}^{\infty} u_n$ 收敛，故 $\displaystyle\lim_{n\to\infty} u_n = 0$，但是：

$$\lim_{n\to\infty}(u_n + 0.0001) = \lim_{n\to\infty} u_n + \lim_{n\to\infty} 0.0001 = 0.0001 \neq 0$$

所以级数 $\displaystyle\sum_{n=1}^{\infty}(u_n + 0.0001)$ 发散。其实，$\displaystyle\sum_{n=1}^{\infty}(u_n + 0.001) = 0.001 \times \lim_{n\to\infty} n + \sum_{n=1}^{\infty} u_n$

（2）$\sum\limits_{n=1}^{\infty} u_{n+20}$

解：级数 $\sum\limits_{n=1}^{\infty} u_{n+20} = u_{21} + u_{22} + \cdots$ 是收敛级数 $\sum\limits_{n=1}^{\infty} u_n$ 的 20 项后余项 $r_{20}$，与 $\sum\limits_{n=1}^{\infty} u_n$ 有相同的敛散性。

（3）$\sum\limits_{n=1}^{\infty} \dfrac{1}{u_n}$

解：由于 $\lim\limits_{n\to\infty} u_n = 0$，有 $\lim\limits_{n\to\infty} \dfrac{1}{u_n} = \infty$，所以级数 $\sum\limits_{n=1}^{\infty} \dfrac{1}{u_n}$ 发散。

注意：级数 $\sum\limits_{n=1}^{\infty} n$ 发散，而级数 $\sum\limits_{n=1}^{\infty} \dfrac{1}{n}$ 仍发散。

【例题 7.1.4】求下列收敛级数的级数和。

（1）$1 + \dfrac{1}{1+2} + \dfrac{1}{1+2+3} + \cdots + \dfrac{1}{1+2+\cdots+n} + \cdots$

解：$u_n = \dfrac{1}{1+2+\cdots+n} = \dfrac{2}{n(n+1)} = 2\left(\dfrac{1}{n} - \dfrac{1}{n+1}\right)$

$$S_n = 1 + 2\left[\left(1 - \dfrac{1}{2}\right) + \left(\dfrac{1}{2} - \dfrac{1}{3}\right) + \cdots + \left(\dfrac{1}{n} - \dfrac{1}{n+1}\right)\right] = 3 - \dfrac{2}{n+1}$$

所以 $\lim\limits_{n\to\infty} S_n = 3$。从而级数收敛，其和为 3。

（2）$\sum\limits_{n=1}^{n} \dfrac{1}{2n(n+1)}$

解：级数前 $n$ 项部分和：

$$S_n = \sum_{k=1}^{n} \dfrac{1}{2k(k+1)} = \dfrac{1}{2}\sum_{k=1}^{n}\left(\dfrac{1}{k} - \dfrac{1}{k+1}\right) = \dfrac{1}{2}\left(1 + \sum_{k=2}^{n}\dfrac{1}{k} - \sum_{k=2}^{n}\dfrac{1}{k} - \dfrac{1}{n+1}\right) = \dfrac{n}{2(n+1)}$$

级数和：
$$s = \lim\limits_{n\to\infty} S_n = \dfrac{1}{2}$$

（3）$\sum\limits_{n=1}^{\infty} \dfrac{n}{(n+1)!} = \dfrac{1}{2!} + \dfrac{2}{3!} + \dfrac{3}{4!} + \cdots$

解：级数前 $n$ 项部分和 $S_n = \sum\limits_{k=1}^{n} \dfrac{k}{(k+1)!} = \sum\limits_{k=1}^{n} \dfrac{k+1-1}{(k+1)!} = \sum\limits_{k=1}^{n} \dfrac{1}{k!} - \sum\limits_{k=1}^{n} \dfrac{1}{(k+1)!}$

$$= 1 + \sum_{k=2}^{n}\dfrac{1}{k!} - \sum_{k=2}^{n}\dfrac{1}{k!} - \dfrac{1}{(n+1)!} = 1 - \dfrac{1}{(n+1)!}$$

级数和：
$$s = \lim\limits_{n\to\infty} S_n = 1$$

（4）$\sum\limits_{n=1}^{\infty} \dfrac{n}{2^n}$

解：令 $s = \sum\limits_{n=1}^{\infty} \dfrac{n}{2^n}$，则 $2s = \sum\limits_{n=1}^{\infty} \dfrac{n}{2^{n-1}}$，有：

$$2s - s = \sum_{n=1}^{\infty} \frac{n}{2^{n-1}} - \sum_{n=1}^{\infty} \frac{n}{2^n} = \sum_{n=0}^{\infty} \frac{n+1}{2^n} - \sum_{n=1}^{\infty} \frac{n}{2^n} = 1 + \sum_{n=1}^{\infty} \frac{n+1-n}{2^n} = 1 + \sum_{n=1}^{\infty} \frac{1}{2^n}$$

由于 $\sum_{n=1}^{\infty} \frac{1}{2^n} = \dfrac{\dfrac{1}{2}}{1 - \dfrac{1}{2}} = 1$，故 $s = 1$。

【例题 7.1.5】已知级数 $\sum_{n=1}^{\infty} u_n$ 部分和数列的通项为 $S_n = \dfrac{2n}{n+1}$，求级数的通项 $u_n$ 以及级数和 $s$。

解：级数的通项 $u_n = S_n - S_{n-1} = \dfrac{2n}{n+1} - \dfrac{2(n-1)}{n} = \dfrac{2}{n(n+1)}$

级数和 $s = \sum_{n=1}^{\infty} u_n = \lim_{n \to \infty} S_n = \lim_{n \to \infty} \dfrac{2n}{n+1} = 2$。

## 7.2 常数项级数的审敛法

只有收敛的常数项级数才可以进行求和运算，所以判断敛散性成为研究常数项级数的首要问题。

### 7.2.1 正项级数收敛的充要条件

通项 $u_n \geq 0 (n = 1, 2, \cdots)$ 时，$\sum_{n=1}^{\infty} u_n$ 称为正项（非负）级数。由于 $S_n - S_{n-1} = u_n \geq 0$，所以正项级数的部分和数列 $(S_n)_{n=1}^{\infty}$ 是单调递增的，即：

$$S_1 \leq S_2 \leq \cdots \leq S_{n-1} \leq S_n \leq \cdots$$

根据单调有界数列必有极限的准则和级数收敛的定义，只要正项级数的部分和数列是有界的，此正项级数必定收敛。

定理：正项级数收敛的充要条件是它的部分和数列有界。

$\forall n > N$，$u_n \geq 0$，$\exists M > 0$，有 $\sum_{k=1}^{n} u_k = S_n < M$，则级数 $\sum_{n=1}^{\infty} u_n$ 收敛。

这个定理是正项级数实用审敛法的理论基础。

### 7.2.2 正项级数的比较审敛法

如果已知正项级数 $\sum_{n=1}^{\infty} v_n$ 的敛散性，把需要审敛的正项级数 $\sum_{n=1}^{\infty} u_n$ 与之比较，可以得到以下结论：

（1）若 $u_n \leqslant v_n (n = 1, 2, \cdots)$，且级数 $\sum\limits_{n=1}^{\infty} v_n$ 收敛，则级数 $\sum\limits_{n=1}^{\infty} u_n$ 收敛；

（2）若 $u_n \geqslant v_n (n = 1, 2, \cdots)$，且级数 $\sum\limits_{n=1}^{\infty} v_n$ 发散，则级数 $\sum\limits_{n=1}^{\infty} u_n$ 发散。

由于以非零常数 $k$ 乘级数的每一项，或者从级数中删除有限多项，或者添加有限多项到级数中，都不改变级数的敛散性，比较审敛法可以推广为：

设 $\sum\limits_{n=1}^{\infty} u_n$ 和 $\sum\limits_{n=1}^{\infty} v_n$ 是两个正项级数，可以将比较的起始项从第 1 项推迟到第 $N$ 项。

（1）若 $u_n \leqslant k v_n (n = N+1, N+2, \cdots)$，且级数 $\sum\limits_{n=1}^{\infty} v_n$ 收敛，则级数 $\sum\limits_{n=1}^{\infty} u_n$ 收敛；

（2）若 $k u_n \geqslant v_n (n = N+1, N+2, \cdots)$，且级数 $\sum\limits_{n=1}^{\infty} v_n$ 发散，则级数 $\sum\limits_{n=1}^{\infty} u_n$ 发散。

【例题 7.2.1】讨论 $p$ 级数 $\sum\limits_{n=1}^{\infty} \dfrac{1}{n^p} (p > 0)$ 的收敛性。

解：（1）当 $p = 1$ 时，$p$ 级数成为调和级数 $\sum\limits_{n=1}^{\infty} \dfrac{1}{n}$，发散；

（2）当 $p < 1$ 时，$n^p < n$，$\dfrac{1}{n^p} > \dfrac{1}{n}$，根据比较审敛法可知 $\sum\limits_{n=1}^{\infty} \dfrac{1}{n^p}$ 发散；

（3）$p$ 级数的部分和 $S_n$ 满足 $S_n - 1 = \dfrac{1}{2^p} + \dfrac{1}{3^p} + \cdots + \dfrac{1}{n^p}$。

图 7–1 中绘出了 $p > 1$ 时函数 $y = \dfrac{1}{x^p}$ 的曲线，等式右侧取和的值正是图中 $n-1$ 个小矩形面积的和，它小于 $[1, n]$ 区间上连续曲线 $y = \dfrac{1}{x^p}$ 所覆盖的面积，即当 $p > 1$ 时，

$$\frac{1}{2^p} + \frac{1}{3^p} + \cdots + \frac{1}{n^p} < \int_1^n \frac{\mathrm{d}x}{x^p} = \int_1^n x^{-p} \mathrm{d}x = \left. \frac{x^{1-p}}{1-p} \right|_1^n = \frac{1}{p-1}\left(1 - \frac{1}{n^{p-1}}\right)$$

故：

$$S_n = 1 + \frac{1}{2^p} + \frac{1}{3^p} + \cdots + \frac{1}{n^p} < 1 + \int_1^n \frac{\mathrm{d}x}{x^p} = 1 + \frac{1}{p-1}\left(1 - \frac{1}{n^{p-1}}\right)$$

$$S_n < 1 + \frac{1}{p-1}\left(1 - \frac{1}{n^{p-1}}\right) < 1 + \frac{1}{p-1} = \frac{p}{p-1}$$

由于部分和数列有界，所以，当 $p > 1$ 时 $p$ 级数收敛。

$$p \text{ 级数 } \sum_{n=1}^{\infty} \frac{1}{n^p} \begin{cases} \text{发散} & (0 < p \leqslant 1) \\ \text{收敛} & (p > 1) \end{cases}$$

$p$ 级数常被当作比较对象，用以检查其他级数的敛散性。

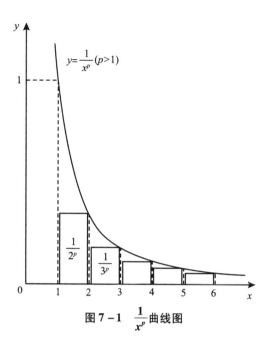

图 7 - 1 $\dfrac{1}{x^p}$ 曲线图

【例题 7.2.2】判断下列正项级数的敛散性。

(1) $\displaystyle\sum_{n=2}^{\infty} \dfrac{1}{\sqrt{(n-1)(n+1)}} = \dfrac{1}{\sqrt{1 \cdot 3}} + \dfrac{1}{\sqrt{2 \cdot 4}} + \cdots + \dfrac{1}{\sqrt{(n-1)(n+1)}} + \cdots$

解：$u_n = \dfrac{1}{\sqrt{(n-1)(n+1)}} > \dfrac{1}{\sqrt{(n+1)(n+1)}} = \dfrac{1}{n+1} = v_n$，而 $\displaystyle\sum_{n=2}^{\infty} \dfrac{1}{n+1}$ 是去掉前

两项的调和级数，发散，所以级数 $\displaystyle\sum_{n=2}^{\infty} \dfrac{1}{\sqrt{(n-1)(n+1)}}$ 发散。

(2) $\displaystyle\sum_{n=2}^{\infty} \dfrac{1}{2n-2} = 2 + \dfrac{1}{4} + \cdots + \dfrac{1}{2n-2} + \cdots$

解：$u_n = \dfrac{1}{2n-2} > \dfrac{1}{2n}$，而级数 $\displaystyle\sum_{n=1}^{\infty} \dfrac{1}{2n} = \dfrac{1}{2}\displaystyle\sum_{n=1}^{\infty} \dfrac{1}{n}$ 发散，所以级数 $\displaystyle\sum_{n=1}^{\infty} \dfrac{1}{2n-2}$ 发散。

(3) $\displaystyle\sum_{n=1}^{\infty} \dfrac{1+n^2}{1+n^3}$

解：因为 $\dfrac{1+n^2}{1+n^3} \geqslant \dfrac{1+n^2}{n+n^3} = \dfrac{1}{n}$，而 $\displaystyle\sum_{n=1}^{\infty} \dfrac{1}{n}$ 发散，所以 $\displaystyle\sum_{n=1}^{\infty} \dfrac{1+n^2}{1+n^3}$ 发散。

(4) $\displaystyle\sum_{n=1}^{\infty} \dfrac{2+(-1)^n}{4^n} = \dfrac{2+(-1)^1}{4^1} + \dfrac{2+(-1)^2}{4^2} + \cdots + \dfrac{2+(-1)^n}{4^n} + \cdots$

解：由于 $0 < \dfrac{2+(-1)^n}{4^n} < \dfrac{3}{4^n}$，而 $\displaystyle\sum_{n=1}^{\infty} \dfrac{3}{4^n}$ 为收敛级数，所以 $\displaystyle\sum_{n=1}^{\infty} \dfrac{2+(-1)^n}{4^n}$ 收敛。

(5) $\displaystyle\sum_{n=1}^{\infty} \dfrac{n^3+1}{n^4} = \dfrac{1^3+1}{1^4} + \dfrac{2^3+1}{2^4} + \cdots + \dfrac{n^3+1}{n^4} + \cdots$

解：$u_n = \dfrac{n^3+1}{n^4} = \dfrac{1}{n} + \dfrac{1}{n^4} > \dfrac{1}{n}$，所以级数 $\displaystyle\sum_{n=1}^{\infty} \dfrac{n^3+1}{n^4}$ 发散。

（6）$\displaystyle\sum_{n=1}^{\infty}\frac{1}{\sqrt{n}}$

解：因为 $\dfrac{1}{\sqrt{n}}>\dfrac{1}{n}$，而 $\displaystyle\sum_{n=1}^{\infty}\frac{1}{n}$ 发散，所以级数 $\displaystyle\sum_{n=1}^{\infty}\frac{1}{\sqrt{n}}$ 发散。

（7）$\displaystyle\sum_{n=1}^{\infty}2^{n}\cdot\sin\frac{\pi}{3^{n}}$

解：因为 $2^{n}\cdot\sin\dfrac{\pi}{3^{n}}<2^{n}\cdot\dfrac{\pi}{3^{n}}=\pi\cdot\left(\dfrac{2}{3}\right)^{n}$，而级数 $\displaystyle\sum_{n=1}^{\infty}\pi\cdot\left(\frac{2}{3}\right)^{n}$ 收敛，所以级数

$\displaystyle\sum_{n=1}^{\infty}2^{n}\cdot\sin\frac{\pi}{3^{n}}$ 收敛。

（8）$\displaystyle\sum_{n=1}^{\infty}\sin\frac{\pi}{2^{n}}=\sin\frac{\pi}{2}+\sin\frac{\pi}{2^{2}}+\cdots+\sin\frac{\pi}{2^{n}}+\cdots$

解：当 $0<x<\dfrac{\pi}{2}$ 时，由于 $\sin x<x$[①]，有 $u_{n}=\sin\dfrac{\pi}{2^{n}}<\dfrac{\pi}{2^{n}}$

而级数 $\displaystyle\sum_{n=1}^{\infty}\frac{\pi}{2^{n}}$ 是首项 $a=\dfrac{\pi}{2}$，公比 $q=\dfrac{1}{2}$ 的等比级数，收敛。所以，级数 $\displaystyle\sum_{n=1}^{\infty}\sin\frac{\pi}{2^{n}}$ 收敛。

【例题 7.2.3】已知级数 $\displaystyle\sum_{n=1}^{\infty}u_{n}$ 收敛，且 $u_{n}>0(n=1，2，\cdots)$。证明：$a>1$ 时，级数 $\displaystyle\sum_{n=1}^{\infty}\sqrt{\frac{u_{n}}{n^{a}}}$ 也收敛。

证：因为 $\displaystyle\sum_{n=1}^{\infty}u_{n}$ 收敛，$\displaystyle\sum_{n=1}^{\infty}\frac{1}{n^{a}}$ 当 $a>1$ 时收敛。

而 $\sqrt{\dfrac{u_{n}}{n^{a}}}=\sqrt{u_{n}}\cdot\sqrt{\dfrac{1}{n^{a}}}\leqslant\dfrac{1}{2}\left(u_{n}+\dfrac{1}{n^{a}}\right)$，所以由 $\displaystyle\sum_{n=1}^{\infty}\frac{1}{2}\left(u_{n}+\frac{1}{n^{a}}\right)$ 收敛得 $\displaystyle\sum_{n=1}^{\infty}\sqrt{\frac{u_{n}}{n^{a}}}$ 收敛。

【例题 7.2.4】（2011 年·考研数三第 3 题）设 $\{u_{n}\}$ 是数列，则下列命题正确的是（　　）。

A. 若 $\displaystyle\sum_{n=1}^{\infty}u_{n}$ 收敛，则 $\displaystyle\sum_{n=1}^{\infty}(u_{2n-1}+u_{2n})$ 收敛

B. 若 $\displaystyle\sum_{n=1}^{\infty}(u_{2n-1}+u_{2n})$ 收敛，则 $\displaystyle\sum_{n=1}^{\infty}u_{n}$ 收敛

C. 若 $\displaystyle\sum_{n=1}^{\infty}u_{n}$ 收敛，则 $\displaystyle\sum_{n=1}^{\infty}(u_{2n-1}-u_{2n})$ 收敛

D. 若 $\displaystyle\sum_{n=1}^{\infty}(u_{2n-1}-u_{2n})$ 收敛，则 $\displaystyle\sum_{n=1}^{\infty}u_{n}$ 收敛

解：由常数项级数的性质：收敛级数任意添加括号后仍收敛，故 A 正确。

------

① 在闭区间 $[0，x]$ 上对函数 $\sin x$ 应用 *Lagrange* 中值定理 $\sin x-\sin 0=\cos\xi(x-0)$　$0<\xi x<\dfrac{\pi}{2}$，$1>\cos\xi>0$，故 $\sin x<x$。

### 7.2.3 正项级数的比阶审敛法——比较审敛法的极限形式

在排除了 $\lim_{n\to\infty} u_n \neq 0$ 的情况以后，正项级数 $\sum_{n=1}^{\infty} u_n$ 的敛散性还可以从 $n\to\infty$ 过程中，$u_n$ 趋于零的速率与已知敛散性级数 $\sum_{n=1}^{\infty} v_n$ 通项 $v_n$ 趋于零的速率之比中得到确定。

设 $\sum_{n=1}^{\infty} u_n$ 和 $\sum_{n=1}^{\infty} v_n$ 是两个正项级数，它们通项比在 $n\to\infty$ 时的极限 $\lim_{n\to\infty} \dfrac{u_n}{v_n} = k$。

（1）如果 $0 < k < +\infty$（$n\to\infty$ 时，$u_n$ 与 $v_n$ 是同阶或等价无穷小），两个正项级数有相同的敛散性。

（2）如果 $k = 0$（$n\to\infty$ 时，$u_n = o(v_n)$），由级数 $\sum_{n=1}^{\infty} v_n$ 收敛可推知级数 $\sum_{n=1}^{\infty} u_n$ 收敛。

（3）如果 $k = +\infty$，由级数 $\sum_{n=1}^{\infty} v_n$ 发散可推知级数 $\sum_{n=1}^{\infty} u_n$ 发散。

证：（1）由于 $\lim_{n\to\infty} \dfrac{u_n}{v_n} = k$，根据极限定义可知，$\forall \varepsilon > 0$，$\exists m \in N$，自 $m$ 项起，以后各项都满足不等式

$$\left| \frac{u_n}{v_n} - k \right| < \varepsilon$$

即 $k - \varepsilon < \dfrac{u_n}{v_n} < k + \varepsilon$，化为：

$$(k-\varepsilon)v_n < u_n < (k+\varepsilon)v_n$$

如果 $0 < k < +\infty$，由 $u_n < (k+\varepsilon)v_n$ 可知，级数 $\sum_{n=1}^{\infty} v_n$ 收敛必有级数 $\sum_{n=1}^{\infty} u_n$ 收敛；

如果 $0 < k < +\infty$，由 $(k-\varepsilon)v_n < u_n$ 可知，级数 $\sum_{n=1}^{\infty} v_n$ 发散必有级数 $\sum_{n=1}^{\infty} u_n$ 发散。

如果以 $p$ 级数 $\sum_{n=1}^{\infty} \dfrac{1}{n^p}$ $(p > 0)$ 作为正项级数 $\sum_{n=1}^{\infty} u_n$ 的比较对象，若：

$$\lim_{n\to\infty} n^p u_n = k \quad 0 < k < +\infty$$

在 $p > 1$ 时，正项级数 $\sum_{n=1}^{\infty} u_n$ 收敛，在 $p \leq 1$ 时，正项级数 $\sum_{n=1}^{\infty} u_n$ 发散。

（2）当 $k = 0$ 时，利用 $u_n < (k+\varepsilon)v_n$，由比较审敛法知，若 $\sum_{n=1}^{\infty} v_n$ 收敛，则 $\sum_{n=1}^{\infty} u_n$ 也收敛；

（3）当 $k = +\infty$ 时，存在 $N \in Z^+$，当 $n > N$ 时，$\dfrac{u_n}{v_n} > 1$，由比较审敛法知，若 $\sum_{n=1}^{\infty} v_n$

发散，则 $\sum\limits_{n=1}^{\infty} u_n$ 也发散。

**【例题 7.2.5】** 判断下列正项级数的敛散性。

(1) $\sum\limits_{n=1}^{\infty} (a^{\frac{1}{n^2}} - 1)(a > 1)$

解：因为 $\lim\limits_{n \to \infty} \dfrac{a^{\frac{1}{n^2}} - 1}{\dfrac{1}{n^2}} = \ln a$，所以 $\sum\limits_{n=1}^{\infty} (a^{\frac{1}{n^2}} - 1)$ 与 $\sum\limits_{n=1}^{\infty} \dfrac{1}{n^2}$ 敛散性相同，而级数 $\sum\limits_{n=1}^{\infty} \dfrac{1}{n^2}$ 收

敛，所以级数 $\sum\limits_{n=1}^{\infty} (a^{\frac{1}{n^2}} - 1)$ 收敛。

(2) $\sum\limits_{n=1}^{\infty} \dfrac{\ln n}{n^{\frac{4}{3}}}$

解：因为 $\lim\limits_{n \to \infty} \dfrac{\dfrac{\ln n}{n^{\frac{4}{3}}}}{\dfrac{1}{n^{1.1}}} = \lim\limits_{n \to \infty} \dfrac{\ln n}{n^{0.23}} = 0$，且级数 $\sum\limits_{n=1}^{\infty} \dfrac{1}{n^{1.1}}$ 收敛，所以级数 $\sum\limits_{n=1}^{\infty} \dfrac{\ln n}{n^{\frac{4}{3}}}$ 收敛。

(3) $\sum\limits_{n=1}^{\infty} u_n = \sum\limits_{n=1}^{\infty} \dfrac{2}{\sqrt{n^2 + n + 2}}$

解：$u_n = \dfrac{2}{\sqrt{n^2 + n + 2}} = \dfrac{2}{n\sqrt{1 + \dfrac{1}{n} + \dfrac{2}{n^2}}}$，用调和级数 $\sum\limits_{n=1}^{\infty} v_n = \sum\limits_{n=1}^{\infty} \dfrac{1}{n}$ 作为比较对象，

由于 $\lim\limits_{n \to \infty} \dfrac{u_n}{v_n} = \lim\limits_{n \to \infty} \dfrac{2}{\sqrt{1 + \dfrac{1}{n} + \dfrac{2}{n^2}}} = 2$，所以两级数敛散性相同，级数 $\sum\limits_{n=1}^{\infty} \dfrac{2}{\sqrt{n^2 + n + 2}}$ 发散。

(4) $\sum\limits_{n=1}^{\infty} \dfrac{1}{n\sqrt[n]{n}}$

解：因为 $\lim\limits_{n \to \infty} \sqrt[n]{n} = 1$，所以 $\lim\limits_{n \to \infty} \dfrac{\dfrac{1}{n\sqrt[n]{n}}}{\dfrac{1}{n}} = 1$，即 $\sum\limits_{n=1}^{\infty} \dfrac{1}{n\sqrt[n]{n}}$ 与 $\sum\limits_{n=1}^{\infty} \dfrac{1}{n}$ 有相同的敛散性，而

$\sum\limits_{n=1}^{\infty} \dfrac{1}{n}$ 发散，故 $\sum\limits_{n=1}^{\infty} \dfrac{1}{n\sqrt[n]{n}}$ 发散。

(5) $\sum\limits_{n=1}^{\infty} \dfrac{1}{na + b}(a > 0, b > 0)$

解：由于 $\lim\limits_{n \to \infty} \dfrac{\dfrac{1}{na + b}}{\dfrac{1}{n}} = \dfrac{1}{a} \neq 0$，所以级数 $\sum\limits_{n=1}^{\infty} \dfrac{1}{na + b}$ 与级数 $\sum\limits_{n=1}^{\infty} \dfrac{1}{n}$ 有相同的敛散性，

且级数 $\sum\limits_{n=1}^{\infty} \dfrac{1}{n}$ 发散，所以级数 $\sum\limits_{n=1}^{\infty} \dfrac{1}{na + b}$ 发散。

（6）$\displaystyle\sum_{n=1}^{\infty}\frac{1}{2n^2-3n+4}$

解：由于 $\displaystyle\lim_{n\to\infty}\frac{n^2}{2n^2-3n+4}=\frac{1}{2}$，而 $\displaystyle\sum_{n=1}^{\infty}\frac{1}{n^2}$ 收敛，所以级数 $\displaystyle\sum_{n=1}^{\infty}\frac{1}{2n^2-3n+4}$ 收敛。

（7）$\displaystyle\sum_{n=1}^{\infty}\frac{n}{\sqrt{n^3+n+1}}$

解：由于 $\displaystyle\lim_{n\to\infty}\frac{\frac{n}{\sqrt{n^3+n+1}}}{\frac{1}{n^{\frac{1}{2}}}}=1$，且 $\displaystyle\lim_{n\to\infty}\frac{1}{n^{\frac{1}{2}}}$ 发散，所以级数 $\displaystyle\sum_{n=1}^{\infty}\frac{n}{\sqrt{n^3+n+1}}$ 发散。

**【例题 7.2.6】**（2013 年·考研数三第 4 题）设 $\{a_n\}$ 为正项数列，下列选项正确的是（　　）。

A. 若 $a_n>a_{n+1}$，则 $\displaystyle\sum_{n=1}^{\infty}(-1)^{n-1}a_n$ 收敛

B. 若 $\displaystyle\sum_{n=1}^{\infty}(-1)^{n-1}a_n$ 收敛，则 $a_n>a_{n+1}$

C. 若 $\displaystyle\sum_{n=1}^{\infty}a_n$ 收敛，则存在常数 $P>1$，使 $\displaystyle\lim_{n\to\infty}n^p a_n$ 存在

D. 若存在常数 $P>1$，使 $\displaystyle\lim_{n\to\infty}n^p a_n$ 存在，则 $\displaystyle\sum_{n=1}^{\infty}a_n$ 收敛

解：因为 $\displaystyle\sum_{n=1}^{\infty}\frac{1}{n^p}\ (p>1)$ 收敛，$\displaystyle\lim_{n\to\infty}na_n$ 存在，则 $\displaystyle\sum_{n=1}^{\infty}a_n$ 收敛。故应选 D。

### 7.2.4　正项级数的比值审敛法——利用级数自身性质审敛

设 $\displaystyle\sum_{n=1}^{\infty}u_n$ 为正项级数，$\displaystyle\lim_{n\to\infty}\frac{u_{n+1}}{u_n}=\rho$，当 $\rho<1$ 时，级数收敛；当 $\rho>1$ 时，级数发散。

证：由极限定义，$\displaystyle\lim_{n\to\infty}\frac{u_{n+1}}{u_n}=\rho$ 意味着 $\forall\varepsilon>0$，$\exists m\in N$，当 $n>m$ 时，恒有不等式 $\left|\dfrac{u_{n+1}}{u_n}-\rho\right|<\varepsilon$，即：

$$\rho-\varepsilon<\frac{u_{n+1}}{u_n}<\rho+\varepsilon$$

当 $\rho<1$ 时，取 $\rho+\varepsilon=q<1$，由右侧不等式 $\dfrac{u_{n+1}}{u_n}<q$，$n>m$ 可知：

$$u_{m+1}<u_m q$$
$$u_{m+2}<u_{m+1}q<u_m q^2$$
$$\cdots\cdots$$

将以上不等式两侧分别取和，有：

$$u_{m+1} + u_{m+2} + \cdots < u_m q + u_m q^2 + \cdots$$

这个不等式右侧是公比 $q < 1$ 的等比级数，收敛；不等式左侧是正项级数 $\sum\limits_{n=1}^{\infty} u_n$ 的 $m$ 项后余项，因此，$\sum\limits_{n=1}^{\infty} u_n$ 是收敛级数。

当 $\rho > 1$ 时，取 $\rho - \varepsilon = r > 1$，由左侧不等式 $r < \dfrac{u_{n+1}}{u_n}$，$n > m$ 可知：

$$u_{m+1} > u_m r$$
$$u_{m+2} > u_{m+1} r > u_m r^2$$
$$\cdots\cdots$$

即 $n > m$ 以后，正项级数 $\sum\limits_{n=1}^{\infty} u_n$ 的通项是单调增的，$\lim\limits_{n\to\infty} u_n \neq 0$，因此，级数 $\sum\limits_{n=1}^{\infty} u_n$ 发散。

当 $\rho = \lim\limits_{n\to\infty} \dfrac{u_{n+1}}{u_n} = 1$ 时，级数 $\sum\limits_{n=1}^{\infty} u_n$ 可能收敛也可能发散。

例如 $p$ 级数，无论 $p$ 为何值 $\rho = \lim\limits_{n\to\infty} \dfrac{u_{n+1}}{u_n} = \lim\limits_{n\to\infty} \dfrac{n^p}{(n+1)^p} = 1$，而 $p \leqslant 1$ 时 $p$ 级数发散，$p > 1$ 时 $p$ 级数收敛。在出现 $\rho = 1$ 的情况下，比值审敛法失效。

比值审敛法也称 D'Alembert 判别法。这种方法的优点是无须与其他已知敛散性的级数进行比较，只需按正项级数 $\sum\limits_{n=1}^{\infty} u_n$ 的自身状况，以后项与前项比的极限 $\lim\limits_{n\to\infty} \dfrac{u_{n+1}}{u_n}$ 来判断级数的敛散性。

在以上几种审敛法中，比较审敛法是最基本的审敛法，凡是通项 $u_n$ 与 $p$ 级数或等比级数的通项容易分辨大小时，用比较审敛法审敛简单。极限审敛法实际上与已知敛散性的级数进行比阶；凡是通项中含 $n^n$，$n!$，$a^n$ 时，可试用比值审敛法。

【例题 7.2.7】判断下列正项级数的敛散性。

（1）$\sum\limits_{n=1}^{\infty} u_n = \sum\limits_{n=1}^{\infty} \dfrac{n^2}{3^n}$

解：应用比值审敛法，$\rho = \lim\limits_{n\to\infty} \dfrac{u_{n+1}}{u_n} = \lim\limits_{n\to\infty} \dfrac{(n+1)^2}{3^{n+1}} \cdot \dfrac{3^n}{n^2} = \dfrac{1}{3} < 1$，此级数收敛。

（2）$\sum\limits_{n=1}^{\infty} u_n = \sum\limits_{n=1}^{\infty} \dfrac{2^n}{2n-1}$

解：$\rho = \lim\limits_{n\to\infty} \dfrac{u_{n+1}}{u_n} = \lim\limits_{n\to\infty} \dfrac{2^{n+1}}{2n+1} \cdot \dfrac{2n-1}{2^n} = 2 > 1$

此级数发散。

（3）$\sum\limits_{n=1}^{\infty} u_n = \sum\limits_{n=1}^{\infty} \dfrac{n!}{n^n}$

解：$\rho = \lim\limits_{n \to \infty} \dfrac{u_{n+1}}{u_n} = \lim\limits_{n \to \infty} \dfrac{(n+1)!}{(n+1)^{n+1}} \cdot \dfrac{n^n}{n!} = \lim\limits_{n \to \infty} \left(\dfrac{n}{n+1}\right)^n = \lim\limits_{n \to \infty} \dfrac{1}{\left(1 + \dfrac{1}{n}\right)^n} = \dfrac{1}{e} < 1$，此级数

收敛。

(4) $\sum\limits_{n=1}^{\infty} \dfrac{(n+1)!}{n^{n+1}}$

解：应用比值审敛法，

$$\rho = \lim\limits_{n \to \infty} \dfrac{u_{n+1}}{u_n} = \lim\limits_{n \to \infty} \dfrac{\dfrac{(n+2)!}{(n+1)^{n+2}}}{\dfrac{(n+1)!}{n^{n+1}}} = \lim\limits_{n \to \infty} \dfrac{n}{n+1} \cdot \dfrac{n+2}{n+1} \cdot \left(\dfrac{n}{n+1}\right)^n = \dfrac{1}{e} < 1，此级数收敛。$$

(5) $\sum\limits_{n=1}^{\infty} \dfrac{(2n-1)!!}{3^n \cdot n!}$

解：应用比值审敛法，$\rho = \lim\limits_{n \to \infty} \dfrac{u_{n+1}}{u_n} = \lim\limits_{n \to \infty} \dfrac{(2n+1)!!}{3^{n+1} \cdot (n+1)!} \cdot \dfrac{3^n \cdot n!}{(2n-1)!!} = \dfrac{1}{3} \lim\limits_{n \to \infty} \dfrac{2n+1}{n+1} =$

$\dfrac{2}{3} < 1$，此级数收敛。

(6) $\sum\limits_{n=1}^{\infty} \dfrac{2n \cdot n!}{n^n}$

解：应用比值审敛法，$\rho = \lim\limits_{n \to \infty} \dfrac{u_{n+1}}{u_n} = \lim\limits_{n \to \infty} \dfrac{(2n+2) \cdot (n+1)!}{(n+1)^{n+1}} \cdot \dfrac{3^n \cdot n!}{(2n-1)!!} = \dfrac{1}{3} \lim\limits_{n \to \infty}$

$\dfrac{2n+1}{n+1} = \dfrac{2}{3} < 1$，此级数收敛。

(7) $\sum\limits_{n=1}^{\infty} \dfrac{(n!)^2}{(2n)!}$

解：应用比值审敛法，$\rho = \lim\limits_{n \to \infty} \dfrac{u_{n+1}}{u_n} = \lim\limits_{n \to \infty} \dfrac{[(n+1)!]^2}{[2(n+1)]!} \cdot \dfrac{(2n)!}{(n!)^2} = \lim\limits_{n \to \infty} \dfrac{(n+1)^2}{(2n+1)(2n+2)} =$

$\dfrac{1}{4} < 1$，此级数收敛。

## 7.2.5 交错级数及其审敛法

正项和负项交错排列的级数称为交错级数，如

$$\sum\limits_{n=1}^{\infty} (-1)^{n-1} u_n = u_1 - u_2 + u_3 - u_4 + \cdots \quad (u_n > 0, \ n = 1, \ 2, \ \cdots)$$

若数列 $(u_n)_{n=1}^{\infty}$ 单调减，即 $u_{n+1} < u_n$，且 $\lim\limits_{n \to \infty} u_n = 0$，则交错级数 $\sum\limits_{n=1}^{\infty} (-1)^{n-1} u_n$ 的部分和数列 $(S_n)_{n=1}^{\infty}$ 各项数值随 $n$ 增大而摆动，如图 7-2 所示。

$$S_1 = u_1, \ S_2 = S_1 - u_2, \ S_3 = S_2 + u_3, \ S_4 = S_3 - u_4, \ \cdots, \ S_n = S_{n-1} + (-1)^{n-1} u_n, \ \cdots$$

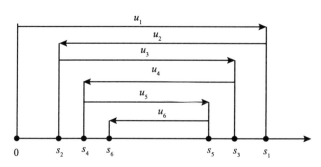

图 7-2 交错级数 $\sum\limits_{n=1}^{\infty}(-1)^{n-1}u_n$ 的部分和数列关系图

显然，当 $n\to\infty$ 时，$S_n$ 将趋于一个极限值。

交错级数审敛法（Leibniz 准则）

若交错级数 $\sum\limits_{n=1}^{\infty}(-1)^{n-1}u_n$（$u_n>0$）满足条件（1）$u_{n+1}<u_n$；（2）$\lim\limits_{n\to\infty}u_n=0$，则级

数收敛，其级数和 $s<u_1$；余项 $r_n=\sum\limits_{k=n+1}^{\infty}(-1)^{k-1}u_k$ 的绝对值 $|r_n|\leqslant u_{n+1}$。

证明：在交错级数部分和数列中提取出偶数项子数列，其通项：

$$S_{2n}=(u_1-u_2)+(u_3-u_4)+\cdots+(u_{2n-1}-u_{2n})$$

由于 $u_n>u_{n+1}$，上式中，各组括弧的值均为正，故数列 $(S_{2n})_{n=1}^{\infty}$ 单调增。

重划括号，将通项 $S_{2n}$ 改写成以下形式：

$$S_{2n}=u_1-(u_2-u_3)-(u_4-u_5)-\cdots-(u_{2n-2}-u_{2n-1})-u_{2n}$$

各组括弧的值仍然为正，可知 $S_{2n}<u_1$，即数列 $(S_{2n})_{n=1}^{\infty}$ 有界。

根据单调有界数列存在极限的准则，有：

$$\lim_{n\to\infty}S_{2n}=s<u_1$$

再考虑交错级数部分和数列的奇数项子数列，其通项：

$$S_{2n-1}=S_{2n}-u_{2n}$$

显然：

$$\lim_{n\to\infty}S_{2n-1}=\lim_{n\to\infty}S_{2n}-\lim_{n\to\infty}u_{2n}=\lim_{n\to\infty}S_{2n}=s$$

即交错级数部分和数列的奇数项子数列 $(S_{2n-1})_{n=1}^{\infty}$ 与偶数项子数列 $(S_{2n})_{n=1}^{\infty}$ 同收敛于 $s$。

所以，交错级数收敛，而且级数和不超过 $u_1$。

此级数的 $n$ 项余和：

$$r_n=\sum_{n=1}^{\infty}(-1)^{n-1}u_n-S_n=\sum_{k=n+1}^{\infty}(-1)^{k-1}u_k$$

与原级数同敛散。若以 $S_n$ 作为级数和 $s$ 的近似值，其误差不大于 $|u_{n+1}|$。

**【例题 7.2.8】** 判断下列交错级数的敛散性。

（1）$\sum\limits_{n=1}^{\infty}(-1)^{n-1}\dfrac{1}{n}=1-\dfrac{1}{2}+\dfrac{1}{3}-\dfrac{1}{4}+\cdots$ （$=\ln 2$）

解：$u_n = \dfrac{1}{n}$，满足条件 $u_{n+1} < u_n$ 和 $\lim\limits_{n \to \infty} u_n = 0$，该交错级数收敛。

（2）$\sum\limits_{n=2}^{\infty} (-1)^{n-1} \dfrac{1}{\ln(n+1)}$

解：$u_n = \dfrac{1}{\ln(n+1)}$，满足条件 $u_{n+1} < u_n$ 和 $\lim\limits_{n \to \infty} u_n = 0$，交错级数收敛。因为 $\dfrac{1}{\ln(n+1)} > \dfrac{1}{n+1}$，而 $\sum\limits_{n=1}^{\infty} \dfrac{1}{n+1}$ 发散，从而 $\sum\limits_{n=2}^{\infty} \dfrac{1}{\ln(n+1)}$ 也发散。

### 7.2.6　任意项级数的绝对收敛与条件收敛

正项与负项任意出现的级数 $\sum\limits_{n=1}^{\infty} u_n$ 称为任意项级数，$\sum\limits_{n=1}^{\infty} |u_n|$ 是它的绝对值级数。

定理：若绝对值级数 $\sum\limits_{n=1}^{\infty} |u_n|$ 收敛，则任意项级数 $\sum\limits_{n=1}^{\infty} u_n$ 必收敛。

证：由于 $\sum\limits_{n=1}^{\infty} u_n$ 是任意项级数，不是正项级数，所以不能由 $u_n \leqslant |u_n|$ 来判断 $\sum\limits_{n=1}^{\infty} u_n$ 收敛。但是：

$$0 \leqslant u_n + |u_n| \leqslant 2|u_n|$$

根据比较审敛法，由正项级数 $2\sum\limits_{n=1}^{\infty} |u_n|$ 收敛可推知正项级数 $\sum\limits_{n=1}^{\infty} (u_n + |u_n|)$ 收敛。而

$$u_n = (u_n + |u_n|) - |u_n|$$

即任意项级数 $\sum\limits_{n=1}^{\infty} u_n$ 等于收敛的两个正项级数 $\sum\limits_{n=1}^{\infty} (u_n + |u_n|)$ 与 $\sum\limits_{n=1}^{\infty} |u_n|$ 之差，故任意项级数的绝对值级数收敛时，原级数必然收敛。

定义：如果级数 $\sum\limits_{n=1}^{\infty} u_n$ 的绝对值级数 $\sum\limits_{n=1}^{\infty} |u_n|$ 收敛，称级数 $\sum\limits_{n=1}^{\infty} u_n$ 绝对收敛；如果级数 $\sum\limits_{n=1}^{\infty} u_n$ 收敛而它的绝对值级数 $\sum\limits_{n=1}^{\infty} |u_n|$ 发散，称级数 $\sum\limits_{n=1}^{\infty} u_n$ 条件收敛。

【例题 7.2.9】判断下列级数的敛散性，如果收敛指出是绝对收敛还是条件收敛。

（1）$\sum\limits_{n=1}^{\infty} \dfrac{1}{n^2} \sin \dfrac{n\pi}{4}$

解：由于 $0 \leqslant \left| \sin \dfrac{n\pi}{4} \right| \leqslant 1$，则 $0 \leqslant \left| \dfrac{1}{n^2} \sin \dfrac{n\pi}{4} \right| \leqslant \dfrac{1}{n^2}$，故级数 $\sum\limits_{n=1}^{\infty} \left| \dfrac{1}{n^2} \sin \dfrac{n\pi}{4} \right|$ 收敛，级数 $\sum\limits_{n=1}^{\infty} \dfrac{1}{n^2} \sin \dfrac{n\pi}{4}$ 绝对收敛。

（2）$\sum\limits_{n=1}^{\infty} (-1)^n \dfrac{n+2}{n+1} \cdot \dfrac{1}{\sqrt{n}}$

解：$\sum\limits_{n=1}^{\infty}(-1)^n\dfrac{n+2}{n+1}\cdot\dfrac{1}{\sqrt{n}}=\sum\limits_{n=1}^{\infty}(-1)^n\cdot\dfrac{1}{\sqrt{n}}+\sum\limits_{n=1}^{\infty}(-1)^n\cdot\dfrac{1}{(n+1)\sqrt{n}}$，由于

$\sum\limits_{n=1}^{\infty}(-1)^n\cdot\dfrac{1}{\sqrt{n}}$ 条件收敛，$\sum\limits_{n=1}^{\infty}(-1)^n\cdot\dfrac{1}{(n+1)\sqrt{n}}$ 绝对收敛，故级数 $\sum\limits_{n=1}^{\infty}(-1)^n\dfrac{n+2}{n+1}\cdot$

$\dfrac{1}{\sqrt{n}}$ 条件收敛。

（3）（2016 年·考研数三第 4 题）级数 $\sum\limits_{n=1}^{\infty}\left(\dfrac{1}{\sqrt{n}}-\dfrac{1}{\sqrt{n+1}}\right)\sin(n+k)$（$k$ 为常数）（　　）。

A. 绝对收敛 　　　　　　　　　　B. 条件收敛

C. 发散 　　　　　　　　　　　　D. 收敛性与 $k$ 有关

解：$\left|\left(\dfrac{1}{\sqrt{n}}-\dfrac{1}{\sqrt{n+1}}\right)\sin(n+k)\right|\leqslant\dfrac{1}{\sqrt{n}}-\dfrac{1}{\sqrt{n+1}}$，

对级数 $\sum\limits_{n=1}^{\infty}\left(\dfrac{1}{\sqrt{n}}-\dfrac{1}{\sqrt{n+1}}\right)$，$S_n=\left(1-\dfrac{1}{\sqrt{2}}\right)+\left(\dfrac{1}{\sqrt{2}}-\dfrac{1}{\sqrt{3}}\right)+\cdots+\left(\dfrac{1}{\sqrt{n}}-\dfrac{1}{\sqrt{n+1}}\right)=1-$

$\dfrac{1}{\sqrt{n+1}}$，

由 $\lim\limits_{n\to\infty}S_n=1$ 得级数 $\sum\limits_{n=1}^{\infty}\left(\dfrac{1}{\sqrt{n}}-\dfrac{1}{\sqrt{n+1}}\right)$ 收敛，

由正项级数比较审敛法得 $\sum\limits_{n=1}^{\infty}\left|\left(\dfrac{1}{\sqrt{n}}-\dfrac{1}{\sqrt{n+1}}\right)\sin(n+k)\right|$ 收敛，应选 A。

（4）（2015 年·考研数三第 4 题）下列级数中发散的是（　　）。

A. $\sum\limits_{n=1}^{\infty}\dfrac{n}{3^n}$ 　　　　　　　　　　B. $\sum\limits_{n=1}^{\infty}\dfrac{1}{\sqrt{n}}\ln\left(1+\dfrac{1}{n}\right)$

C. $\sum\limits_{n=2}^{\infty}\dfrac{(-1)^n+1}{\ln n}$ 　　　　　　　D. $\sum\limits_{n=1}^{\infty}\dfrac{n!}{n^n}$

解：$\sum\limits_{n=2}^{\infty}\dfrac{(-1)^n+1}{\ln n}=\sum\limits_{n=2}^{\infty}\dfrac{(-1)^n}{\ln n}+\sum\limits_{n=2}^{\infty}\dfrac{1}{\ln n}$，由莱布尼茨审敛法得 $\sum\limits_{n=2}^{\infty}\dfrac{(-1)^n}{\ln n}$ 收敛，

对 $\sum\limits_{n=2}^{\infty}\dfrac{1}{\ln n}$，因为 $\dfrac{1}{\ln n}\geqslant\dfrac{1}{n}$ 且 $\sum\limits_{n=2}^{\infty}\dfrac{1}{n}$ 发散，所以由正项级数比较审敛法得 $\sum\limits_{n=2}^{\infty}\dfrac{1}{\ln n}$ 发散，

故 $\sum\limits_{n=1}^{\infty}\dfrac{(-1)^n+1}{\ln n}$ 发散，应选 C。

（5）（2012 年·考研数三第 4 题）已知级数 $\sum\limits_{n=1}^{\infty}(-1)^n\sqrt{n}\sin\dfrac{1}{n^a}$ 绝对收敛，级数

$\sum\limits_{n=1}^{\infty}\dfrac{(-1)^n}{n^{2-a}}$ 条件收敛，则 $a$ 的范围为（　　）。

A. $0<a\leqslant\dfrac{1}{2}$ 　　　　　　　　B. $\dfrac{1}{2}<a\leqslant1$

C. $1 < a \leqslant \dfrac{3}{2}$  $\qquad\qquad\qquad\qquad$ D. $\dfrac{3}{2} < a < 2$

解：$\sqrt{n}\sin\dfrac{1}{n^a} = \dfrac{1}{n^{a-\frac{1}{2}}}$，因为 $\displaystyle\sum_{n=1}^{\infty}(-1)^n\sqrt{n}\sin\dfrac{1}{n^a}$ 绝对收敛，

所以 $a - \dfrac{1}{2} > 1$，即 $a > \dfrac{3}{2}$；

由 $\displaystyle\sum_{n=1}^{\infty}\dfrac{(-1)^n}{n^{2-a}}$ 条件收敛，得 $a < 2$，应选 D。

（6）（2017 年·考研数三第 4 题）若级数 $\displaystyle\sum_{n=1}^{\infty}\left[\sin\dfrac{1}{n} - k\ln\left(1 - \dfrac{1}{n}\right)\right]$ 收敛，则 $k =$
（　　）。

A. 1  $\qquad\quad$ B. 2  $\qquad\quad$ C. $-1$  $\qquad\quad$ D. $-2$

解：$\sin\dfrac{1}{n} = \dfrac{1}{n} - \dfrac{1}{6n^3} + o\left(\dfrac{1}{n^3}\right)$，

由 $\ln(1+x) = x - \dfrac{x^2}{2} + o(x^2)$ 得，$\ln\left(1 - \dfrac{1}{n}\right) = -\dfrac{1}{n} - \dfrac{1}{2n^2} + o\left(\dfrac{1}{n^2}\right)$，

于是 $\sin\dfrac{1}{n} - k\ln\left(1 - \dfrac{1}{n}\right) = (k+1)\dfrac{1}{n} + \dfrac{k}{2n^2} + o\left(\dfrac{1}{n^2}\right)$，

由 $\displaystyle\sum_{n=1}^{\infty}\left[\sin\dfrac{1}{n} - k\ln\left(1 - \dfrac{1}{n}\right)\right]$ 收敛得 $k = -1$，应选 C。

（7）（2006 年·考研数三第 9 题）若级数 $\displaystyle\sum_{n=1}^{\infty}a_n$ 收敛，则级数（　　）。

A. $\displaystyle\sum_{n=1}^{\infty}|a_n|$ 收敛  $\qquad\qquad\qquad$ B. $\displaystyle\sum_{n=1}^{\infty}(-1)^n a_n$ 收敛

C. $\displaystyle\sum_{n=1}^{\infty}a_n a_{n+1}$ 收敛  $\qquad\qquad\quad$ D. $\displaystyle\sum_{n=1}^{\infty}\dfrac{a_n + a_{n+1}}{2}$ 收敛

解：由级数 $\displaystyle\sum_{n=1}^{\infty}a_n$ 收敛得 $\displaystyle\sum_{n=1}^{\infty}\dfrac{1}{2}a_n$ 与 $\displaystyle\sum_{n=1}^{\infty}\dfrac{1}{2}a_{n+1}$ 收敛，

由级数收敛的基本性质得 $\displaystyle\sum_{n=1}^{\infty}\dfrac{a_n + a_{n+1}}{2}$ 收敛，应选 D。

推论：条件收敛的任意项级数 $\displaystyle\sum_{n=1}^{\infty}u_n$，其所有正项或所有负项构成的级数都是发散的。

证：因为原级数 $\displaystyle\sum_{n=1}^{\infty}u_n$ 条件收敛，则 $\displaystyle\sum_{n=1}^{\infty}|u_n|$ 发散，它们的部分和分别满足：

$$S_n = \sum_{k=1}^{n}u_k \qquad \lim_{n\to\infty}S_n = s$$

$$T_n = \sum_{k=1}^{n}|u_k| \qquad \lim_{n\to\infty}T_n = \infty$$

原级数 $\sum\limits_{n=1}^{\infty} u_n$ 中所有正项构成级数 $\sum\limits_{n=1}^{\infty} a_n$ 的通项表示为：

$$a_n = \frac{u_n + |u_n|}{2} = \begin{cases} u_n & (u_n > 0) \\ 0 & (u_n < 0) \end{cases}$$

部分和为：

$$A_n = \sum_{k=1}^{n} a_k = \frac{\sum\limits_{k=1}^{n} u_k + \sum\limits_{k=1}^{n} |u_k|}{2} = \frac{S_n + T_n}{2}$$

故：

$$\lim_{n \to \infty} A_n = \infty$$

原级数 $\sum\limits_{n=1}^{\infty} u_n$ 中所有负项构成级数 $\sum\limits_{n=1}^{\infty} b_n$ 的通项应表示为：

$$b_n = \frac{u_n - |u_n|}{2} = \begin{cases} u_n & (u_n < 0) \\ 0 & (u_n > 0) \end{cases}$$

部分和为：

$$B_n = \sum_{k=1}^{n} b_k = \frac{\sum\limits_{k=1}^{n} u_k - \sum\limits_{k=1}^{n} |u_k|}{2} = \frac{S_n - T_n}{2}$$

故：

$$\lim_{n \to \infty} B_n = \infty$$

即所有正项构成的级数 $\sum\limits_{n=1}^{\infty} a_n$ 和所有负项构成的级数 $\sum\limits_{n=1}^{\infty} b_n$ 都是发散的。

条件收敛级数构成上的这个特点使它与绝对收敛的级数在代数性质上有重大区别：几乎一切有限和的运算法则（例如交换律、分配律等）仅仅适用于绝对收敛的级数，却对条件收敛级数不适用。

**【例题 7.2.10】** 若 $\sum\limits_{n=1}^{\infty} u_n$ 收敛，且 $\lim\limits_{n \to \infty} \dfrac{v_n}{u_n} = 1$，则可否判定 $\sum\limits_{n=1}^{\infty} v_n$ 收敛。

解：若 $\sum\limits_{n=1}^{\infty} u_n$，$\sum\limits_{n=1}^{\infty} v_n$ 为正项级数，则结论成立。

因为 $\lim\limits_{n \to \infty} \dfrac{v_n}{u_n} = 1$，所以存在 $M > 0$，使得 $0 \leqslant \dfrac{v_n}{u_n} < M$，即 $0 \leqslant v_n < M u_n$。因为 $\sum\limits_{n=1}^{\infty} u_n$ 收敛，所以根据正项级数的比较审敛法可判定 $\sum\limits_{n=1}^{\infty} v_n$ 收敛。

若 $\sum\limits_{n=1}^{\infty} u_n$，$\sum\limits_{n=1}^{\infty} v_n$ 不是正项级数，不能判定。

例如，$\sum\limits_{n=1}^{\infty} u_n = \sum\limits_{n=1}^{\infty} \dfrac{(-1)^n}{\sqrt{n}}$ 收敛，$\sum\limits_{n=1}^{\infty} v_n = \sum\limits_{n=1}^{\infty} \left( \dfrac{(-1)^n}{\sqrt{n}} + \dfrac{1}{n} \right)$ 发散，但 $\lim\limits_{n \to \infty} \dfrac{v_n}{u_n} = 1$。

【**例题 7.2.11**】（2019 年 · 考研数三第 4 题）若 $\sum\limits_{n=1}^{\infty} nu_n$ 绝对收敛，$\sum\limits_{n=1}^{\infty} \dfrac{v_n}{n}$ 条件收敛，则（　　）。

A. $\sum\limits_{n=1}^{\infty} u_n v_n$ 条件收敛　　　　　　B. $\sum\limits_{n=1}^{\infty} u_n v_n$ 绝对收敛

C. $\sum\limits_{n=1}^{\infty} (v_n + u_n)$ 收敛　　　　　　D. $\sum\limits_{n=1}^{\infty} (v_n + u_n)$ 发散

解：因为 $\sum\limits_{n=1}^{\infty} \dfrac{v_n}{n}$ 条件收敛，所以 $\lim\limits_{n \to \infty} \dfrac{v_n}{n} = 0$，

则存在 $M > 0$，对一切的 $n$，有 $\left| \dfrac{v_n}{n} \right| \leqslant M$；

而 $0 \leqslant |u_n v_n| = \left| \dfrac{v_n}{n} \right| \cdot |nu_n| \leqslant M |nu_n|$，且 $\sum\limits_{n=1}^{\infty} M|nu_n|$ 收敛，

由正项级数的比较审敛法得 $\sum\limits_{n=1}^{\infty} |u_n v_n|$ 收敛，即 $\sum\limits_{n=1}^{\infty} u_n v_n$ 绝对收敛，应选 B。

## 7.3　函数项级数的一般概念

一个定义在区间 $I$ 上的无穷多项函数列
$$u_1(x)，u_2(x)，u_3(x)，\cdots，u_n(x)，\cdots$$
构成的无穷多项取和式
$$\sum\limits_{n=1}^{\infty} u_n(x) = u_1(x) + u_2(x) + u_3(x) + \cdots + u_n(x) + \cdots$$
称为定义在区间 $I$ 上的函数项级数 $\sum\limits_{n=1}^{\infty} u_n(x)$。

幂级数：
$$\sum\limits_{n=0}^{\infty} a_n x^n = a_0 + a_1 x + a_2 x^2 + \cdots + a_n x^n + \cdots$$

Fourier 级数：
$$\sum\limits_{n=0}^{\infty} a_n \cos nx = a_0 + a_1 \cos x + a_2 \cos 2x + \cdots + a_n \cos nx + \cdots$$
是两类重要的函数项级数。

### 7.3.1　收敛域

自变量 $x$ 取定义区间 $I$ 上的一个确定值 $x_0$ 时，函数项级数 $\sum\limits_{n=1}^{\infty} u_n(x)$ 转化为常数项

级数 $\sum\limits_{n=1}^{\infty} u_n(x_0)$。如果常数项级数收敛，称 $x_0$ 为函数项级数的收敛点；如果常数项级数发散，称 $x_0$ 为函数项级数的发散点。

函数项级数 $\sum\limits_{n=1}^{\infty} u_n(x)$ 所有收敛点的集合，称为函数项级数的收敛域，记为 D。

### 7.3.2　和函数

$\forall x \in D$，$\sum\limits_{n=1}^{\infty} u_n(x)$ 成为一个收敛的常数项级数，有确定的级数和 $s$，在收敛域 $D$ 上函数项级数的和 $s$ 是自变量 $x$ 的函数，称为和函数 $s(x)$：

$$s(x) = \sum_{n=1}^{\infty} u_n(x)$$

和函数的定义域就是函数项级数的收敛域。如果函数项级数前 $n$ 项部分和为 $S_n(x)$，则：

$$s(x) = \lim_{n \to \infty} S_n(x)$$

【例题 7.3.1】讨论等比级数

$$\sum_{n=0}^{\infty} (-1)^n x^n = 1 - x + x^2 + \cdots + (-1)^n x^n + \cdots$$

的定义域、收敛域以及收敛域上的和函数。

解：等比级数 $\sum\limits_{n=0}^{\infty} (-1)^n x^n$ 是定义在 $(-\infty, +\infty)$ 上的函数项级数，其部分和为：

$$S_n(x) = \frac{1 - (-x)^n}{1 - (-x)}$$

显然，其收敛域 $D = (-1, 1)$。$\forall x \in (-1, 1)$，等比级数 $\sum\limits_{n=0}^{\infty} (-1)^n x^n$ 的和函数：

$$s(x) = \lim_{n \to \infty} S_n(x) = \frac{1}{1+x} \quad (-1 < x < 1)$$

【例题 7.3.2】求函数项级数 $\sum\limits_{n=1}^{\infty} e^{nx}$ 的收敛域及收敛域上的和函数。

解：$\sum\limits_{n=1}^{\infty} e^{nx}$ 是首项为 $e^x$，公比 $q = e^x$ 的等比级数。当 $q = e^x < 1$，即 $x < 0$ 时级数收敛，其收敛域 $D = (-\infty, 0)$。$\forall x < 0$，函数项级数的和函数为：

$$s(x) = \sum_{n=1}^{\infty} e^{nx} = \frac{e^x}{1 - e^x} = \frac{1}{e^{-x} - 1}$$

## 7.4　幂级数及其和函数

如果函数项级数的通项是自变量 $x$ 的幂函数，就称其为幂级数。幂级数的通项一般

取 $u_n(x) = a_n(x - x_0)^n$ 的形式，展开式：

$$\sum_{n=0}^{\infty} a_n(x - x_0)^n = a_0 + a_1(x - x_0) + a_2(x - x_0)^2 + \cdots + a_n(x - x_0)^n + \cdots$$

称为 $x_0$ 点的幂级数。式中常数 $a_0$，$a_1$，$a_2$，$\cdots$，$a_n$，$\cdots$ 是幂级数的系数，通项中的 $a_n$ 是正整数 $n$ 的函数；定数 $x_0$ 是幂级数的展开点。当 $x_0 = 0$ 时，幂级数取最简单的形式：

$$\sum_{n=0}^{\infty} a_n x^n = a_0 + a_1 x + a_2 x^2 + \cdots + a_n x^n + \cdots$$

用最简形式讨论幂级数的收敛问题，并不影响结论的普遍性，只要作变换 $x = t - t_0$ 即可。

### 7.4.1 Abel 定理

Abel 定理：如果幂级数 $\sum\limits_{n=0}^{\infty} a_n x^n$ 在点 $x_0$ 收敛，则适合不等式 $|x| < |x_0|$ 的一切 $x$ 都使它绝对收敛；如果幂级数 $\sum\limits_{n=0}^{\infty} a_n x^n$ 在点 $x_0$ 发散，则适合不等式 $|x| > |x_0|$ 的一切 $x$ 都使它发散（见图 7 – 3）。

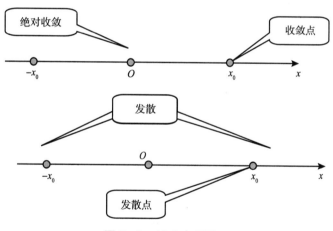

图 7 – 3　Abel 定理图示

证：若 $x_0$ 是幂级数 $\sum\limits_{n=0}^{\infty} a_n x^n$ 的收敛点，由级数收敛的必要条件，有 $\lim\limits_{n \to \infty} a_n x_0^n = 0$。

因为收敛数列一定有界，可知无穷数列 $(a_n x_0^n)_{n=0}^{\infty}$ 有界，即 $\forall n \in N$，$\exists M > 0$ 恒有：

$$|a_n x_0^n| \leqslant M$$

幂级数 $\sum\limits_{n=0}^{\infty} a_n x^n$ 通项的绝对值。

$$\left| a_n x^n \right| = \left| a_n x_0^n \cdot \frac{x^n}{x_0^n} \right| = \left| a_n x_0^n \right| \cdot \left| \frac{x}{x_0} \right|^n \leqslant M \left| \frac{x}{x_0} \right|^n$$

不大于正项等比级数 $\sum\limits_{n=0}^{\infty} M \left| \dfrac{x}{x_0} \right|^n$ 的通项。

当等比级数的公比 $\left| \dfrac{x}{x_0} \right| < 1$ 即 $|x| < |x_0|$ 时，正项等比级数 $\sum\limits_{n=0}^{\infty} M \left| \dfrac{x}{x_0} \right|^n$ 收敛，根据正项级数的比较审敛法，判定绝对值级数 $\sum\limits_{n=0}^{\infty} |a_n x^n|$ 收敛，也就是幂级数 $\sum\limits_{n=0}^{\infty} a_n x^n$ 绝对收敛。

用反证法证明 Abel 定理的第二部分。

如果 $x_0$ 是幂级数 $\sum\limits_{n=0}^{\infty} a_n x^n$ 的发散点，设有 $|x_1| > |x_0|$ 能使常数项级数 $\sum\limits_{n=0}^{\infty} a_n x_1^n$ 收敛，即 $x_1$ 成为幂级数 $\sum\limits_{n=0}^{\infty} a_n x^n$ 的收敛点，按本定理第一部分的结论，常数项级数 $\sum\limits_{n=0}^{\infty} a_n x_0^n$ 应当收敛，这与 $x_0$ 是幂级数 $\sum\limits_{n=0}^{\infty} a_n x^n$ 发散点的前提条件相矛盾。定理第二部分得证。

注意 Abel 定理两个不等式给出的收敛（或发散）区域都是开区域，$x_0$ 点收敛（或发散）并不意味着 $-x_0$ 点也收敛（或发散）。

### 7.4.2　幂级数收敛区间的对称性及收敛半径

幂级数 $\sum\limits_{n=0}^{\infty} a_n x^n$ 在 $x = 0$ 点总是收敛的，根据 Abel 定理，$\sum\limits_{n=0}^{\infty} a_n x^n$ 的收敛区间关于 $x = 0$ 点对称[①]。如果数轴上既有收敛点（不仅是原点）也有发散点，那么，从原点出发，无论沿数轴向右移动还是沿数轴向左移动，最初经过的只是收敛点，然后遇到的都是发散点。幂级数收敛与发散的两个分界点 $P$ 和 $P'$ 分别位于原点两侧，而且关于原点对称（见图 7 - 4）。

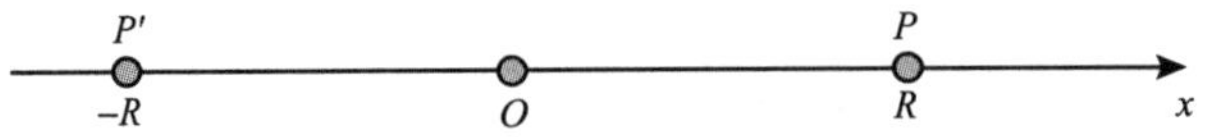

**图 7 - 4　幂级数收敛半径图示**

如果幂级数 $\sum\limits_{n=0}^{\infty} a_n x^n$ 既不是仅仅在原点收敛，也不是在整个数轴上都收敛，则必有一个确定的正数 $R$ 存在，使得当 $|x| < R$ 时，幂级数绝对收敛；当 $|x| > R$ 时，幂级数发散；在 $x = R$ 与 $x = -R$ 点，幂级数可能收敛也可能发散。这个正数 $R$ 称为幂级数的收敛半径。因此，幂级数 $\sum\limits_{n=0}^{\infty} a_n x^n$ 的收敛区间存在着以下 4 种可能情况：

---

① 同理，幂级数 $\sum\limits_{n=0}^{\infty} a_n (x - x_0)^n$ 在 $x = x_0$ 点总是收敛的，收敛区间关于 $x = x_0$ 点对称。

$$(-R, R), (-R, R], [-R, R), [-R, R]$$

收敛半径 $R = +\infty$ 表示幂级数在整个数轴上都收敛。

幂级数 $\sum_{n=0}^{\infty} a_n(x - x_0)^n$ 收敛区间也有对称性：只不过对称中心是 $x = x_0$ 点，收敛半径仍以 $R$ 表示。

定理：对于幂级数 $\sum_{n=0}^{\infty} a_n x^n$，如果 $\lim\limits_{n \to \infty} \left| \dfrac{a_{n+1}}{a_n} \right| = \rho$，其收敛半径为 $R = \dfrac{1}{\rho}$。

证：对幂级数 $\sum_{n=0}^{\infty} a_n x^n$ 的绝对值级数 $\sum_{n=0}^{\infty} |a_n x^n|$ 应用比值审敛法，即：

$$\lim_{n \to \infty} \left| \frac{a_{n+1} x^{n+1}}{a_n x^n} \right| = |x| \lim_{n \to \infty} \left| \frac{a_{n+1}}{a_n} \right| = |x| \rho$$

当 $0 < |x| \rho < 1$，即 $|x| < \dfrac{1}{\rho}$ 时，幂级数 $\sum_{n=0}^{\infty} a_n x^n$ 绝对收敛。

当 $+\infty > |x| \rho > 1$，即 $|x| > \dfrac{1}{\rho}$ 时，绝对值级数 $\sum_{n=0}^{\infty} |a_n x^n|$ 发散；并且在某一个 $n$ 以后，有 $|a_{n+1} x^{n+1}| > |a_n x^n|$，即 $\lim\limits_{n \to \infty} a_n x^n \neq 0$，可知幂级数 $\sum_{n=0}^{\infty} a_n x^n$ 在 $|x| > \dfrac{1}{\rho}$ 时发散。

于是，$R = \dfrac{1}{\rho}$ 恰为幂级数 $\sum_{n=0}^{\infty} a_n x^n$ 的收敛半径。

若 $\rho = 0$，$\forall x \in (-\infty, +\infty)$ 都有 $|x| \rho = 0$，幂级数 $\sum_{n=0}^{\infty} a_n x^n$ 的收敛半径 $R = \infty$。

若 $\rho = +\infty$，则幂级数 $\sum_{n=0}^{\infty} a_n x^n$ 的收敛半径 $R = 0$，除去原点，在其他一切点幂级数都发散。

【例题 7.4.1】求下列幂级数的收敛半径和收敛区间。

（1）$\sum_{n=1}^{\infty} \dfrac{n^2}{n^3 + 1} x^n$

解：$\rho = \lim\limits_{n \to \infty} \left| \dfrac{a_{n+1}}{a_n} \right| = 1$，级数的收敛半径 $R = \dfrac{1}{\rho} = 1$。

当 $x = 1$ 时，级数成为 $\sum_{n=1}^{\infty} \dfrac{n^2}{n^3 + 1}$，因为 $\dfrac{n^2}{n^3 + 1} \geq \dfrac{1}{n + 1}$，而 $\dfrac{1}{n + 1}$ 发散，故由比较判别法级数发散；

当 $x = -1$ 时，级数成为 $\sum_{n=1}^{\infty} (-1)^n \dfrac{n^2}{n^3 + 1}$，是交错级数，由莱布尼茨判别法可知级数收敛。

所以，级数收敛区间为 $[-1, 1)$。

（2）$\sum_{n=1}^{\infty} \dfrac{(-1)^n}{2^n \sqrt{n}} x^n$

解：$\rho = \lim\limits_{n\to\infty}\left|\dfrac{a_{n+1}}{a_n}\right| = \lim\limits_{n\to\infty}\dfrac{\sqrt{n}}{2\sqrt{n+1}} = \dfrac{1}{2}$，级数的收敛半径 $R = \dfrac{1}{\rho} = 2$。

当 $x = 2$ 时，级数成为 $\sum\limits_{n=1}^{\infty}\dfrac{(-1)^n}{\sqrt{n}}$，条件收敛；

当 $x = -2$ 时，级数成为 $\sum\limits_{n=1}^{\infty}\dfrac{(-1)^{2n}}{\sqrt{n}} = \sum\limits_{n=1}^{\infty}\dfrac{1}{\sqrt{n}}$，发散。

所以，级数收敛区间为 $\left(-\dfrac{1}{2}, \dfrac{1}{2}\right]$。

（3）$\sum\limits_{n=1}^{\infty} n!\dfrac{(x-5)^n}{n^n}$

解：$\rho = \lim\limits_{n\to\infty}\left|\dfrac{a_{n+1}}{a_n}\right| = \lim\limits_{n\to\infty}\left|\dfrac{(n+1)!\ (x-5)^{n+1}}{(n+1)^{n+1}}\cdot\dfrac{n^n}{n!\ (x-5)^n}\right| = \lim\limits_{n\to\infty}\left(\dfrac{n}{n+1}\right)^n|x-5| = \dfrac{|x-5|}{e}$

根据正项级数的比值判别法，当 $\rho < 1$，即 $|x-5| < e$，$5 - e < x < 5 + e$ 时，所给级数绝对收敛。当 $\rho \geqslant 1$，$x \geqslant 5 + e$ 或 $x \leqslant 5 + e$ 时，由于级数的一般项不趋于零，故级数发散。

因此，级数的收敛域为 $(5 - e, 5 + e)$。

（4）$\sum\limits_{n=1}^{\infty} 3^n x^{2n+1}$

解：此级数缺少偶次幂的项。

因为 $\lim\limits_{n\to\infty}\left|\dfrac{u_{n+1}(x)}{u_n(x)}\right| = \lim\limits_{n\to\infty}\left|\dfrac{3^{n+1}x^{2n+3}}{3^n x^{2n+1}}\right| = 3x^2$，

所以当 $3x^2 < 1$ 即 $|x| < \dfrac{1}{\sqrt{3}}$ 时，级数绝对收敛。

当 $3x^2 > 1$ 即 $|x| > \dfrac{1}{\sqrt{3}}$ 时，级数发散，故级数的收敛半径为 $R = \dfrac{1}{\sqrt{3}}$。

当 $x = \pm\dfrac{1}{\sqrt{3}}$ 时，级数成为 $\pm\sum\limits_{n=1}^{\infty}\dfrac{1}{\sqrt{3}}$，显然发散。

因此幂级数的收敛域为 $\left(-\dfrac{1}{\sqrt{3}}, \dfrac{1}{\sqrt{3}}\right)$。

（5）$\sum\limits_{n=1}^{\infty} u_n(x) = \sum\limits_{n=1}^{\infty}\dfrac{1}{3^{n-1}(2n-1)}x^{2n-1} = x + \dfrac{1}{3\cdot 3}x^3 + \dfrac{1}{3^2\cdot 5}x^5 + \dfrac{1}{3^3\cdot 7}x^7 + \cdots$

解：这个幂级数只含奇次幂项，不能直接应用求收敛半径的定理。对它的绝对值级数使用比值审敛法：

$$\lim\limits_{n\to\infty}\left|\dfrac{u_{n+1}}{u_n}\right| = \lim\limits_{n\to\infty}\left|\dfrac{x^{2n+1}}{3^n(2n+1)}\cdot\dfrac{3^{n-1}(2n-1)}{x^{2n-1}}\right| = x^2\lim\limits_{n\to\infty}\dfrac{2n-1}{3(2n+1)} = \dfrac{1}{3}x^2$$

当 $\dfrac{1}{3}x^2 < 1$，即 $|x| < \sqrt{3}$ 时，幂级数绝对收敛；当 $|x| > \sqrt{3}$ 时，级数发散。得幂级数

的收敛半径 $R = \sqrt{3}$，在界点，级数敛散性为：

$$x = \sqrt{3}, \quad \sum_{n=1}^{\infty} u_n(\sqrt{3}) = \sum_{n=1}^{\infty} \frac{(\sqrt{3})^{2n-1}}{3^{n-1}(2n-1)} = \sum_{n=1}^{\infty} \frac{\sqrt{3}}{2n-1}, \quad \text{级数发散；}$$

$$x = -\sqrt{3}, \quad \sum_{n=1}^{\infty} u_n(-\sqrt{3}) = \sum_{n=1}^{\infty} \frac{(-\sqrt{3})^{2n-1}}{3^{n-1}(2n-1)} = -\sum_{n=1}^{\infty} \frac{\sqrt{3}}{2n-1}, \quad \text{级数发散；}$$

此级数收敛区间为 $(-\sqrt{3}, \sqrt{3})$。

### 7.4.3 幂级数的运算

#### 7.4.3.1 幂级数的四则运算

设幂级数 $\sum_{n=0}^{\infty} a_n x^n$ 与 $\sum_{n=0}^{\infty} b_n x^n$ 的收敛半径分别是 $R_1$，$R_2$，$R = \min(R_1, R_2)$，则有：

（1）加减法 $\sum_{n=0}^{\infty} a_n x^n \pm \sum_{n=0}^{\infty} b_n x^n = \sum_{n=0}^{\infty} (a_n \pm b_n) x^n$

在 $R_1 \neq R_2$ 时，等式右侧级数的收敛半径为 $R$；在 $R_1 = R_2$ 时，等式右侧级数的收敛半径 $\geqslant R$。

收敛级数与发散级数的和或差一定发散，两个发散级数之和差有收敛的可能。

（2）乘法 $\sum_{n=0}^{\infty} a_n x^n \times \sum_{n=0}^{\infty} b_n x^n = \sum_{n=0}^{\infty} \left( \sum_{k=0}^{n} a_k b_{n-k} \right) x^n$

等式右侧级数的收敛半径为 $R$。

#### 7.4.3.2 幂级数在其收敛域上逐项可导、逐项可积

设幂级数 $\sum_{n=0}^{\infty} a_n x^n$ 在收敛域 $I$ 上的和函数为 $s(x)$，则 $s(x)$ 在其收敛域上具有：连续性、可导性和可积性。

（1）连续性。

幂级数 $\sum_{n=0}^{\infty} a_n x^n$ 的和函数 $s(x)$ 在开区间 $(-R, R)$ 内连续。若 $x_0 \in (-R, R)$，有：

$$\lim_{x \to x_0} s(x) = s(x_0) = \sum_{n=0}^{\infty} a_n x_0^n$$

（2）可导性。

幂级数 $\sum_{n=0}^{\infty} a_n x^n$ 的和函数 $s(x)$ 在开区间 $(-R, R)$ 内可导，有逐项可导公式：

$$s'(x) = \left( \sum_{n=0}^{\infty} a_n x^n \right)' = \sum_{n=0}^{\infty} (a_n x^n)' = \sum_{n=1}^{\infty} n a_n x^{n-1} \quad (|x| < R)$$

逐项求导所得幂级数与原级数有相同的收敛半径。

推论：幂级数的和函数在其收敛区间内具有任意阶导数。

（3）可积性。

幂级数 $\sum\limits_{n=0}^{\infty} a_n x^n$ 的和函数 $s(x)$ 在其收敛域 $I$ 上可积，有逐项可积公式，若 $x \in I$，有：

$$\int_0^x s(x)\,\mathrm{d}x = \int_0^x \left( \sum_{n=0}^{\infty} a_n x^n \right) \mathrm{d}x = \sum_{n=0}^{\infty} a_n \int_0^x x^n \mathrm{d}x = \sum_{n=0}^{\infty} \frac{a_n}{n+1} x^{n+1}$$

逐项积分所得幂级数与原级数有相同的收敛半径。

一般说来，对于收敛的函数项级数做积分运算后会改善其收敛速度，做求导运算有相反的效果。

【例题 7.4.2】求下列幂级数在收敛区间上的和函数。

（1）（2003 年·考研数三第 6 题）求幂级数 $1 + \sum\limits_{n=1}^{\infty} (-1)^n \dfrac{x^{2n}}{2n}(\,|x| < 1)$ 的和函数 $f(x)$ 及其极值。

解：$f(x) = 1 + \sum\limits_{n=1}^{\infty} (-1)^n \dfrac{x^{2n}}{2n} = 1 - \dfrac{1}{2} \sum\limits_{n=1}^{\infty} \dfrac{(-1)^{n-1}}{n} (x^2)^n = 1 - \dfrac{1}{2} \ln(1 + x^2)\ (-1 < x < 1)$；

由 $f'(x) = -\dfrac{x}{1+x^2} = 0$ 得 $x = 0$，

当 $-1 < x < 0$ 时，$f'(x) > 0$；当 $0 < x < 1$ 时，$f'(x) < 0$，则 $x = 0$ 为 $f(x)$ 的极大值点，极大值为 $f(0) = 1$。

（2）$\sum\limits_{n=2}^{\infty} \dfrac{x^n}{(n-1)n} = \dfrac{x^2}{1 \cdot 2} + \dfrac{x^3}{2 \cdot 3} + \cdots + \dfrac{x^n}{(n-1)n} + \cdots$

解：级数的收敛区间为 $[-1, 1]$，设和函数：

$$s(x) = \sum_{n=2}^{\infty} \frac{x^n}{(n-1)n} \quad (-1 \leqslant x \leqslant 1)$$

逐项求导得：

$$s'(x) = \sum_{n=2}^{\infty} \frac{x^{n-1}}{n-1} \quad (-1 \leqslant x < 1)$$

再一次逐项求导得：

$$s''(x) = \sum_{n=0}^{\infty} x^n = \frac{1}{1-x} \quad (-1 < x < 1)$$

故：

$$s'(x) = \int_0^x s''(x)\,\mathrm{d}x = \int_0^x \frac{\mathrm{d}x}{1-x} = -\ln(1-x)$$

$$s(x) = \int_0^x s'(x)\,\mathrm{d}x = -\int_0^x \ln(1-x)\,\mathrm{d}x = \int_0^x \ln(1-x)\,\mathrm{d}(1-x) = (1-x)\ln(1-x) + x$$

$$\sum_{n=2}^{\infty} \frac{x^n}{(n-1)n} = \begin{cases} (1-x)\ln(1-x) + x & (-1 \leqslant x < 1) \\ 1 & (x = 1) \end{cases}$$

（3）$\sum\limits_{n=1}^{\infty} n^2 x^{n-1} = 1 + 4x + 9x^2 + \cdots + n^2 x^{n-1} + \cdots$

解：令和函数 $s(x) = \sum\limits_{n=1}^{\infty} n^2 x^{n-1}$　$(-1 < x < 1)$，逐项积分或求导得：

$$\int_0^x s(t)\,\mathrm{d}t = \sum_{n=1}^{\infty} n\int_0^x nt^{n-1}\mathrm{d}t = \sum_{n=1}^{\infty} nx^n = x\Big(\sum_{n=1}^{\infty} x^n\Big)' = x\Big(\frac{x}{1-x}\Big)' = \frac{x}{(1-x)^2}\quad(-1 < x < 1)$$

$$\frac{\mathrm{d}}{\mathrm{d}x}\int_0^x s(t)\,\mathrm{d}t = \frac{\mathrm{d}}{\mathrm{d}x}\Big[\frac{x}{(1-x)^2}\Big]$$

故 $s(x) = \dfrac{1+x}{(1-x)^2}$，即：

$$\sum_{n=1}^{\infty} n^2 x^{n-1} = \frac{1+x}{(1-x)^2}\quad(-1 < x < 1)$$

（4）$\sum\limits_{n=1}^{\infty} n(n+2)x^n$

解：令和函数 $s(x) = \sum\limits_{n=1}^{\infty} n(n+2)x^n$　$(-1 < x < 1)$

$$s(x) = \sum_{n=1}^{\infty} n(n+2)x^n = \sum_{n=1}^{\infty} n(n+1)x^n + \sum_{n=1}^{\infty} nx^n = \Big(\sum_{n=1}^{\infty} nx^{n+1}\Big)' + \sum_{n=1}^{\infty} nx^n$$

$$= x\Big(\sum_{n=1}^{\infty} x^{n+1}\Big)'' + x\Big(\sum_{n=1}^{\infty} x^n\Big)' = x\Big[\Big(\frac{x^2}{1-x}\Big)'' + \Big(\frac{x}{1-x}\Big)'\Big]$$

$$= x\Big[\Big(\frac{1}{1-x} - x - 1\Big)'' + \Big(\frac{1}{1-x} - 1\Big)'\Big]$$

$$= x\Big[\frac{2}{(1-x)^3} + \frac{1}{(1-x)^2}\Big] = \frac{x(3-x)}{(1-x)^3}$$

故：

$$\sum_{n=1}^{\infty} n(n+2)x^n = \frac{x(3-x)}{(1-x)^3}\quad(-1 < x < 1)$$

（5）$\sum\limits_{n=1}^{\infty} \dfrac{n}{n+1}x^n$

解：令 $s(x) = \sum\limits_{n=1}^{\infty} \dfrac{n}{n+1}x^n$　$(-1 < x < 1)$

$$s(x) = \sum_{n=1}^{\infty} \frac{n}{n+1}x^n = \sum_{n=1}^{\infty} \Big(1 - \frac{1}{n+1}\Big)x^n = \sum_{n=1}^{\infty} x^n - \frac{1}{x}\sum_{n=1}^{\infty} \frac{x^{n+1}}{n+1}$$

$$= \frac{x}{1-x} - \frac{1}{x}\int_0^x \Big(\sum_{n=1}^{\infty} t^n\Big)\mathrm{d}t = \frac{x}{1-x} - \frac{1}{x}\int_0^x \Big(\frac{t}{1-t}\Big)\mathrm{d}t$$

$$= \frac{x}{1-x} + \frac{1}{x}\int_0^x \Big(1 - \frac{1}{1-t}\Big)\mathrm{d}t = \frac{1}{1-x} + \frac{\ln(1-x)}{x}$$

故：

$$\sum_{n=1}^{\infty} \frac{n}{n+1} x^n = \frac{1}{1-x} + \frac{\ln(1-x)}{x} \quad (-1 < x < 1)$$

(6) $\sum_{n=0}^{\infty} \frac{1}{(2n)!} x^{2n} = 1 + \frac{1}{2!} x^2 + \frac{1}{4!} x^4 + \cdots + \frac{1}{(2n)!} x^{2n} + \cdots$

解：这个幂级数只含偶次幂项，不能直接应用求收敛半径的定理，对它的绝对值级数用比值审敛法：

$$\lim_{n \to \infty} \left| \frac{u_{n+1}}{u_n} \right| = \lim_{n \to \infty} \left| \frac{x^{2n+2}}{(2n+2)!} \cdot \frac{(2n)!}{x^{2n}} \right| = x^2 \lim_{n \to \infty} \frac{1}{(2n+2)(2n+1)} = 0$$

级数的收敛半径 $R = \infty$。

令和函数 $s(x) = \sum_{n=0}^{\infty} \frac{1}{(2n)!} x^{2n}$ $\quad (-\infty < x < \infty)$，逐项求导得：

$$s'(x) = x + \frac{1}{3!} x^3 + \frac{1}{5!} x^4 + \cdots + \frac{1}{(2n-1)!} x^{2n-1} + \cdots = \sum_{n=1}^{\infty} \frac{1}{(2n-1)!} x^{2n-1}$$

由于：

$$s'(x) + s(x) = \sum_{n=1}^{\infty} \frac{1}{(2n-1)!} x^{2n-1} + \sum_{n=0}^{\infty} \frac{1}{(2n)!} x^{2n} = \sum_{n=0}^{\infty} \frac{1}{n!} x^n = e^x$$

得关于 $s(x)$ 的一阶线性非齐次微分方程 $\frac{ds}{dx} + s = e^x$，且有 $s(0) = 1$。解出：

$$s(x) = \frac{e^x + e^{-x}}{2} = chx$$

故：

$$\sum_{n=0}^{\infty} \frac{1}{(2n)!} x^{2n} = \frac{e^x + e^{-x}}{2} \quad (-\infty < x < \infty)$$

(7) $\sum_{n=0}^{\infty} \frac{x^{2n+1}}{2n+1} = x + \frac{x^3}{3} + \frac{x^5}{5} + \cdots + \frac{x^{2n+1}}{2n+1} + \cdots$

解：级数的收敛区间为 $(-1, 1)$，设其和函数 $s(x) = \sum_{n=0}^{\infty} \frac{x^{2n+1}}{2n+1}$，逐项求导得：

$$s'(x) = \sum_{n=0}^{\infty} x^{2n} = \sum_{n=0}^{\infty} (x^2)^n = \frac{1}{1-x^2} \quad (-1 < x < 1)$$

又 $s(0) = 0$，有：

$$s(x) = \int_0^x s'(x)dx = \int_0^x \frac{dx}{1-x^2} = \frac{1}{2} \int_0^x \left( \frac{1}{1+x} + \frac{1}{1-x} \right) dx = \frac{1}{2} \ln \frac{1+x}{1-x} \quad (-1 < x < 1)$$

即：

$$\ln \sqrt{\frac{1+x}{1-x}} = \sum_{n=0}^{\infty} \frac{x^{2n+1}}{2n+1} \quad (-1 < x < 1)$$

(8) $\sum_{n=0}^{\infty} \frac{x^{4n+1}}{4n+1} = x + \frac{x^5}{5} + \frac{x^9}{9} + \cdots + \frac{x^{4n+1}}{4n+1} + \cdots$

解：级数的收敛区间为 $(-1, 1)$，设其和函数 $s(x) = \sum_{n=0}^{\infty} \frac{x^{4n+1}}{4n+1}$，逐项求导得：

$$s'(x) = \sum_{n=0}^{\infty} x^{4n} = \sum_{n=0}^{\infty} (x^4)^n = \frac{1}{1-x^4} \quad (-1 < x < 1)$$

又 $s(0) = 0$，有：

$$s(x) = \int_0^x s'(x) \mathrm{d}x = \int_0^x \frac{\mathrm{d}x}{1-x^4} = \frac{1}{2} \int_0^x \left( \frac{1}{1+x^2} + \frac{1}{1-x^2} \right) \mathrm{d}x$$

$$= \frac{1}{2} \arctan x + \frac{1}{4} \int_0^x \left( \frac{1}{1+x} + \frac{1}{1-x} \right) \mathrm{d}x = \frac{1}{2} \arctan x + \frac{1}{4} \ln \frac{1+x}{1-x}$$

$$\sum_{n=0}^{\infty} \frac{x^{4n+1}}{4n+1} = \frac{1}{2} \arctan x + \frac{1}{4} \ln \frac{1+x}{1-x} \quad (-1 < x < 1)$$

(9) $\sum_{n=1}^{\infty} (-1)^n n x^{2n-1} = -x + 2x^3 - 3x^5 + \cdots + (-1)^n n x^{2n-1} + \cdots$

解：级数的收敛区间为 $(-1, 1)$，设其和函数：

$$s(x) = \sum_{n=1}^{\infty} (-1)^n n x^{2n-1} \quad (-1 < x < 1)$$

则：

$$2s(x) = \sum_{n=1}^{\infty} (-1)^n 2n x^{2n-1} = \sum_{n=1}^{\infty} (-1)^n (x^{2n})' = \sum_{n=1}^{\infty} [(-x^2)^n]'$$

$$= \left[ \sum_{n=1}^{\infty} (-x^2)^n \right]' = \left( \frac{-x^2}{1+x^2} \right)' = \left( \frac{1}{1+x^2} - 1 \right)' = -\frac{2x}{(1+x^2)^2}$$

故 $s(x) = -\dfrac{x}{(1+x^2)^2}$，即：

$$\sum_{n=1}^{\infty} (-1)^n n x^{2n-1} = -\frac{x}{(1+x^2)^2} \quad (-1 < x < 1)$$

(10) $\sum_{n=0}^{\infty} \frac{x^n}{n+1} = 1 + \frac{x}{2} + \frac{x^2}{3} + \cdots + \frac{x^n}{n+1} + \cdots$

解：级数的收敛区间为 $[-1, 1)$，设其和函数：

$$s(x) = \sum_{n=0}^{\infty} \frac{x^n}{n+1}$$

对级数 $xs(x)$ 逐项求导得：

$$[xs(x)]' = \left( \sum_{n=0}^{\infty} \frac{x^{n+1}}{n+1} \right)' = \sum_{n=0}^{\infty} \left( \frac{x^{n+1}}{n+1} \right)' = \sum_{n=0}^{\infty} x^n = \frac{1}{1-x} \quad (-1 \leqslant x < 1)$$

由于 $s(0) = 1$，有：

$$xs(x) = \int_0^x [xs(x)]' \mathrm{d}x = \int_0^x \frac{\mathrm{d}x}{1-x} = -\ln(1-x)$$

$$s(x) = \begin{cases} -\dfrac{1}{x} \ln(1-x) & x \in [-1, 0] \cup (0.1) \\ 1 & x = 0 \end{cases}$$

由于：

$$\lim_{x \to 0} s(x) = \lim_{x \to 0} \left[ -\frac{\ln(1-x)}{x} \right] = \lim_{x \to 0} \frac{1}{1-x} = 1 = s(0)$$

和函数在 $x = 0$ 点连续。

$$\sum_{n=0}^{\infty} \frac{x^n}{n+1} = \begin{cases} -\dfrac{1}{x} \ln(1-x) & x \in [-1, 0) \cup (0.1) \\ 1 & x = 0 \end{cases}$$

由幂级数的和函数有 $s\left(\dfrac{1}{2}\right) = 2\ln 2 = \sum_{n=0}^{\infty} \dfrac{1}{2^n(n+1)}$，故：

$$\ln 2 = \sum_{n=0}^{\infty} \frac{1}{2^{n+1}(n+1)} = \frac{1}{2} + \frac{1}{2^2 \cdot 2} + \frac{1}{2^3 \cdot 3} + \cdots$$

与（2）题给出的：

$$\ln 2 = \sum_{n=1}^{\infty} \frac{(-1)^{n-1}}{n} = 1 - \frac{1}{2} + \frac{1}{3} - \frac{1}{4} + \cdots$$

相比，这个表达式收敛得快。

（11）$\sum_{n=1}^{\infty} (-1)^{n+1} n(n+1) x^n$

解：级数的收敛区间为 $(-1, 1)$，设其和函数：

$$s(x) = \sum_{n=1}^{\infty} (-1)^{n+1} n(n+1) x^n \quad (-1 < x < 1)$$

逐项积分并求导得：

$$\int_0^x s(x) \, dx = \int_0^x \left( \sum_{n=1}^{\infty} (-1)^{n+1} n(n+1) x^n \right) dx = \sum_{n=1}^{\infty} (-1)^{n+1} n \int_0^x (n+1) x^n \, dx$$

$$= \sum_{n=1}^{\infty} (-1)^{n+1} n x^{n+1} = x^2 \sum_{n=1}^{\infty} (-1)^{n+1} n x^{n-1} = x^2 \sum_{n=1}^{\infty} (-1)^{n+1} (x^n)'$$

$$= -x^2 \sum_{n=1}^{\infty} [(-x)^n]' = -x^2 \left[ \sum_{n=1}^{\infty} (-x)^n \right]' = -x^2 \left( \frac{-x}{1+x} \right)' = \frac{x^2}{(1+x)^2}$$

而：

$$s(x) = \left[ \int_0^x s(x) \, dx \right]' = \left[ \frac{x^2}{(1+x)^2} \right]' = \frac{2x}{(1+x)^3}$$

故：

$$\frac{2x}{(1+x)^3} = \sum_{n=1}^{\infty} (-1)^{n+1} n(n+1) x^n \quad (-1 < x < 1)$$

显然：

$$s\left(\frac{1}{2}\right) = \sum_{n=1}^{\infty} (-1)^{n+1} \frac{n(n+1)}{2^n} = \frac{8}{27}$$

（12）$\sum_{n=0}^{\infty} (n+1)^2 x^n$

分析：解决该问题的关键是去掉系数 $(n+1)^2$，从而用已知的公式 $\dfrac{1}{1-x} = \sum\limits_{n=0}^{\infty} x^n$ 求和。可以采用先逐项积分求和后，再逐项求导的方法，从而求得和函数。

解：可求得收敛域为 $(-1, 1)$，设 $S(x) = \sum\limits_{n=0}^{\infty} (n+1)^2 x^n$，$(-1 < x < 1)$

对两边求定积分：

$$\int_0^x S(x)\,\mathrm{d}x = \sum_{n=0}^{\infty} (n+1) x^{n+1} = x \sum_{n=0}^{\infty} (n+1) x^n = x \sum_{n=0}^{\infty} (x^{n+1})' = x \left( \frac{x}{1-x} \right)' = \frac{x}{(1-x)^2}$$

则：

$$S(x) = \frac{1+x}{(1-x)^3} \quad (-1 < x < 1)$$

## 7.5 函数展开成幂级数

在 7.4 节中讨论了幂级数收敛区间及其和函数的求法，而相反方向的问题更需研究。初等函数中最简单的函数就是正整数次幂的幂函数，幂级数是幂函数组合成的多项式，仍保持着易于计算的简单性。将其他函数 $f(x)$ 用多项式逼近以致展开成幂级数有重要的实用意义。为此，需要了解能否找到一个幂级数，它在某个区间内收敛，且其和函数就是 $f(x)$。

### 7.5.1 函数的 Taylor 展开与 Maclaurin 展开

首先看函数 $f(x)$ 能展开成 $x_0$ 点的幂级数 $\sum\limits_{n=0}^{\infty} a_n (x-x_0)^n$ 应当满足的条件以及展开式系数 $a_n$ 的计算方法，设：

$$f(x) = \sum_{n=0}^{\infty} a_n (x-x_0)^n = a_0 + a_1 (x-x_0) + a_2 (x-x_0)^2 + \cdots + a_n (x-x_0)^n + \cdots$$

幂级数的收敛半径为 $R$。当 $|x-x_0| < R$ 时，上式两侧逐次求导，可得展开式系数：

$$a_0 = f(x_0), \ \ a_1 = f'(x_0), \ \ a_2 = \frac{f''(x_0)}{2!}, \ \ \cdots, \ \ a_n = \frac{f^{(n)}(x_0)}{n!}, \ \ \cdots$$

显然，函数 $f(x)$ 能在区间 $(x_0 - R, \ x_0 + R)$ 内展开成幂级数 $\sum\limits_{n=0}^{\infty} a_n (x-x_0)^n$ 的必要条件是 $f(x)$ 在该区间内有任意阶导数。由于函数在 $x_0$ 点展成幂级数的系数是 Taylor 系数，所以展开式是唯一的。在 $x_0$ 点的幂级数展开称为 Taylor 展开，在 $x_0 = 0$ 点的幂级数展开称为 Maclaurin 展开：

$$f(x) = \sum_{n=0}^{\infty} a_n x^n = a_0 + a_1 x + a_2 x^2 + \cdots + a_n x^n + \cdots$$

其中，$a_0 = f(0)$，$a_1 = f'(0)$，$a_2 = \dfrac{f''(0)}{2!}$，$\cdots$，$a_n = \dfrac{f^{(n)}(0)}{n!}$，$\cdots$。

虽然函数 $f(x)$ 在含有 $x_0$ 的开区间 $I$ 内有任意阶导数时，总可以写出与 $f(x)$ 对应的一个 Taylor 展开式：

$$f(x) = \sum_{n=0}^{\infty} \frac{f^{(n)}(x_0)}{n!}(x - x_0)^n$$

这个级数当 $x = x_0$ 时收敛于 $f(x_0)$，但是能否在开区间 $I$ 内收敛于 $f(x)$，尚待研究。

定理：函数 $f(x)$ 在点 $x_0$ 的 Taylor 级数 $\displaystyle\sum_{n=0}^{\infty} \frac{f^{(n)}(x_0)}{n!}(x-x_0)^n$ 能在含有 $x_0$ 的开区间 $I$ 内收敛于 $f(x)$ 的充分必要条件是：当 $n \to \infty$ 时，Lagrange 型余项趋于零，即 $\forall x \in I$，有：

$$\lim_{n \to \infty} R_n(x) = \lim_{n \to \infty} \frac{f^{(n+1)}(\xi)}{(n+1)!}(x-x_0)^{n+1} = 0$$

其中，$\xi$ 介于 $x$ 与 $x_0$ 之间。

证：设函数 $f(x)$ 在含有 $x_0$ 的开区间 $I$ 上 $n+1$ 阶可导，在该区间内可用 $n$ 次多项式 $P_n(x)$ 和 Lagrange 型余项 $R_n(x)$ 之和表示 $f(x)$，即：

$$f(x) = P_n(x) + R_n(x)$$

其中：

$$P_n(x) = f(x_0) + f'(x_0)(x-x_0) + \frac{f''(x_0)}{2!}(x-x_0)^2 + \cdots + \frac{f^{(n)}(x_0)}{n!}(x-x_0)^n$$

$$R_n(x) = \frac{f^{(n+1)}(\xi)}{(n+1)!}(x-x_0)^{n+1}，\xi \text{ 为 } x \text{ 与 } x_0 \text{ 之间的一点。}$$

显然，$n$ 次多项式 $P_n(x)$ 就是 Taylor 级数（Taylor 展开式）$\displaystyle\sum_{n=0}^{\infty} \frac{f^{(n)}(x_0)}{n!}(x-x_0)^n$ 的 $n+1$ 项部分和 $S_{n+1}(x)$。使 Taylor 级数在含有 $x_0$ 的开区间 $I$ 上收敛于 $f(x)$ 充要条件是：

$$\lim_{n \to \infty} S_{n+1}(x) = f(x)$$

也就是：

$$\lim_{n \to \infty} R_n(x) = \lim_{n \to \infty} \frac{f^{(n+1)}(\xi)}{(n+1)!}(x-x_0)^{n+1} = 0$$

定理得证。

而在 $n \to \infty$ 时，Lagrange 型余项 $R_n(x) \to 0$ 充分条件是：

$$\exists M > 0，\left| f^{(n+1)}(x) \right| \leqslant M$$

即 $f(x)$ 的任意阶导数在区间 $I$ 内有界。

在含有 $x_0$ 的开区间 $I$ 上能展开成 Taylor 级数的函数 $f(x)$ 为：

$$f(x) = \sum_{n=0}^{\infty} \frac{f^{(n)}(x_0)}{n!}(x-x_0)^n$$

取 $x_0 = 0$，展开成 Maclaurin 级数：

$$f(x) = \sum_{n=0}^{\infty} \frac{f^{(n)}(0)}{n!} x^n$$

### 7.5.2 函数展开成幂级数的直接方法与间接方法

把函数 $f(x)$ 展开成 $x$ 的幂级数（Maclaurin 级数）的直接展开法。

（1）求函数 $f(x)$ 的各阶导数。如果在原点处函数的某阶导数不存在，求导停止进行，此函数不能展开成 $x$ 的幂级数。如 $f(x) = x^{3/2}$，$f''(0)$ 不存在，它不能展开成 $x$ 的幂级数。

（2）求 Taylor 系数 $a_n = \dfrac{f^{(n)}(0)}{n!}$（$n = 0$，$1$，$\cdots$），形式上作出幂级数 $\sum_{n=0}^{\infty} a_n x^n$，求出收敛半径 $R$。

（3）分析 $x \in (-R, R)$ 时，余项极限

$$\lim_{n \to \infty} R_n(x) = \lim_{n \to \infty} \frac{f^{(n+1)}(\xi)}{(n+1)!} x^{n+1} \quad (\xi \text{ 为 } x \text{ 与 0 之间的一点})$$

是否为零，或考察 $|f^{(n+1)}(x)|$ 是否有界，如果是，确定幂级数收敛于 $f(x)$。

（4）检查幂级数在区间端点的敛散性，从而确定展开式

$$f(x) = \sum_{n=0}^{\infty} \frac{f^{(n)}(0)}{n!} x^n$$

的收敛区间。

由于函数幂级数展开式是唯一的，从已知的函数展开式出发，作变量置换、或四则运算、或逐项求导、逐项积分也可间接寻找出函数的展开式。

**【例题 7.5.1】** 将下列函数展开成 $x$ 的幂级数。

（1）$f(x) = a^x$

解：直接展开，$f^{(n)}(x) = a^x (\ln a)^n \Rightarrow f^{(n)}(0) = (\ln a)^n$

$$\Rightarrow f(x) = \sum_{n=0}^{\infty} \frac{f^{(n)}(0)}{n!} x^n = \sum_{n=0}^{\infty} \frac{(\ln a)^n}{n!} x^n$$

$$\lim_{n \to \infty} \left| \frac{a_{n+1}}{a_n} \right| = \lim_{n \to \infty} \left| \frac{\ln a}{n+1} \right| = 0 \Rightarrow R = +\infty \text{ 故该级数的收敛区间为 } (-\infty < x < +\infty)。$$

$$\lim_{n \to \infty} |R_n(x)| = \lim_{n \to \infty} \left| \frac{f^{n+1}(\theta x)}{(n+1)!} x^{n+1} \right| = \lim_{n \to \infty} \left| \frac{a^{\theta x}(\ln a)^{n+1}}{(n+1)!} x^{n+1} \right| \leqslant M \lim_{n \to \infty} \left| \frac{(\ln a)^{n+1}}{(n+1)!} \right| |x|^{n+1} = 0$$

因 $a^{\theta x}$ 有界，$\left| \dfrac{(\ln a)^{n+1}}{(n+1)!} \right| |x|^{n+1}$ 是收敛级数 $\sum_{n=0}^{\infty} \dfrac{(\ln a)^n}{n!} x^n (-\infty < x < +\infty)$ 的一般项，

所以对任意的 $x$ 上式均成立。$\Rightarrow a^x = \sum_{n=0}^{\infty} \dfrac{(\ln a)^n}{n!} x^n (-\infty < x < +\infty)$。

（2）$f(x) = e^{-x^2}$

解：由 $f(x) = \sum_{n=0}^{\infty} \dfrac{t^n}{n!}(-\infty < t < +\infty)$，令 $t = -x^2$ 得：

$$e^{-x^2} = \sum_{n=0}^{\infty} (-1)^n \frac{t^n}{n!} (-\infty < x < +\infty)$$

(3) $f(x) = \sin 2x$

解：由 $\sin t = \sum_{n=0}^{\infty} (-1)^n \frac{t^{2n+1}}{(2n+1)!} (-\infty < t < +\infty)$，令 $t = 2x$ 得：

$$\sin 2x = \sum_{n=0}^{\infty} (-1)^n \frac{(2x)^{2n+1}}{(2n+1)!} (-\infty < x < +\infty)$$

(4) $f(x) = \sin^2 x$

解：由 $\cos t = \sum_{n=0}^{\infty} (-1)^n \frac{t^{2n}}{(2n)!} (-\infty < t < +\infty)$，及 $\sin^2 x = \frac{1}{2}(1 - \cos 2x)$，令 $t = 2x$ 得：

$$\sin^2 x = \frac{1}{2}\left[1 - \sum_{n=0}^{\infty} (-1)^n \frac{(2x)^{2n}}{(2n)!}\right] = \sum_{n=1}^{\infty} (-1)^{n+1} \frac{(2x)^{2n}}{2 \cdot (2n)!} (-\infty < x < +\infty)$$

(5) $f(x) = \arctan x$

解：由 $f'(x) = \frac{1}{1+x^2} = \sum_{n=0}^{\infty} (-1)^n x^{2n} (-1 < x < 1) \Rightarrow$

$$\arctan x = \int_0^x \frac{1}{1+t^2} dt = \sum_{n=0}^{\infty} (-1)^n \int_0^x t^{2n} dt = \sum_{n=0}^{\infty} (-1)^n \frac{x^{2n+1}}{2n+1} (-1 \leqslant x \leqslant 1)$$

$x = \pm 1$ 时，均为收敛的交错级数。

(6) $f(x) = \frac{1}{5 - 2x}$

解：由：

$$\frac{1}{1-t} = \sum_{n=0}^{\infty} t^n (|t| < 1) \text{ 及 } f(x) = \frac{1}{5-2x} = \frac{1}{5} \frac{1}{1 - \frac{2}{5}x}, \text{ 令 } t = \frac{2}{5}x \text{ 得：}$$

$$f(x) = \frac{1}{5 - 2x} = \sum_{n=0}^{\infty} \left(\frac{2}{5}\right)^n x^n, \left(\left|\frac{2}{5}x\right| < 1 \Rightarrow |x| < \frac{5}{2}\right)$$

(7) $f(x) = \ln(x + \sqrt{1 + x^2})$

解：由 $\frac{1}{\sqrt{1+t}} = 1 + \sum_{n=1}^{\infty} (-1)^n \frac{1 \cdot 3 \cdots (2n-1)}{2 \cdot 4 \cdots (2n)} t^n = 1 + \sum_{n=1}^{\infty} (-1)^n \frac{(2n-1)!!}{(2n)!!} t^n (-1$

$< t \leqslant 1)$

得 $f'(x) = \frac{1 + \dfrac{x}{\sqrt{1+x^2}}}{x + \sqrt{1+x^2}} = \frac{1}{\sqrt{1+x^2}} = 1 + \sum_{n=1}^{\infty} (-1)^n \frac{(2n-1)!!}{(2n)!!} x^{2n} (|x| \leqslant 1) \Rightarrow$

$$\ln(x + \sqrt{1+x^2}) = \int_0^x \frac{1}{\sqrt{1+t^2}} dt = x + \sum_{n=1}^{\infty} (-1)^n \frac{(2n-1)!!}{(2n)!!} \int_0^x t^{2n} dt$$

$$= x + \sum_{n=1}^{\infty} (-1)^n \frac{(2n-1)!!}{(2n)!!} \frac{x^{2n+1}}{(2n+1)} (|x| \leqslant 1)$$

（8） $f(x) = \ln \dfrac{1+x}{1-x}$

解：由于 $f'(x) = \dfrac{1+x}{1-x^2} = 2\displaystyle\sum_{n=0}^{\infty} x^{2n}(-1 < x < 1) \Rightarrow$

$$\ln \frac{1+x}{1-x} = \int_0^x \frac{2}{1-t^2} \mathrm{d}t = 2\sum_{n=0}^{\infty} \frac{x^{2n+1}}{2n+1}(-1 < x < 1)$$

**【例题 7.5.2】** 将下列函数在指定点 $x_0$ 处展开成 $(x - x_0)$ 的幂级数，并指出展开式成立的区间。

（1） $f(x) = \mathrm{e}^x$，在 $x_0 = 1$ 处展开成幂级数。

解：

$$\mathrm{e}^x = \mathrm{e} \cdot \mathrm{e}^{x-1} = \mathrm{e}\sum_{n=0}^{\infty} \frac{(x-1)^n}{n!}(-\infty < x < +\infty)$$

（2） $f(x) = \ln x$ 在 $x_0 = 1$ 处展开成幂级数。

解：

$$f(x) = \ln x = \ln[1 + (x-1)] = \sum_{n=1}^{\infty}(-1)^{n-1}\frac{(x-1)^n}{n}(0 < x \leqslant 2)。$$

（3）（2007 年·考研数三第 20 题）将函数 $f(x) = \dfrac{1}{x^2 - 3x - 4}$ 展开成 $x - 1$ 的幂级数，并指出其收敛区间。

解：$f(x) = \dfrac{1}{x^2 - 3x - 4} = \dfrac{1}{(x+1)(x-4)} = \dfrac{1}{5}\left(\dfrac{1}{x-4} - \dfrac{1}{x+1}\right) = -\dfrac{1}{5}\left[\dfrac{1}{3-(x-1)} + \dfrac{1}{2+(x-1)}\right],$

$$\frac{1}{3-(x-1)} = \frac{1}{3} \cdot \frac{1}{1-\dfrac{x-1}{3}} = \frac{1}{3}\sum_{n=0}^{\infty}\left(\frac{x-1}{3}\right)^n = \sum_{n=0}^{\infty}\frac{1}{3^{n+1}}(x-1)^n(-2 < x < 4),$$

$$\frac{1}{2+(x-1)} = \frac{1}{2} \cdot \frac{1}{1+\dfrac{x-1}{2}} = \frac{1}{2}\sum_{n=0}^{\infty}(-1)^n\left(\frac{x-1}{2}\right)^n = \sum_{n=0}^{\infty}\left(\frac{-1}{2^{n+1}}\right)^n(x-1)^n(-1 < x < 3),$$

$$f(x) = \sum_{n=0}^{\infty}\frac{1}{5}\left[\frac{1}{3^{n+1}} + \frac{(-1)^n}{2^{n+1}}\right](x-1)^n(-1 < x < 3)。$$

（4） $f(x) = \dfrac{\mathrm{d}}{\mathrm{d}x}\left(\dfrac{\mathrm{e}^x - \mathrm{e}}{x-1}\right)$ 在 $x_0 = 1$ 处展开成幂级数。

解：

$$\mathrm{e}^x = \mathrm{e}\mathrm{e}^{x-1} = \mathrm{e}\sum_{n=0}^{\infty}\frac{(x-1)^n}{n!} \Rightarrow \frac{\mathrm{e}^x - \mathrm{e}}{x-1} = \mathrm{e}\sum_{n=1}^{\infty}\frac{(x-1)^{n-1}}{n!} \Rightarrow$$

$$f(x) = \frac{\mathrm{d}}{\mathrm{d}x}\left(\frac{\mathrm{e}^x - \mathrm{e}}{x-1}\right) = \mathrm{e}\sum_{n=2}^{\infty}\frac{(x-1)^{n-2}}{n(n-2)!}(x \neq 1)$$

（5） $f(x) = \sin x$ 在 $\dfrac{\pi}{4}$ 处。

解：由：

$$\sin x = \sin\left[\frac{\pi}{4} + \left(x - \frac{\pi}{4}\right)\right]$$

$$\sin\frac{\pi}{4}\cos\left(x-\frac{\pi}{4}\right)+\cos\frac{\pi}{4}\sin\left(x-\frac{\pi}{4}\right)=\frac{\sqrt{2}}{2}\left[\cos\left(x-\frac{\pi}{4}\right)+\sin\left(x-\frac{\pi}{4}\right)\right]$$

及：

$$\sin\left(x-\frac{\pi}{4}\right)=\sum_{n=0}^{\infty}(-1)^n\frac{\left(x-\frac{\pi}{4}\right)^{2n+1}}{(2n+1)!}\quad(-\infty<x<+\infty)$$

$$\cos\left(x-\frac{\pi}{4}\right)=\sum_{n=0}^{\infty}(-1)^n\frac{\left(x-\frac{\pi}{4}\right)^{2n}}{(2n)!}\quad(-\infty<x<+\infty)$$

可得：

$$\sin x=\frac{\sqrt{2}}{2}\sum_{n=0}^{\infty}(-1)^n\left[\frac{\left(x-\frac{\pi}{4}\right)^{2n+1}}{(2n+1)!}+\frac{\left(x-\frac{\pi}{4}\right)^{2n}}{(2n)!}\right]\quad(-\infty<x<+\infty)$$

(6) $f(x)=\dfrac{x-1}{4-x}$ 展开成的 $(x-1)$ 幂级数，并求 $f^{(n)}(1)$。

解：由：

$$f(x)=\frac{1}{3}\cdot\frac{x-1}{1-\dfrac{x-1}{3}}=\frac{1}{3}(x-1)\frac{1}{1-\dfrac{x-1}{3}}$$

$$f(x)=\sum_{n=0}^{\infty}\frac{1}{3^{n+1}}(x-1)^{n+1}\quad(-2<x<4)$$

故 $f^{(n)}(1)=\dfrac{n!}{3^n}$

(7) $f(x)=\dfrac{1}{x^2+3x+2}$ 展开成 $(x-1)$ 的幂级数。

解：

$$f(x)=\frac{1}{(x+1)(x+2)}=\frac{1}{x+1}-\frac{1}{x+2}$$

$$\frac{1}{x+1}=\frac{1}{2+(x-1)}=\frac{1}{2}\frac{1}{1+\dfrac{x-1}{2}}=\frac{1}{2}\sum_{n=0}^{\infty}(-1)^n\left(\frac{x-1}{2}\right)^n$$

$$=\sum_{n=0}^{\infty}(-1)^n\frac{(x-1)^n}{2^{n+1}}\quad(-1<x<3)$$

$$\frac{1}{x+2}=\frac{1}{3+(x-1)}=\frac{1}{3}\frac{1}{1+\dfrac{x-1}{3}}=\frac{1}{3}\sum_{n=0}^{\infty}(-1)^n\left(\frac{x-1}{3}\right)^n$$

$$=\sum_{n=0}^{\infty}(-1)^n\frac{(x-1)^n}{3^{n+1}}\quad(-2<x<4)$$

故 $f(x)=\sum_{n=0}^{\infty}(-1)^n\left(\frac{1}{2^{n+1}}-\frac{1}{3^{n+1}}\right)(x-1)^n\quad(-1<x<3)$

**【例题 7.5.3】** 利用幂级数求某些初等函数的原函数。

像 $\dfrac{\sin x}{x}$，$e^{-x^2}$，$\sqrt{1+x^3}$ 等初等函数的原函数是存在的，但不能用初等函数表示出来，如果将被积函数在 $x=0$ 处展开成幂级数，用积分上限函数得到的幂级数可以作为原函数的一种表现形式。

（1）$\displaystyle\int_0^x \dfrac{\sin x}{x}\mathrm{d}x$

解：$\displaystyle\int_0^x \dfrac{\sin x}{x}\mathrm{d}x = \int_0^x \dfrac{1}{x}\Big[x - \dfrac{x^3}{3!} + \dfrac{x^5}{5!} + \cdots + (-1)^n \dfrac{x^{2n+1}}{(2n+1)!} + \cdots\Big]\mathrm{d}x$

$\qquad\qquad\qquad = x - \dfrac{x^3}{3\cdot 3!} + \dfrac{x^5}{5\cdot 5!} + \cdots + (-1)^n \dfrac{x^{2n+1}}{(2n+1)\cdot(2n+1)!} + \cdots x \in (-\infty,\ \infty)$

（2）$\displaystyle\int_0^x e^{-x^2}\mathrm{d}x$

解：$\displaystyle\int_0^x e^{-x^2}\mathrm{d}x = \int_0^x \Big(1 - x^2 + \dfrac{x^4}{2!} - \dfrac{x^6}{3!} + \cdots + (-1)^n \dfrac{x^{2n}}{n!} + \cdots\Big)\mathrm{d}x$

$\qquad\qquad\qquad = x - \dfrac{x^3}{3} + \dfrac{x^5}{5\cdot 2!} - \dfrac{x^7}{7\cdot 3!} + \cdots + (-1)^n \dfrac{x^{2n+1}}{(2n+1)n!} + \cdots \quad x \in (-\infty,\ \infty)$

**【例题 7.5.4】** 计算广义积分 $\displaystyle\int_0^\infty \dfrac{x^3}{e^x - 1}\mathrm{d}x$

解：由于级数 $\displaystyle\sum_{n=1}^\infty e^{-nx} = \dfrac{e^{-x}}{e^{-x}-1} = \dfrac{1}{e^x - 1} \quad (0 < x)$

故：

$$\int_0^\infty \dfrac{x^3}{e^x - 1}\mathrm{d}x = \int_0^\infty x^3 \Big(\sum_{n=1}^\infty e^{-nx}\Big)\mathrm{d}x$$

逐项积分：

$$\int_0^\infty x^3 \Big(\sum_{n=1}^\infty e^{-nx}\Big)\mathrm{d}x = \sum_{n=1}^\infty \int_0^\infty x^3 e^{-nx}\mathrm{d}x = \sum_{n=1}^\infty \dfrac{3!}{n^4}\int_0^\infty e^{-nx}\mathrm{d}x = 6\sum_{n=1}^\infty \dfrac{1}{n^4} = \dfrac{\pi^4}{15}$$

## 第7章 习 题

### A 类

1. 设 $u_n \neq 0$，且 $\displaystyle\sum_{n=1}^\infty u_n$ 收敛，判别 $\displaystyle\sum_{n=1}^\infty \dfrac{1}{u_n}$ 的敛散性。

2. 判断级数 $\displaystyle\sum_{n=1}^\infty \dfrac{n^2}{\left(1+\dfrac{1}{n}\right)^n}$ 的敛散性。

3. 当公比 $q$ 满足_____时，等比级数 $\sum\limits_{n=0}^{\infty} aq^n$ 收敛；当公比 $q$ 满足_____时等比级数发散。

4. 若级数 $\sum\limits_{n=1}^{\infty} u_n$ 的部分和 $S_n = \dfrac{1}{5} - \dfrac{1}{5(5n+1)}$，试写出其一般项。

5. 利用几何级数、调和级数的敛散性，以及无穷级数的基本性质，判定下列级数的敛散性。

(1) $\dfrac{1}{2} + \dfrac{1}{4} + \dfrac{1}{6} + \dfrac{1}{8} + \cdots$；(2) $\dfrac{1}{2} + \dfrac{1}{\sqrt{2}} + \dfrac{1}{\sqrt[3]{2}} + \dfrac{1}{\sqrt[4]{2}} + \cdots$；(3) $1 + 2 + 3 + 4 + \cdots$；

(4) $-\dfrac{9}{10} + \left(\dfrac{9}{10}\right)^2 - \left(\dfrac{9}{10}\right)^3 + \left(\dfrac{9}{10}\right)^4 \cdots$；

(5) $\left(\dfrac{1}{7} + \dfrac{8}{9}\right) + \left(\dfrac{1}{7^2} + \dfrac{8^2}{9^2}\right) + \left(\dfrac{1}{7^3} + \dfrac{8^3}{9^3}\right) + \left(\dfrac{1}{7^4} + \dfrac{8^4}{9^4}\right) \cdots$。

6. 根据级数收敛的定义判定下列级数的敛散性。

(1) $\sum\limits_{n=1}^{\infty} \dfrac{1}{(5n-4)(5n+1)}$；(2) $\dfrac{1}{1 \cdot 3} + \dfrac{1}{3 \cdot 5} + \dfrac{1}{5 \cdot 7} + \cdots$；

(3) $\sum\limits_{n=1}^{\infty} (\sqrt{n+2} - 2\sqrt{n+1} + \sqrt{n})$。

7. 判断下列级数的收敛性，并求收敛级数的和。

(1) $\sum\limits_{n=1}^{\infty} \dfrac{1}{n(n+1)(n+2)}$；(2) $\sum\limits_{n=1}^{\infty} \ln\left(1 - \dfrac{1}{n^2}\right)$；(3) $\sum\limits_{n=1}^{\infty} \dfrac{(\ln 3)^n}{2^n}$。

**B 类**

1. 判定下列级数的敛散性。

(1) $\dfrac{2}{3} + \dfrac{2^2}{3^2} + \cdots + \dfrac{2^n}{3^n} + \cdots$；(2) $\dfrac{1}{2^2} + \dfrac{1}{3^2} + \cdots + \dfrac{1}{n^2} + \cdots$；

(3) $\dfrac{1}{2!} + \dfrac{1}{3!} + \cdots + \dfrac{1}{n!} + \cdots$；(4) $\dfrac{1}{\sqrt{1 \cdot 3}} + \dfrac{1}{\sqrt{3 \cdot 5}} + \cdots + \dfrac{1}{\sqrt{(2n-1) \cdot (2n+1)}} + \cdots$

(5) $\left(\dfrac{1}{2} + \dfrac{1}{3}\right) + \left(\dfrac{1}{2^2} + \dfrac{1}{3^2}\right) + \cdots + \left(\dfrac{1}{2^n} + \dfrac{1}{3^n}\right) + \cdots$；

(6) $\dfrac{1}{1 \cdot 2} + \dfrac{1}{2 \cdot 3} + \cdots + \dfrac{1}{n \cdot (n+1)} + \cdots$。

2. 用比较审敛法判定下列级数的敛散性。

(1) $\sum\limits_{n=2}^{\infty} \dfrac{1}{n - \ln n}$；(2) $\sum\limits_{n=1}^{\infty} \dfrac{2n+1}{2n(n+1)}$；(3) $\sum\limits_{n=1}^{\infty} \dfrac{2 + (-1)^n}{3^n}$；(4) $\sum\limits_{n=1}^{\infty} \dfrac{\ln(1+n)}{n}$；

(5) $\sum\limits_{n=1}^{\infty} \ln\left(1 + \dfrac{1}{n^p}\right)(p > 0)$；(6) $\sum\limits_{n=1}^{\infty} \dfrac{1}{1 + a^n}(a \leqslant 0)$；(7) $\sum\limits_{n=1}^{\infty} \dfrac{2n - 9\cos n}{n\sqrt{5n+3}}$；

(8) $\sum\limits_{n=1}^{\infty} \dfrac{1+n}{n(n+2)}$；(9) $\sum\limits_{n=1}^{\infty} \dfrac{1+n}{1+n^3}$；(10) $\sum\limits_{n=2}^{\infty} \dfrac{1}{n^3}\sin\dfrac{\pi}{n}$；(11) $\sum\limits_{n=1}^{\infty} \dfrac{1}{\ln(n+1)}$；

(12) $\displaystyle\sum_{n=1}^{\infty} (\sqrt{n} - \sqrt{n-1})$。

3. 用比值审敛法判定下列级数的敛散性。

(1) $\displaystyle\sum_{n=1}^{\infty} u_n = \sum_{n=1}^{\infty} \frac{a^n}{n!}$ $(a > 0)$；(2) $\displaystyle\sum_{n=1}^{\infty} u_n = \sum_{n=1}^{\infty} \frac{n!}{n^n}$；(3) $\displaystyle\sum_{n=1}^{\infty} u_n = \sum_{n=1}^{\infty} \frac{1}{n(n+1)}$；

(4) $\displaystyle\sum_{n=1}^{\infty} \frac{n}{(n+1)!}$；(5) $\displaystyle\sum_{n=1}^{\infty} \frac{2^n}{3^{\ln n}}$；(6) $\displaystyle\sum_{n=2}^{\infty} n\tan\frac{\pi}{2^n}$；(7) $\displaystyle\sum_{n=1}^{\infty} u_n = \sum_{n=1}^{\infty} \frac{n^n}{3^n n!}$；

(8) $\displaystyle\sum_{n=1}^{\infty} u_n = \sum_{n=1}^{\infty} \frac{n^p}{n!}$。

4. 用适当方法判定下列级数的敛散性。

(1) $\displaystyle\sum_{n=1}^{\infty} \frac{1}{\sqrt[n]{n}}$；(2) $\displaystyle\sum_{n=1}^{\infty} \frac{n^{n+\frac{1}{n}}}{\left(n+\frac{1}{n}\right)^n}$；(3) $\displaystyle\sum_{n=1}^{\infty} \sqrt{\frac{n+1}{n}}$；(4) $\displaystyle\sum_{n=1}^{\infty} \frac{n^2}{\left(1+\frac{1}{n}\right)^2}$；

(5) $\displaystyle\sum_{n=1}^{\infty} 2^n \cdot \sin\frac{\pi}{3^n}$；(6) $\displaystyle\sum_{n=1}^{\infty} \frac{1}{1+a^n}$ $(a > 1)$；(7) $\displaystyle\sum_{n=1}^{\infty} \ln\frac{n+1}{n}$；

(8) $\dfrac{1}{2} + \dfrac{1}{\sqrt{2}} + \dfrac{1}{\sqrt[3]{2}} + \cdots + \dfrac{1}{\sqrt[n]{2}} + \cdots$；(9) $\displaystyle\sum_{n=1}^{\infty} (\sqrt{n+2} - 2\sqrt{n+1} + \sqrt{n})$；

(10) $\dfrac{1}{2} + \dfrac{1}{3} + \dfrac{1}{2^2} + \dfrac{1}{3^2} + \cdots + \dfrac{1}{2^n} + \dfrac{1}{3^n} + \cdots$；(11) $\sin\dfrac{\pi}{6} + \sin\dfrac{2\pi}{6} + \cdots + \sin\dfrac{n\pi}{6} + \cdots$。

5. 判定下列级数的敛散性，如果收敛，确定是条件收敛还是绝对收敛。

(1) $\displaystyle\sum_{n=1}^{\infty} \frac{1}{n^2}$；(2) $\displaystyle\sum_{n=1}^{\infty} \left[\frac{\sin(na)}{n^2} - \frac{1}{\sqrt{n}}\right]$；(3) $\displaystyle\sum_{n=1}^{\infty} (-1)^n \left(1 - \cos\frac{a}{n}\right)(a > 0)$；

(4) $\displaystyle\sum_{n=1}^{\infty} \frac{\sin nx}{n^s}(s > 1)$；(5) $\displaystyle\sum_{n=1}^{\infty} \frac{1}{n^2}\sin\frac{n\pi}{2}$；(6) $\displaystyle\sum_{n=1}^{\infty} a_n\left(0 \leqslant a_n < \frac{1}{n}\right)$；

(7) $\displaystyle\sum_{n=2}^{\infty} (-1)^{n-1} \frac{n^3}{3^n}$；(8) $\displaystyle\sum_{n=1}^{\infty} \frac{n!2^n\sin\frac{n\pi}{5}}{n^n}$；(9) $\displaystyle\sum_{n=1}^{\infty} \left(1 + \frac{1}{n}\right)^n a_n (\sum_{n=1}^{\infty} a_n \text{ 绝对收敛})$；

(10) $\displaystyle\sum_{n=2}^{\infty} (-1)^n \frac{1}{n\ln n} = \frac{1}{2\ln 2} - \frac{1}{3\ln 3} + \frac{1}{4\ln 4} - \cdots$；(11) $\displaystyle\sum_{n=1}^{\infty} (-1)^{n-1} (\sqrt{n+1} - \sqrt{n})$；

(12) $\displaystyle\sum_{n=1}^{\infty} (-1)^{n-1} \frac{1}{\sqrt{n}} = 1 - \frac{1}{\sqrt{2}} + \frac{1}{\sqrt{3}} - \frac{1}{\sqrt{4}} + \cdots$。

## C 类

1. 求下列幂级数的收敛半径与收敛域。

(1) $\displaystyle\sum_{n=1}^{\infty} nx^n$；(2) $\displaystyle\sum_{n=1}^{\infty} n!x^n$；(3) $\displaystyle\sum_{n=0}^{\infty} \frac{2^n}{n!}x^n$；(4) $\displaystyle\sum_{n=1}^{\infty} (x-3)^n$；(5) $\displaystyle\sum_{n=1}^{\infty} \frac{(x-5)^n}{\sqrt{n}}$；

(6) $\displaystyle\sum_{n=1}^{\infty} (-1)^{n-1} \frac{(x+1)^n}{n}$；(7) $\displaystyle\sum_{n=1}^{\infty} (-1)^{n-1} \frac{(x-1)^n}{5n}$；(8) $\displaystyle\sum_{n=1}^{\infty} (-1)^n \frac{x^{2n+1}}{2n+1}$；

(9) $\sum_{n=1}^{\infty} \frac{(3x+1)^n}{2^n n}$ ; (10) $\sum_{n=1}^{\infty} \frac{2n-1}{2^n} x^{2n-2}$ ; (11) $\sum_{n=1}^{\infty} \frac{(-1)^{n-1}}{n} x^n$ ; (12) $\sum_{n=1}^{\infty} \frac{1}{n!} x^n$ ;

(13) $\sum_{n=1}^{\infty} (-n)^n x^n$ ; (14) $\sum_{n=1}^{\infty} u_n(x) = \sum_{n=1}^{\infty} \frac{(x+1)^n}{n^2}$ 。

2. 利用逐项求导和逐项积分，求下列级数的和函数。

(1) $\sum_{n=1}^{\infty} \frac{x^{4n+1}}{4n+1}$ ，$|x|<1$ ； (2) $\sum_{n=1}^{\infty} nx^{n-1}$ ，$|x|<1$ ；

(3) $\sum_{n=1}^{\infty} \frac{2n-1}{2^n} x^{2n-2}$ ，$|x|<\sqrt{2}$ ，并求 $\sum_{n=1}^{\infty} \frac{2n-1}{2^n}$ ；

(4) $x - \frac{x^3}{3} + \frac{x^5}{5} - \cdots$ ，$|x|<1$ ；并求 $\sum_{n=1}^{\infty} \frac{(-1)^n}{2n-1} \cdot \left(\frac{3}{4}\right)^n$ ；

(5) $\sum_{n=0}^{\infty} \frac{x^n}{n!}$ ，$-\infty < x < \infty$ ； (6) $\sum_{n=1}^{\infty} (-1)^{n-1} \frac{x^n}{n}$ ，$(-1 < x \leq 1)$ ；

(7) $\sum_{n=1}^{\infty} (-1)^n \frac{x^{2n+1}}{2n+1}$ ； (8) $\sum_{n=0}^{\infty} \frac{1}{n+1} x^n$ ，$0 < |x| < 1$ ，并求 $\sum_{n=0}^{\infty} \frac{1}{n+1} \left(\frac{1}{2}\right)^n$ ；

(9) $\sum_{n=0}^{\infty} \frac{x^n}{n!}$ ，$-\infty < x < \infty$ ，并求 $\sum_{n=0}^{\infty} \frac{3^n}{n!}$ 。

3. 求函数项级数 $\sum_{n=1}^{\infty} \frac{2^n}{n(2^n + 5^n)} x^n$ 的收敛区间和收敛半径。

4. 求函数项级数 $\sum_{n=0}^{\infty} \frac{n^2}{x^n}$ 的收敛区间。

**D 类**

1. 将下列函数展开成 $x$ 的幂级数，并求展开式成立的区间。

(1) $\ln(e+x)$ ； (2) $\ln(1+x)$ ； (3) $xe^{-x}$ ； (4) $\arcsin x$ ； (5) $x\ln(1+x^2)$ ；

(6) $\frac{x}{\sqrt{1+x^2}}$ 。

2. 将函数展开成 $(x-1)$ 的幂级数，并求展开式成立的区间。

(1) $\frac{1}{x}$ ； (2) $\ln(2+x)$ ； (3) $\frac{1}{3-x}$ ； (4) $\lg x$ ； (5) $\frac{1}{x^2+4x+3}$ 。

3. 将函数 $f(x) = \frac{1}{x^2}$ 在点 $x_0 = 2$ 处展开成幂级数。

# 第 8 章

# 常微分方程

　　函数是有关事物内在联系的定量反映，确定变量间的函数关系就是研究客观事物的变化规律或运动规律。实际问题的解决，往往归结为确定某些具体的函数关系。然而，并不像 3.6 实际最值问题中的例题那样，目标函数可以直接写出来。研究对象的复杂性要求我们根据基本的自然定律和具体问题所提供的关联，甚至假设，去构造数学模型。列出既含有自变量，又包含未知函数及其各阶导数的方程式——微分方程。然后，运用数学工具从微分方程中解出未知函数。

　　微分方程从实际问题中产生。从微分方程中寻找未知函数的运算就是解微分方程。如果微分方程中的未知函数是一元函数，这样的微分方程称为常微分方程；未知函数是多元函数的，称为偏微分方程。

## 8.1　微分方程的基本概念

### 8.1.1　从实际问题中建立微分方程

　　【例题 8.1.1】小球从高空落下，受到空气的粘滞阻力正比于它的速率，求下落小球速率与时间的函数关系 $v = v(t)$，假设小球从原点由静止开始下落（见图 8-1）。

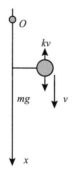

图 8-1　例题 8.1.1 图

解：建立 $Ox$ 轴竖直向下，$x$ 表示落体坐标，$v$ 是落体速率，它们都是时间的函数 $x = x(t)$，$v = \dot{x} = v(t)$。以小球开始下落为时间原点 $t = 0$，运动的初始条件为 $v(0) = 0$，并设 $x(0) = 0$。根据牛顿第二定律，小球加速度 $\dfrac{dv}{dt}$ 与它受到的重力和粘滞阻力的合力在运动的每个瞬时都是：

$$mg - kv = m\frac{dv}{dt}$$

这就是未知函数 $v = v(t)$ 应当满足的微分方程。

【例题 8.1.2】弹簧振子：设质量为 $m$ 的弹簧振子作水平自由振动。假设弹簧的弹性系数为 $k$，阻力与速度成正比，阻尼系数 $\gamma$。求弹簧振子的弹性满足的微分方程。

解：设 $x(t)$ 表示振子当前所处的位置，并假设弹簧松弛时振子所处的位置为 $x = 0$。那么振子在时刻 $t$ 受到的弹性力为 $-kx(t)$，阻力等于 $-\gamma\dfrac{dx}{dt}$。由牛顿第二定律得：

$$m\frac{d^2x}{dt^2} = -kx - \gamma\frac{dx}{dt}$$

从而得到一个二阶微分方程：

$$m\frac{d^2x}{dt^2} + \gamma\frac{dx}{dt} + kx = 0$$

这就是所求弹性满足的微分方程。

【例题 8.1.3】如果一平面曲线 $\gamma$ 过定点 $M_0$，且 $\gamma$ 上任意一点 $M$（$M_0$ 除外）的切线与直线 $M_0M$ 的夹角恒等于常数 $\alpha_0$，求这条曲线所满足的微分方程。

解：设坐标原点为 $M_0$。我们在 $Oxy$ 平面坐标系下考虑。设曲线 $\gamma$ 的方程为 $y = y(x)$。过点 $M(x, y)$ 的切线与 $x$ 轴的夹角 $\theta$ 满足 $\tan\theta = \dfrac{dy}{dx}$。因此，

$$\tan\alpha_0 = \tan(\theta - \beta) = \frac{\tan\theta - \tan\beta}{1 + \tan\theta\tan\beta} = \frac{x\dot{y}(x) - y(x)}{x + \dot{y}(x)y(x)}$$

因而得到 $y(x)$ 满足的微分方程：

$$\frac{dy}{dx} = \frac{(\tan\alpha_0)x + y}{x - (\tan\alpha_0)y}$$

以上例题都从建立的包含未知函数导数的微分方程着手，在等式中，未知函数和自变量可存在，也可以不显含，但是未知函数导数的存在是微分方程的本质特征。后面的任务是寻求微分方程的解。

### 8.1.2　微分方程的阶

出现在微分方程中的未知函数导数的最高阶数，称为微分方程的阶。上面 3 个例题，列出的都是一阶微分方程。如果〚例题 8.1.1〛以落体坐标 $x$ 与时间 $t$ 的关系 $x(t)$ 为未知函数，它将满足二阶微分方程。

$$m\frac{\mathrm{d}^2x}{\mathrm{d}t^2} + k\frac{\mathrm{d}x}{\mathrm{d}t} = mg$$

如果未知函数为 $y = y(x)$，一阶微分方程的一般形式记为：

$$F(y', y, x) = 0$$

$n$ 阶微分方程的一般形式为：

$$F(y^{(n)}, y^{(n-1)}, \cdots, y', y, x) = 0$$

式中，未知函数的 $n$ 阶导数 $y^{(n)}$ 必须出现，未知函数及其 $n-1$ 阶及以下各阶导数 $y^{(n-1)}, \cdots, y', y, x$ 可以出现，也可以不出现。

### 8.1.3　微分方程的解、通解和特解

如果把函数 $y = y(x)$ 和它的各阶导数代入微分方程，能使方程成为恒等式，函数 $y = y(x)$ 就是这个微分方程的解。确切地说，函数 $y = y(x)$ 在区间 $I$ 上有 $n$ 阶连续导数，$\forall x \in I$，如果有：

$$F[y^{(n)}, y^{(n-1)}, \cdots, y', y, x] = 0$$

函数 $y = y(x)$ 就是微分方程 $F(y^{(n)}, y^{(n-1)}, \cdots, y', y, x) = 0$ 在区间 $I$ 上解。

解微分方程就是通过积分或其他运算找出满足微分方程的函数 $y = y(x)$。不难发现，$y = x^3$，$y = x^3 - 2$，$y = x^3 + C$（$C$ 是任意常数）都是一阶微分方程 $y' - 3x^2 = 0$ 的解。而 $y = \sin x$，$y = 2\cos x$，$y = C_1\sin x + C_2\cos x$，$y = A\cos(x + \varphi)$（$A$、$\varphi$ 都是任意常数）都是二阶微分方程 $y'' + y = 0$ 的解。而包含了某些任意常数的解概括了一部分解集。

若微分方程的解中含有相互独立的任意常数（它们不能合并而使任意常数的个数减少），且任意常数的个数与微分方程的阶数相等，这样的解称为微分方程的通解。由于通解中包含有任意常数，使函数关系不能完全确定，对于具体问题生成的微分方程，还需要附加其他条件来确定这些常数的值。

一阶微分方程的通解只包含一个任意常数，一个附加条件即可确定此常数，常用的条件是：$y(x_0) = y_0$。二阶微分方程的通解包含的两个任意常数，需要两个条件来确定它们，常用的条件是：$y(x_0) = y_0$ 和 $y'(x_0) = y_0'$，其中，$x_0$、$y_0$、$y_0'$ 都是已知值。这样的条件称为微分方程的初始（值）条件或边界条件。把微分方程和初始（值）条件合在一起称为定解问题，如

$$\begin{cases} y' = f(x, y) \\ y(x_0) = y_0 \end{cases} \text{和} \begin{cases} F(y'', y', y, x) = 0 \\ y(x_0) = y_0, \ y'(x_0) = y_0' \end{cases}$$

确定了通解中的任意常数，也就找到了称之为特解的满足定解问题的函数。

特解对应着一条积分曲线，而通解对应的图形是积分曲线族。一阶定解问题积分曲线过 $(x_0, y_0)$ 点，二阶定解问题的积分曲线不仅过 $(x_0, y_0)$ 点，而且在该点的斜率为 $y_0'$。

【例题 8.1.4】（1）验证 $x = x(t) = A\cos(\omega t + \varphi)$ 是二阶微分方程 $\dfrac{\mathrm{d}^2x}{\mathrm{d}t^2} + \omega^2 x = 0$ 的通

解。$\omega$ 是已知的正常数，$A$、$\varphi$ 是任意常数（$A > 0$）。（2）并求 $x(0) = 0$，$\left.\dfrac{\mathrm{d}x}{\mathrm{d}t}\right|_{t=0} = \dfrac{\omega}{2}$ 时的特解。

解：（1）$x = A\cos(\omega t + \varphi)$，$\dfrac{\mathrm{d}x}{\mathrm{d}t} = -A\omega\sin(\omega t + \varphi)$，$\dfrac{\mathrm{d}^2 x}{\mathrm{d}t^2} = -A\omega^2\cos(\omega t + \varphi)$，$\forall t \in$

$(-\infty, +\infty)$，有

$$\frac{\mathrm{d}^2 x}{\mathrm{d}t^2} + \omega^2 x \equiv 0$$

即 $x = A\cos(\omega t + \varphi)$ 是二阶微分方程 $\dfrac{\mathrm{d}^2 x}{\mathrm{d}t^2} + \omega^2 x = 0$ 的通解。

（2）由 $x(0) = 0$，得 $A\cos\varphi = 0$；由 $\left.\dfrac{\mathrm{d}x}{\mathrm{d}t}\right|_{t=0} = \dfrac{\omega}{2}$，得 $-A\omega\sin\varphi = \dfrac{\omega}{2}$

解出 $\varphi = -\dfrac{\pi}{2}$，$A = \dfrac{1}{2}$，故定解问题的特解为 $x = \dfrac{1}{2}\sin\omega t$。

【例题 8.1.5】求微分方程 $\dfrac{\mathrm{d}y}{\mathrm{d}x} = -2xy$ 的通解，并求 $y(0) = 2$ 条件下的特解。

解：由题目可知这是一个线性微分方程：

$$\frac{\mathrm{d}y}{\mathrm{d}x} + 2xy = 0$$

分离变量得：

$$\frac{\mathrm{d}y}{y} = -2x\mathrm{d}x\,(y \neq 0)$$

两边积分，化简后得到：

$$y = C\mathrm{e}^{-x^2}$$

故 $y = C\mathrm{e}^{-x^2}$ 是微分方程 $\dfrac{\mathrm{d}y}{\mathrm{d}x} = -2xy$ 的通解。

又 $y(0) = 2$，代入通解，得 2，特解为 $y = 2\mathrm{e}^{-x^2}$。

【例题 8.1.6】验证 $y = C_1\mathrm{e}^{\lambda_1 x} + C_2\mathrm{e}^{\lambda_2 x}$（$\lambda_1$ 和 $\lambda_2$ 是已知常数）是微分方程

$$y'' - (\lambda_1 + \lambda_2)y' + \lambda_1\lambda_2 y = 0$$

的通解。并求 $y(0) = \lambda_1$，$y'(0) = \lambda_2$ 条件下的特解。

解：由 $y = C_1\mathrm{e}^{\lambda_1 x} + C_2\mathrm{e}^{\lambda_2 x}$，有：

$$y' = C_1\lambda_1\mathrm{e}^{\lambda_1 x} + C_2\lambda_2\mathrm{e}^{\lambda_2 x}, \qquad y'' = C_1\lambda_1^2\mathrm{e}^{\lambda_1 x} + C_2\lambda_2^2\mathrm{e}^{\lambda_2 x}$$

将它们代入微分方程左侧：

$y'' - (\lambda_1 + \lambda_2)y' + \lambda_1\lambda_2 y$

$= C_1\lambda_1^2\mathrm{e}^{\lambda_1 x} + C_2\lambda_2^2\mathrm{e}^{\lambda_2 x} - (\lambda_1 + \lambda_2)(C_1\lambda_1\mathrm{e}^{\lambda_1 x} + C_2\lambda_2\mathrm{e}^{\lambda_2 x}) + \lambda_1\lambda_2(C_1\mathrm{e}^{\lambda_1 x} + C_2\mathrm{e}^{\lambda_2 x}) = 0$

所以包含两个任意常数的解 $y = C_1\mathrm{e}^{\lambda_1 x} + C_2\mathrm{e}^{\lambda_2 x}$ 是二阶微分方程的通解。

由 $y(0) = \lambda_1$，得：$C_1 + C_2 = \lambda_1$

$y'(0) = \lambda_2$，得：$C_1\lambda_1 + C_2\lambda_2 = \lambda_2$

解出：

$$C_1 = \frac{\lambda_2(\lambda_1 - 1)}{\lambda_2 - \lambda_1}, \quad C_2 = \frac{\lambda_2 - \lambda_1^2}{\lambda_2 - \lambda_1}$$

方程的特解为：

$$y = \frac{1}{\lambda_2 - \lambda_1}[\lambda_2(\lambda_1 - 1)e^{\lambda_1 x} + (\lambda_2 - \lambda_1^2)e^{\lambda_2 x}]$$

## 8.2 可分离变量的微分方程

### 8.2.1 分离变量直接积分

在一阶微分方程中，如果能将变量 $x$ 和 $y$ 分离到等式两边，就可以在等式两边分别对 $x$ 积分和对 $y$ 积分，求出通解。

如一阶微分方程 $y' = 2x$，改写成 $\mathrm{d}y = 2x\mathrm{d}x$ 后，两侧各自积分 $\int \mathrm{d}y = \int 2x\mathrm{d}x$ 得通解 $y = x^2 + C$。再如 $y' = -2xy^2$，分离变量 $-\dfrac{\mathrm{d}y}{y^2} = 2x\mathrm{d}x$，直接积分 $\int -\dfrac{\mathrm{d}y}{y^2} = \int 2x\mathrm{d}x$ 得通解 $y = \dfrac{1}{x^2 + C}$。

一般地说，如果一阶微分方程能够变成：

$$g(y)\mathrm{d}y = f(x)\mathrm{d}x \quad \text{或} \quad f(x)\mathrm{d}x + g(y)\mathrm{d}y = 0$$

的形式，将其称为可分离变量的微分方程，可利用直接积分求解。

【例题 8.2.1】求下列微分方程的通解。

（1）$y' = 2e^{x - 3y}$

解：原方程分离变量为：$e^{3y}\mathrm{d}y = 2e^x\mathrm{d}x$

直接积分得：$e^{3y} = \dfrac{2}{3}e^x + C_1 \left(C_1 = \dfrac{C}{3}\right)$

微分方程的通解为：$y = \dfrac{1}{3}\ln\left(\dfrac{2}{3}e^x + C_1\right)$

（2）$y' = \dfrac{y(1 - x)}{x}$

解：原方程化为 $\dfrac{\mathrm{d}y}{y} = \dfrac{1 - x}{x}\mathrm{d}x$，即：

$$\ln y = \ln x - x + \ln C = \ln(Cx) - x$$

整理得：$y = Cx \cdot e^{-x}$

微分方程的通解为：$y = Cx \cdot e^{-x}$。

（3）$(x + 3)\dfrac{\mathrm{d}y}{\mathrm{d}x} = 4y$

解：分离变量后得：$\dfrac{\mathrm{d}y}{y} = 4\dfrac{\mathrm{d}x}{x+3}$

两端积分得：$\ln|y| = \ln(x+3)^4 + C_1$

从而：$|y| = e^{C_1}(x+3)^4$

即微分方程的通解为：

$$y = C(x+3)^4$$

【例题 8.2.2】求下列微分方程满足所给初值条件的特解：

（1）$\dfrac{\mathrm{d}y}{\mathrm{d}x} = 2x$，$y(1) = 0$

解：将原方程分离变量得：$\mathrm{d}y = 2x\mathrm{d}x$，

积分得：$y = x^2 + C$

即微分方程通解为：$y = x^2 + C$

将初值条件 $y(1) = 0$ 代入通解：$0 = 1^2 + C$，求出

$$C = -1$$

微分方程满足所给初始条件的特解为：$y = x^2 - 1$。

（2）$(1 + x^2)y' = \arctan x$，$y\big|_{x=0} = 0$

解：将原方程分离变量得：$\mathrm{d}y = \dfrac{\arctan x}{1 + x^2}\mathrm{d}x$

积分得：$y = \dfrac{1}{2}(\arctan x)^2 + C$

即微分方程通解为：$y = \dfrac{1}{2}(\arctan x)^2 + C$

将初值条件 $y\big|_{x=0} = 0$ 代入通解：$0 = \dfrac{1}{2}(\arctan 0)^2 + C$，求出

$$C = 0$$

微分方程满足所给初始条件的特解为：$y = \dfrac{1}{2}(\arctan x)^2$

（3）$\dfrac{\mathrm{d}y}{\mathrm{d}x} = y\ln x$，$y(e) = 1$

解：将原方程分离变量为：$\dfrac{\mathrm{d}y}{y} = \ln x\mathrm{d}x\,(y \neq 0)$。

两边积分得：$\ln|y| = x\ln x - x + C_1$

化简通解得：$y = C \cdot e^{x\ln x - x}$

将初值条件 $y(e) = 1$ 代入通解得：$1 = C \cdot e^{e\ln e - e}$，求出：

$$C = 1$$

满足所给初始条件的特解为：

$$y = e^{x\ln x - x}$$

（4）$xy\dfrac{\mathrm{d}y}{\mathrm{d}x} = x^2 + y^2$，$y(e) = 2e$

解：将原方程分离变量为：$\dfrac{\mathrm{d}y}{\mathrm{d}x} = \dfrac{x}{y} + \dfrac{y}{x}$

令 $u = \dfrac{y}{x}$，代入方程得：$x\dfrac{\mathrm{d}u}{\mathrm{d}x} = \dfrac{1}{u}$

分离变量得：$u\mathrm{d}u = \dfrac{\mathrm{d}x}{x}$

两边积分，得：

$$\frac{1}{2}u^2 = \ln|x| + C$$

将 $u = \dfrac{y}{x}$ 回代，即得原方程通解：

$$y^2 = 2x^2 \left( \ln|x| + C \right)$$

将初值条件 $y(\mathrm{e}) = 2\mathrm{e}$ 代入通解得：$1 = C \cdot \mathrm{e}^{\mathrm{elne} - \mathrm{e}}$，求出

$$C = 1$$

故满足所给初值条件的特解为：$y^2 = 2x^2(\ln|x| + 1)$

（5）$y^2 + x^2\dfrac{\mathrm{d}y}{\mathrm{d}x} = xy\dfrac{\mathrm{d}y}{\mathrm{d}x}$，$y(1) = 1$

解：将原方程改写为：$\dfrac{\mathrm{d}y}{\mathrm{d}x} = \dfrac{\left(\dfrac{y}{x}\right)^2}{\dfrac{y}{x} - 1}$

令 $u = \dfrac{y}{x}$，则：$\dfrac{\mathrm{d}y}{\mathrm{d}x} = u + x\dfrac{\mathrm{d}u}{\mathrm{d}x}$，代入方程得

$$u + x\frac{\mathrm{d}u}{\mathrm{d}x} = \frac{u^2}{u - 1}$$

分离变量得：$\dfrac{u - 1}{u}\mathrm{d}u = \dfrac{\mathrm{d}x}{x}$（$u \neq 0$）

两边积分得：$u - \ln|u| = \ln|C_1 x|$

整理得：$y = C\mathrm{e}^{\frac{y}{x}}$

将初值条件 $y(1) = 1$ 代入通解得：$1 = C \cdot \mathrm{e}^{\frac{1}{1}}$，求出

$$C = \frac{1}{\mathrm{e}}$$

故满足所给初始条件的特解为：$y = \dfrac{1}{\mathrm{e}}\mathrm{e}^{\frac{y}{x}}$

## 8.2.2　齐次型微分方程

### 8.2.2.1　关于齐次函数

函数 $f(x, y) = ax^2 + bxy + cy^2$，具有：

$$f(tx, ty) = at^2x^2 + bt^2xy + ct^2y^2 = t^2f(x, y)$$

的性质，称函数 $f(x, y)$ 为二次齐次函数，又称为二次型。

一般说来，如果函数 $f(x, y)$ 满足条件：

$$f(tx, ty) = t^k f(x, y)$$

则称 $f(x, y)$ 为 $k$ 次齐次函数。

若 $f(tx, ty) = f(x, y)$，即 $k = 0$，称 $f(x, y)$ 为零次齐次函数，零次齐次函数必可

化为 $\varphi\left(\dfrac{y}{x}\right)$ 或 $\psi\left(\dfrac{x}{y}\right)$ 的形式。

令 $t = \dfrac{1}{x}\left(\text{或 } t = \dfrac{1}{y}\right)$，则 $f(x, y) = f(tx, ty) = f\left(1, \dfrac{y}{x}\right) = \varphi\left(\dfrac{y}{x}\right)\left(\text{或 } \psi\left(\dfrac{x}{y}\right)\right)$

例如：

$$f(x, y) = \frac{y^2}{xy - x^2} = \frac{\left(\dfrac{y}{x}\right)^2}{\dfrac{y}{x} - 1} = \varphi\left(\frac{y}{x}\right); \quad f(x, y) = \frac{(2x - y)\mathrm{e}^{\frac{x}{y}}}{2y + y\mathrm{e}^{\frac{x}{y}}} = \frac{\left(2\dfrac{x}{y} - 1\right)\mathrm{e}^{\frac{x}{y}}}{2 + \mathrm{e}^{\frac{x}{y}}} = \psi\left(\frac{x}{y}\right)$$

#### 8.2.2.2 齐次型微分方程的分离变量求解

如果一阶微分方程可以变化为 $\dfrac{\mathrm{d}y}{\mathrm{d}x} = \varphi\left(\dfrac{y}{x}\right)\left(\text{或 } \dfrac{\mathrm{d}x}{\mathrm{d}y} = \varphi\left(\dfrac{x}{y}\right)\right)$ 的形式，称其为齐次型微

分方程。在齐次型微分方程中变量 $x$ 和 $y$ 不能直接分离，需要引进新的未知函数 $u = \dfrac{y}{x}$

$\left(\text{或 } v = \dfrac{x}{y}\right)$，然后再对方程实施分离变量。

$$\frac{\mathrm{d}y}{\mathrm{d}x} = \varphi\left(\frac{y}{x}\right) \qquad\qquad\qquad \frac{\mathrm{d}x}{\mathrm{d}y} = \varphi\left(\frac{x}{y}\right)$$

设：$y = ux \quad \dfrac{\mathrm{d}y}{\mathrm{d}x} = u + x\dfrac{\mathrm{d}u}{\mathrm{d}x}$ $\qquad\qquad$ $x = vy \quad \dfrac{\mathrm{d}x}{\mathrm{d}y} = v + y\dfrac{\mathrm{d}v}{\mathrm{d}y}$

代入：$u + x\dfrac{\mathrm{d}u}{\mathrm{d}x} = \varphi(u)$ $\qquad\qquad\qquad$ $v + y\dfrac{\mathrm{d}v}{\mathrm{d}y} = \psi(v)$

分离变量：$\dfrac{\mathrm{d}u}{\varphi(u) - u} = \dfrac{\mathrm{d}x}{x}$ $\qquad\qquad$ $\dfrac{\mathrm{d}v}{\psi(v) - v} = \dfrac{\mathrm{d}y}{y}$

积分后，将 $u$（或 $v$）还原为 $x$ 和 $y$，便可求出原方程通解。

【例题 8.2.3】 求解下列微分方程。

(1) $y' = \dfrac{y}{x} + \tan\dfrac{y}{x}$

解：令 $y = ux$，则 $y' = u + xu'$，代入原方程：

$$u + xu' = u + \tan u$$

分离变量，积分：

$$\int \frac{\cos u}{\sin u}\mathrm{d}u = \int \frac{\mathrm{d}x}{x}$$

故：

$$\ln|\sin u| = \ln|x| + \ln|C| \quad (C \text{ 为任意常数})$$

即 $\sin u = Cx$，方程通解为：

$$\sin\frac{y}{x} = Cx$$

（2）$y' = \dfrac{y}{2y\ln y + y - x}$

解：把原方程化为：

$$\frac{\mathrm{d}x}{\mathrm{d}y} = -\frac{x}{y} + 1 + 2\ln y$$

这是一阶线性方程，求其对应的齐次方程：

$$\frac{\mathrm{d}x}{\mathrm{d}y} = -\frac{x}{y}$$

的通解，分离变量得：

$$\frac{\mathrm{d}x}{x} = -\frac{\mathrm{d}y}{y}$$

两边积分，化简后得到：

$$x = \frac{C}{y}$$

令 $x = \dfrac{C(x)}{y}$，代入原方程得：

$$C'(y) = y + 2y\ln y$$

两边积分得：

$$C(y) = C + y^2\ln y$$

故方程通解为：

$$x = \frac{C}{y} + y\ln y$$

（3）$\left(1 + 2\mathrm{e}^{\frac{x}{y}}\right)\mathrm{d}x + 2\left(1 - \dfrac{x}{y}\right)\mathrm{e}^{\frac{x}{y}}\mathrm{d}y = 0$

解：令 $x = vy$，则 $x' = v + yv'$，代入变换，方程化为：

$$\left(1 + 2\mathrm{e}^v\right)(v + yv') + 2(1 - v)\mathrm{e}^v = 0$$

分离变量，作积分：

$$\int \frac{\mathrm{d}(v + 2\mathrm{e}^v)}{v + 2\mathrm{e}^v} = -\int \frac{\mathrm{d}y}{y}$$

有 $\ln\left|\dfrac{C}{y}\right| = \ln|v + 2\mathrm{e}^v|$，故 $\dfrac{C}{y} = \dfrac{x}{y} + 2\mathrm{e}^{\frac{x}{y}}$，方程通解为：

$$x + 2y\mathrm{e}^{\frac{x}{y}} = C$$

（4）$\dfrac{\mathrm{d}y}{\mathrm{d}x} = \dfrac{1 + y^2}{xy + x^3y}$

解：方程分离变量得：

$$\frac{y}{1+y^2}dy = \frac{dx}{x(1+x^2)}$$

两边积分得：

$$\int \frac{ydy}{1+y^2} = \int \frac{-\frac{1}{2}d\left(\frac{1}{x^2}\right)}{\frac{1}{x^2}+1}$$

即：$\frac{1}{2}\ln|1+y^2| = -\frac{1}{2}\ln\left|1+\frac{1}{x^2}\right| + C_1$

所以方程通解为：

$$(1+y^2)(1+x^2) = Cx, \quad C = e^{2C_1}$$

（5）求方程 $xy' = y + \sqrt{y^2-x^2}$ 满足条件 $y(3)=5$ 的特解。

解：方程可化为：

$$\frac{dy}{dx} = \frac{y}{x} + \sqrt{\left(\frac{y}{x}\right)^2 - 1}$$

令 $y = ux$，则 $u + xu' = u + \sqrt{u^2-1}$，分离变量并积分：

$$\int \frac{du}{\sqrt{u^2-1}} = \int \frac{dx}{x}$$

得 $\ln(u + \sqrt{u^2-1}) = \ln|Cx|$，方程通解为：

$$y + \sqrt{y^2-x^2} = Cx^2$$

将条件 $x=3$、$y=5$ 代入通解，求出 $C=1$，得定解问题的特解 $y + \sqrt{y^2-x^2} = x^2$，化简为：

$$y = \frac{1}{2}(x^2+1)$$

【例题 8.2.4】（1）求一条曲线，使该曲线上任一点切线的斜率等于原点与该点连线斜率的 3 倍，且过点（2，-4），求曲线方程（见图 8-2）。

解：设曲线方程为 $y=y(x)$，曲线上任一点切线的斜率为 $y'$，原点与该点连线斜率为 $\frac{y}{x}$，曲线满足微分方程：

$$\frac{dy}{dx} = \frac{3y}{x}$$

分离变量，直接积分 $\int \frac{dy}{y} = 3\int \frac{dx}{x}$，得：

$$\ln|y| = 3\ln|x| + \ln C, \quad 即 \ y = Cx^3$$

因曲线过（2，-4）点，可得 $C = -\frac{1}{2}$，所求曲线方程为：

$$y = -\frac{1}{2}x^3$$

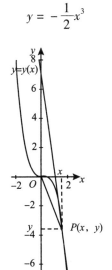

图 8 - 2　例题 8.2.4（1）图

（2）求一条曲线，使它在 $x$、$y$ 两坐标轴之间的任一条切线段均被切点所平分，且过点（6，4）。求曲线方程（见图 8 - 3）。

解：设曲线方程为 $y = y(x)$，按题给条件曲线过 $P(x, y)$ 点的切线与 $x$、$y$ 两轴交点坐标分别为（$2x$，0）和（0，$2y$），有 $\dfrac{\mathrm{d}y}{\mathrm{d}x} = -\dfrac{2y}{2x}$。

故曲线应满足的微分方程为 $\dfrac{\mathrm{d}y}{y} = -\dfrac{\mathrm{d}x}{x}$。

因曲线过（6，4）点，作变上限积分 $\displaystyle\int_4^y \dfrac{\mathrm{d}y}{y} = -\int_6^x \dfrac{\mathrm{d}x}{x}$，得曲线方程 $xy = 24（x > 0）$。

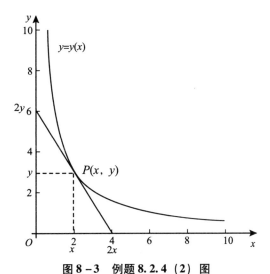

图 8 - 3　例题 8.2.4（2）图

（3）一曲线过点（1，1），曲线上任一点到两坐标轴的垂线与两坐标轴构成的矩形，被该曲线分成两部分，其中一部分的面积恰好是另一部分面积的两倍。求曲线方程（见图 8 - 4）。

解：设未知曲线方程为 $y = y(x)$，曲线上任一点 $P(x, y)$ 到两坐标轴的垂线与两坐标轴构成的矩形的面积是 $xy$，曲线与直线 $x = a |a| < |x|$，$x = x$，$y = 0$ 所包围的曲边梯形面积是 $\int_a^x y \mathrm{d}x$。根据条件，存在两种情况：① $\int_a^x y \mathrm{d}x = \dfrac{1}{3}xy$；② $\int_a^x y \mathrm{d}x = \dfrac{2}{3}xy$。分别对上限变量 $x$ 求导，得：① $xy' = 2y$；② $xy' = \dfrac{1}{2}y$。

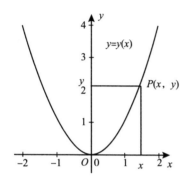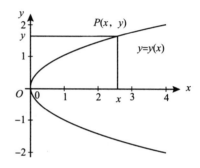

图 8 - 4　例题 8.2.4（3）图

分离变量，考虑到曲线过点（1，1），作变上限积分

① $\int_1^y \dfrac{\mathrm{d}y}{y} = 2\int_1^x \dfrac{\mathrm{d}x}{x}$；　② $\int_1^y \dfrac{\mathrm{d}y}{y} = \dfrac{1}{2}\int_1^x \dfrac{\mathrm{d}x}{x}$

得曲线方程：① $y = x^2$；② $x = y^2$（由 $\ln|y| = \dfrac{1}{2}\ln|x|$）

（4）一曲线过点（1，0），曲线上任一点 $P(x, y)$ 处的切线在 $y$ 轴上的截距都等于原点到 $P$ 点的距离。求曲线方程（见图 8 - 5）。

解：设曲线上任一点 $P(x, y)$ 处的切线与 $y$ 轴交点的坐标为 $b$（切线在 $y$ 轴上的截距），如图所示，$y'$ 是曲线上任一点 $P(x, y)$ 处的切线的斜率，则 $b - y = -x \cdot y'$，即 $b = -xy' + y$。曲线应满足的微分方程为：

$$-xy' + y = \sqrt{x^2 + y^2}$$

整理为：

$$\frac{\mathrm{d}y}{\mathrm{d}x} = \frac{y}{x} - \sqrt{1 + \left(\frac{y}{x}\right)^2}$$

令 $y = ux$，则 $y' = u + xu'$，将变换代入上式，分离变量，又 $x = 1$，$y = 0$，$u = 0$，作变上限积分。

$$\int_0^u \frac{\mathrm{d}u}{\sqrt{1 + u^2}} = -\int_1^x \frac{\mathrm{d}x}{x}$$

得 $\ln\left(u + \sqrt{1 + u^2}\right) = -\ln x$, 即 $\dfrac{y}{x} + \sqrt{1 + \left(\dfrac{y}{x}\right)^2} = \dfrac{1}{x}$, 化简得曲线方程:

$$y = \frac{1 - x^2}{2}$$

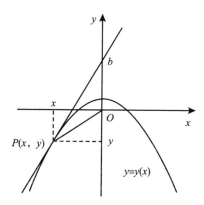

图 8-5 例题 8.2.4 (4) 图

## 8.2.3 可化为齐次型的微分方程

方程 $\dfrac{\mathrm{d}y}{\mathrm{d}x} = \dfrac{ax + by + c}{a_1 x + b_1 y + c_1}$ 只在 $c_1 = c = 0$ 时才是齐次型,其他情况都是非齐次型。但是可以通过变换 $x = X + h$, $y = Y + k$ 把它化为齐次型,其中 $h$、$k$ 是待定常数。将变换代入原方程,由于 $\mathrm{d}x = \mathrm{d}X$、$\mathrm{d}y = \mathrm{d}Y$, 得:

$$\frac{\mathrm{d}Y}{\mathrm{d}X} = \frac{aX + bY + (ah + bk + c)}{a_1 X + b_1 Y + (a_1 h + b_1 k + c_1)}$$

若 $\begin{vmatrix} a & b \\ a_1 & b_1 \end{vmatrix} \neq 0$, 可由二元一次方程组 $\begin{cases} ah + bk + c = 0 \\ a_1 h + b_1 k + c_1 = 0 \end{cases}$ 确定常数 $h$、$k$, 从而使原方程化成齐次型

$$\frac{\mathrm{d}Y}{\mathrm{d}X} = \frac{aX + bY}{a_1 X + b_1 Y}$$

求出通解后,再将 $X$、$Y$ 代换为 $x$、$y$。

若 $\begin{vmatrix} a & b \\ a_1 & b_1 \end{vmatrix} = 0$, 即 $\dfrac{a_1}{a} = \dfrac{b_1}{b} = \lambda$, 原方程化为:

$$\frac{\mathrm{d}y}{\mathrm{d}x} = \frac{ax + by + c}{\lambda(ax + by) + c_1} = f(ax + by)$$

令 $u = ax + by$, 则 $u' = a + by'$, 代入原方程得 $\dfrac{1}{b}(u' - a) = f(u)$, 可分离变量为:

$$\frac{\mathrm{d}u}{bf(u) + a} = \mathrm{d}x$$

以上方法也适用于更一般的方程：

$$\frac{dy}{dx} = f\left(\frac{ax + by + c}{a_1 x + b_1 y + c_1}\right)$$

【例题 8.2.5】求下列微分方程的通解。

（1）$\dfrac{dy}{dx} = \dfrac{x - y + 1}{x + y - 3}$

解：由方程组 $\begin{cases} h - k + 1 = 0 \\ h + k - 3 = 0 \end{cases}$，解出 $\begin{cases} h = 1 \\ k = 2 \end{cases}$，作变换 $x = X + 1$，$y = Y + 2$，代入原方

程得：

$$\frac{dY}{dX} = \frac{X - Y}{X + Y}$$

再令 $Y = uX$，有 $\dfrac{dY}{dX} = u + X\dfrac{du}{dX}$，代入上式：

$$u + X\frac{du}{dX} = \frac{X - uX}{X + uX}$$

分离变量得：

$$\frac{(1 + u)\,du}{1 - 2u - u^2} = \frac{dX}{X}$$

有：

$$-\frac{1}{2}\int\frac{d(1 - 2u - u^2)}{1 - 2u - u^2} = \int\frac{dX}{X}$$

积分得：

$$-\frac{1}{2}\ln|1 - 2u - u^2| = \ln|x| + \ln|C_1|$$

即 $1 - 2u - u^2 = C_1 x^{-2}$，将 $u = \dfrac{Y}{X}$ 代回，有：

$$X^2 - 2XY - Y^2 = C_1$$

又代回 $X = x - 1$ 和 $Y = y - 2$，得原方程通解：

$$x^2 - 2xy - y^2 + 2x + 6y = C$$

（2）$\dfrac{dy}{dx} = -\dfrac{x}{y}$

解：将原方程变量分离，得：

$$y\,dy = -x\,dx$$

两边积分得：

$$\frac{1}{2}y^2 = -\frac{1}{2}x^2 + C_1,$$

$$x^2 + y^2 = 2C_1\,(C_1 > 0),$$

令 $C^2 = 2C_1$，得原方程通解：

$$x^2 + y^2 = C_{\circ}$$

【**例题 8.2.6**】求下列微分方程的通解。

（1） $\sqrt{1-y^2}=3x^2yy'$

解：将原方程分离变量得：

$$\frac{y\mathrm{d}y}{\sqrt{1-y^2}}=\frac{\mathrm{d}x}{3x^2},$$

两边积分得：

$$-\sqrt{1-y^2}=-\frac{1}{3x}+C,$$

则该微分方程通解为：

$$\sqrt{1-y^2}-\frac{1}{3x}+C=0。$$

（2） $y'=\dfrac{1}{2x+y}$

解：令 $u=2x+y$，则 $y'=u'-2$，代入原方程，分离变量并积分：

$$\int\left(1-\frac{2}{u+2}\right)\mathrm{d}u=\int\mathrm{d}x$$

得 $u-\ln(u+2)^2=x+C$，微分方程的通解为：

$$\ln(2x+y+2)^2=x+y-C$$

还有一些可化为齐次型的微分方程。

（1） $f(x\pm y)(\mathrm{d}x\pm\mathrm{d}y)=g(x)\mathrm{d}x$

化为 $f(x\pm y)\mathrm{d}(x\pm y)=g(x)\mathrm{d}x$

（2） $f(xy)(y\mathrm{d}x+x\mathrm{d}y)=g(x)\mathrm{d}x$

化为 $f(xy)\mathrm{d}(xy)=g(x)\mathrm{d}x$

（3） $f\left(\dfrac{y}{x}\right)(x\mathrm{d}y-y\mathrm{d}x)=g(x)\mathrm{d}x$

由 $f\left(\dfrac{y}{x}\right)\left(\dfrac{x\mathrm{d}y-y\mathrm{d}x}{x^2}\right)=\dfrac{g(x)}{x^2}\mathrm{d}x$，化为 $f\left(\dfrac{y}{x}\right)\mathrm{d}\left(\dfrac{y}{x}\right)=\dfrac{g(x)}{x^2}\mathrm{d}x$

（4） $f(x^2+y^2)(x\mathrm{d}x+y\mathrm{d}y)=g(x)\mathrm{d}x$

化为 $f(x^2+y^2)\mathrm{d}(x^2+y^2)=2g(x)\mathrm{d}x$

【**例题 8.2.7**】求下列微分方程的通解。

（1） $x\mathrm{d}y-y\mathrm{d}x=\sqrt{x^2+y^2}\mathrm{d}x$

解：将原方程化为 $\dfrac{x\mathrm{d}y-y\mathrm{d}x}{x^2\sqrt{1+\left(\dfrac{y}{x}\right)^2}}=\dfrac{\mathrm{d}x}{x}$，令 $u=\dfrac{y}{x}$，有 $\mathrm{d}u=\dfrac{x\mathrm{d}y-y\mathrm{d}x}{x^2}$，故：

$$\frac{\mathrm{d}u}{\sqrt{1+u^2}}=\frac{\mathrm{d}x}{x}$$

积分得 $\ln(u+\sqrt{1+u^2})=\ln|Cx|$，即 $\ln(y+\sqrt{x^2+y^2})=\ln|Cx^2|$

微分方程的通解为:

$$y + \sqrt{x^2 + y^2} = Cx^2$$

(2) $y' = \dfrac{y - \ln x}{x}$

解:将原方程整理为$\dfrac{x\mathrm{d}y - y\mathrm{d}x}{x^2} = -\dfrac{\ln x}{x^2}\mathrm{d}x$,令$u = \dfrac{y}{x}$,有$\mathrm{d}u = \dfrac{x\mathrm{d}y - y\mathrm{d}x}{x^2}$,代入得:

$$\mathrm{d}u = \ln x\mathrm{d}\left(\dfrac{1}{x}\right)$$

积分:

$$u = \dfrac{\ln x}{x} - \int \dfrac{\mathrm{d}x}{x^2} = \dfrac{1}{x}(\ln x + 1) + C$$

微分方程的通解为:

$$y = \ln x + Cx + 1$$

(3) $\cos(x^2 + y^2)(x\mathrm{d}x + y\mathrm{d}y) = x\mathrm{d}x$

解:令$u = x^2 + y^2$,有$\mathrm{d}u = 2(x\mathrm{d}x + y\mathrm{d}y)$,故$\cos u\mathrm{d}u = 2x\mathrm{d}x$,积分得:
$\sin u = x^2 + C$,方程通解为$\sin(x^2 + y^2) = x^2 + C$

(4) $(3x^2 + 2xy - y^2)\mathrm{d}x + (x^2 - 2xy) = 0$

解:令$u = \dfrac{y}{x}$,则:

$$\dfrac{\mathrm{d}y}{\mathrm{d}x} = x\dfrac{\mathrm{d}u}{\mathrm{d}x} + u = \dfrac{y^2 - 2xy - 3x^2}{x^2 - 2xy} = \dfrac{u^2 - 2u - 3}{1 - 2u},$$

即:

$$x\dfrac{\mathrm{d}u}{\mathrm{d}x} = -\dfrac{3(u^2 - u - 1)}{2u - 1},$$

解得:

$$u^2 - u - 1 = Cx^{-3},$$

即:

$$y^2 - xy - x^2 = Cx^{-1}\text{。}$$

【例题 8.2.8】一曲线簇由微分方程$2xyy' = y^2 - x^2$确定,求另一簇曲线,它与这簇曲线在相交处相互垂直(交点处两曲线的切线正交)(见图 8-6)。

解:这簇曲线在点$(x, y)$的切线斜率为$y' = \dfrac{y^2 - x^2}{2xy}$,所求曲线簇$y = y(x, C)$在点$(x, y)$的切线斜率应满足$y' = \dfrac{2xy}{x^2 - y^2}$,先写为:

$$2xy\mathrm{d}x - x^2\mathrm{d}y + y^2\mathrm{d}y = 0$$

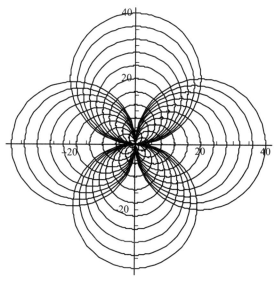

图 8 – 6　例题 8.2.8 图

是齐次型微分方程。整理成可积形式：

$$\frac{2xy\mathrm{d}x - x^2\mathrm{d}y}{y^2} + \mathrm{d}y = 0, \quad 即 \ \mathrm{d}\left(\frac{x^2}{y}\right) + \mathrm{d}y = 0, \quad \mathrm{d}\left(\frac{x^2}{y} + y\right) = 0$$

积分得所求曲线簇方程为 $x^2 + y^2 = 2Cy$，也就是圆心在 $y$ 轴上且过原点的圆簇：

$$x^2 + (y - C)^2 = C^2$$

而满足原来微分方程的曲线是圆心在 $x$ 轴上且过原点的圆簇：

$$(x - C)^2 + y^2 = C^2$$

## 8.3　一阶线性微分方程

### 8.3.1　$n$ 阶线性微分方程的一般形式

形如 $a_n(x)y^{(n)} + a_{n-1}(x)y^{(n-1)} + \cdots + a_1(x)y' + a_0(x)y = f(x)$ 的方程称为 $n$ 阶线性微分方程，其中，各阶导数的系数 $a_i(x)(i = 1, 2, \cdots, n)$ 都是自变量 $x$ 的已知函数。所谓线性是指未知函数 $y(x)$ 和它的各阶导数 $y'$，$y''$，$\cdots$，$y^{(n-1)}$，$y^{(n)}$ 在方程中都是一次的。

如果上式左侧各阶导数的系数 $a_i(x)(i = 1, 2, \cdots, n)$ 都是常数，称之为常系数线性微分方程，否则属于变系数线性微分方程。方程式右侧的 $f(x)$ 也是已知函数，称为方程的自由项。如果 $f(x) \equiv 0$，称线性微分方程是齐次的，如果 $f(x) \neq 0$，称线性微分方程是非齐次的。

$n$ 阶线性微分方程的通解含有 $n$ 个独立的任意常数，要确定这 $n$ 个常数还需要另外的 $n$ 个独立的条件。

### 8.3.2　一阶线性微分方程及其对应齐次方程的通解

一阶线性微分方程通常写成：

$$\frac{\mathrm{d}y}{\mathrm{d}x} + P(x)y = Q(x)$$

的形式。若自由项 $Q(x) = 0$，称方程为齐次的；若自由项 $Q(x) \neq 0$，称方程为非齐次的。将线性微分方程：

$$\frac{\mathrm{d}y}{\mathrm{d}x} + P(x)y = 0$$

称为非齐次方程 $\frac{\mathrm{d}y}{\mathrm{d}x} + P(x)y = Q(x)\left[Q(x) \neq 0\right]$ 对应的齐次方程，齐次方程可以直接分离变量：

$$\frac{\mathrm{d}y}{y} = -P(x)\mathrm{d}x$$

积分得：

$$\ln y = -\int P(x)\mathrm{d}x + \ln C$$

齐次方程的通解为：

$$y = C\mathrm{e}^{-\int P(x)\mathrm{d}x}$$

### 8.3.3　常数变易法，一阶非齐次线性微分方程的通解

求非齐次线性微分方程 $\frac{\mathrm{d}y}{\mathrm{d}x} + P(x)y = Q(x)\left[Q(x) \neq 0\right]$ 通解的方法是常数变易法。

先看例题：求一阶非齐次线性微分方程 $\frac{\mathrm{d}y}{\mathrm{d}x} + \frac{y}{x} = \frac{\sin x}{x}$ 的通解

将原方程对应的齐次方程 $\frac{\mathrm{d}y}{\mathrm{d}x} + \frac{y}{x} = 0$ 分离变量并积分得 $\ln y = -\ln x + \ln C$，齐次方程通解为：

$$Y = \frac{C}{x}$$

将通解中的任意常数 $C$ 换为 $x$ 的未知函数 $u(x)$，即设 $y = \frac{u}{x}$，则 $\frac{\mathrm{d}y}{\mathrm{d}x} = \frac{xu' - u}{x^2}$，把变换代入原方程，化简成关于未知函数 $u(x)$ 的微分方程 $u' = \sin x$，对此方程分离变量并积分，得到不含任意常数的一个特解：

$$u = -\cos x$$

显然，$\dfrac{u}{x} = -\dfrac{\cos x}{x}$ 是原非齐次方程的一个特解，把它记为 $y^* = -\dfrac{\cos x}{x}$。

把这个特解 $y^*$ 与对应齐次方程的通解 $Y$ 叠加，即令

$$y = Y + y^* = \frac{C}{x} - \frac{\cos x}{x}$$

不难发现，函数 $y$ 不但是原一阶线性非齐次方程的解，而且含有一个任意常数，所以它就是所求的非齐次方程的通解。

再回到一阶非齐次线性微分方程一般情况：

第一步：求非齐次方程 $\dfrac{\mathrm{d}y}{\mathrm{d}x} + P(x)y = Q(x)$ 对应齐次方程 $\dfrac{\mathrm{d}y}{\mathrm{d}x} + P(x)y = 0$ 的通解：

$$Y = C\mathrm{e}^{-\int P(x)\mathrm{d}x}$$

第二步：把通解中的任意常数 $C$ 变易为 $x$ 的未知函数 $u(x)$，即令：

$$y = u(x)\mathrm{e}^{-\int P(x)\mathrm{d}x}$$

则：

$$\frac{\mathrm{d}y}{\mathrm{d}x} = \frac{\mathrm{d}u}{\mathrm{d}x}\mathrm{e}^{-\int P(x)\mathrm{d}x} - u(x)P(x)\mathrm{e}^{-\int P(x)\mathrm{d}x}$$

第三步：把它们代回原方程，以找到使 $y$ 满足非齐次方程的 $u(x)$

$$\frac{\mathrm{d}u}{\mathrm{d}x}\mathrm{e}^{-\int P(x)\mathrm{d}x} - u(x)P(x)\mathrm{e}^{-\int P(x)\mathrm{d}x} + P(x)u(x)\mathrm{e}^{-\int P(x)\mathrm{d}x} = Q(x)$$

化简后即可分离变量，得：$\mathrm{d}u = Q(x)\mathrm{e}^{\int P(x)\mathrm{d}x}\mathrm{d}x$ 积分，得出一个不含任意常数的原函数：

$$u(x) = \int Q(x)\mathrm{e}^{\int P(x)\mathrm{d}x}\mathrm{d}x$$

第四步：还原，得到非齐次微分方程的一个特解，记为：

$$y^* = \mathrm{e}^{-\int P(x)\mathrm{d}x} \cdot \int Q(x)\mathrm{e}^{\int P(x)\mathrm{d}x}\mathrm{d}x$$

第五步：将非齐次方程的一个特解与对应齐次方程的通解 $Y = C\mathrm{e}^{-\int P(x)\mathrm{d}x}$ 叠加，得到原非齐次方程的通解：

$$y = Y + y^* = C\mathrm{e}^{-\int P(x)\mathrm{d}x} + \mathrm{e}^{-\int P(x)\mathrm{d}x} \cdot \int Q(x)\mathrm{e}^{\int P(x)\mathrm{d}x}\mathrm{d}x$$

请注意一阶非齐次线性微分方程通解 $y$ 的结构，一部分是对应齐次线性方程的通解 $Y$，另一部分是原非齐次线性微分方程的一个特解 $y^*$，由这两部分叠加组成。其实：

$$\frac{\mathrm{d}Y}{\mathrm{d}x} + P(x)Y = 0, \quad \frac{\mathrm{d}y^*}{\mathrm{d}x} + P(x)y^* = Q(x) 导致 \frac{\mathrm{d}(Y + y^*)}{\mathrm{d}x} + P(x)(Y + y^*) = Q(x)$$

所以 $y = Y + y^*$ 是原非齐次线性微分方程的解。其中 $Y$ 带来了一个任意常数，使 $y$ 成为原一阶微分方程的通解。

【例题 8.3.1】求下列一阶非齐次线性微分方程通解。

（1）$\dfrac{\mathrm{d}y}{\mathrm{d}x} = -2xy + 4x$

解：首先求线性齐次方程：

$$\dfrac{\mathrm{d}y}{\mathrm{d}x} + 2xy = 0$$

的通解，分离变量得：

$$\dfrac{\mathrm{d}y}{y} = -2x\mathrm{d}x\,(y \neq 0)$$

两边积分，化简后得到：

$$y = Ce^{-x^2}。$$

再应用常数变易法求线性非齐次方程的通解，令 $C = C(x)$，即 $y = C(x)e^{-x^2}$，代入原方程得：

$$C'(x)e^{-x^2} - 2x \cdot C(x)e^{-x^2} = -2x \cdot C(x)e^{-x^2} + 4x,$$

化简得：

$$C'(x) = 4xe^{x^2},$$

两边积分得：

$$C(x) = 2e^{x^2} + C,$$

于是原方程的通解为：

$$y = 2 + Ce^{-x^2}。$$

（2）$\dfrac{\mathrm{d}y}{\mathrm{d}x} - \dfrac{y}{x} = x^2$

解：将原方程对应的齐次线性方程分离变量 $\dfrac{\mathrm{d}y}{y} = \dfrac{\mathrm{d}x}{x}$，积分得其通解为：

$$y = Cx$$

利用常数变易法，将任意常数 $C$ 换为 $x$ 的未知函数 $C(x)$，即设 $y = C(x)x$，两边对 $x$ 求导，有：

$$\dfrac{\mathrm{d}y}{\mathrm{d}x} = C'(x)x + C(x),$$

代入原方程并积分，得：

$$C(x) = \dfrac{1}{2}x^2 + C,$$

故所求原方程的通解为：

$$y = \left(\dfrac{1}{2}x^2 + C\right)x = \dfrac{x^3}{2} + Cx。$$

（3）$\dfrac{\mathrm{d}y}{\mathrm{d}x} - \dfrac{2y}{x+1} = (x+1)^{\frac{3}{2}}$

解：将原方程对应的齐次方程分离变量

$$\dfrac{\mathrm{d}y}{y} = \dfrac{2}{x+1}\mathrm{d}x,$$

两边积分，得：

$$y = C(x + 1)^2。$$

用常数变易法，设原方程的通解为 $y = C(x)(x + 1)^2$，

则：

$$\frac{\mathrm{d}y}{\mathrm{d}x} = C'(x)(x + 1)^2 + 2C(x)(x + 1)。$$

将 $y$ 及 $\frac{\mathrm{d}y}{\mathrm{d}x}$ 的表达式代入原方程得：

$$C(x) = 2(x + 1)^{\frac{1}{2}} + C,$$

故方程通解为：

$$y = (x + 1)^2\left[2(x + 1)^{\frac{1}{2}} + C\right]。$$

（4）$(x^2 - 1)y' + 2xy - \cos x = 0$

解：非齐次方程 $y' + \dfrac{2xy}{x^2 - 1} = \dfrac{\cos x}{x^2 - 1}$ 对应齐次方程 $y' + \dfrac{2xy}{x^2 - 1} = 0$ 的通解为

$$Y = \frac{C}{x^2 - 1}$$

常数变易，令 $y = \dfrac{u}{x^2 - 1}$，则 $y' = \dfrac{u'}{x^2 - 1} - \dfrac{2xu}{(x^2 - 1)^2}$，代入原方程得 $\mathrm{d}u = \cos x\,\mathrm{d}x$，解出 $u =$

$\sin x$，非齐次方程的特解 $y^* = \dfrac{\sin x}{x^2 - 1}$，故非齐次方程的通解为：

$$y = \frac{C}{x^2 - 1} + \frac{\sin x}{x^2 - 1}$$

（5）$(y^2 - 6x)y' + 2y = 0$

解：如果将方程整理成 $\dfrac{\mathrm{d}y}{\mathrm{d}x} = \dfrac{2y}{6x - y^2}$ 形式，就不能利用一阶线性微分方程的现成解法。但是用反函数 $x = x(y)$ 来表示未知函数时，原方程就可化为：

$$\frac{\mathrm{d}x}{\mathrm{d}y} - \frac{3}{y}x = -\frac{y}{2}$$

的形式，这正是关于未知函数 $x = x(y)$ 的一阶线性微分方程。

齐次方程 $\dfrac{\mathrm{d}x}{\mathrm{d}y} - \dfrac{3}{y}x = 0$ 的通解为 $x = Cy^3$。

用常数变易法，令 $x = v(y)y^3$，则 $\dfrac{\mathrm{d}x}{\mathrm{d}y} = 3vy^2 + v'y^3$，代入非齐次方程并分离变量得

$\mathrm{d}v = -\dfrac{\mathrm{d}y}{2y^2}$，积分得 $v = \dfrac{1}{2y}$，故原方程的通解为：

$$x = Cy^3 + \frac{y^2}{2}$$

（6）$xy' + y = x\mathrm{e}^x$

解：该方程为一阶线性微分方程 $y' + P(x)y = Q(x) = Ce^{-x^2}$，直接利用其通解公式：

$$y = e^{\int P(x)dx}(\int Q(x)e^{-\int P(x)dx}dx + C),$$

即可得出其通解为：$y = e^{-\int \frac{1}{x}dx}(\int e^x e^{\int \frac{1}{x}dx}dx + C) = \frac{1}{x}[(x-1)e^x + C]$。

（7）$y' - \varphi'(x)y = \varphi(x)\varphi'(x)$，其中 $\varphi(x)$ 为已知的可微函数。

解：将齐次方程 $y' - \varphi'(x)y = 0$ 分离变量 $\int \frac{dy}{y} = \int \varphi'(x)dx$，积分得 $y = Ce^{\varphi(x)}$，常数变易，令 $y = u(x)e^{\varphi(x)}$，则 $y' = u'(x)e^{\varphi(x)} + u(x)\varphi'(x)e^{\varphi(x)}$，代入原方程得：

$$du = \varphi(x)\varphi'(x)e^{-\varphi(x)}dx = \varphi(x)e^{-\varphi(x)}d\varphi(x) = -\varphi(x)de^{-\varphi(x)}$$

故：

$$u(x) = -\int \varphi(x)de^{-\varphi(x)} = -\varphi(x)e^{-\varphi(x)} + \int e^{-\varphi(x)}d\varphi(x) = -\varphi(x)e^{-\varphi(x)} - e^{-\varphi(x)}$$

原方程的通解为：

$$y = Ce^{\varphi(x)} - \varphi(x) - 1$$

**【例题 8.3.2】**（1）已知某曲线经过点（1，1），曲线上任一点的切线与 $y$ 轴交点坐标等于该点的 $x$ 坐标。①建立这曲线所满足的微分方程；②指出这微分方程的类型；③求曲线方程（见图 8 - 7）。

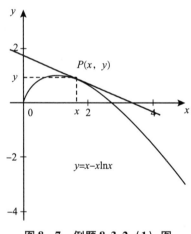

**图 8 - 7　例题 8.3.2（1）图**

解：①曲线所满足的微分方程为：

$$y' = -\frac{x-y}{x}$$

②$y' - \frac{y}{x} = -1$ 是一阶非齐次线性微分方程。

③其对应齐次方程通解为 $y = Cx$，应用常数变易法，令 $y = ux$，代入原方程解出 $u = -\ln x$，得原方程通解：

$$y = Cx - x\ln x$$

曲线过点（1，1），求出 $C = 1$，故曲线方程为：

$$y = x - x\ln x$$

（2）一段上凸的曲线弧 $\overset{\frown}{OA}$，连接原点 $O$ 和点 $A(1，1)$，$P(x，y)$ 为 $\overset{\frown}{OA}$ 弧上任意一点，已知曲线弧 $\overset{\frown}{OP}$ 与直线段 $\overline{OP}$ 所围图形的面积为 $x^2$，求曲线弧 $\overset{\frown}{OA}$ 的方程（见图 8 – 8）。

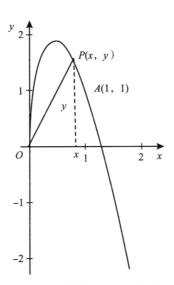

**图 8 – 8　例题 8.3.2（2）图**

解：设曲线方程为 $y = y(x)$，则曲线弧 $\overset{\frown}{OP}$ 与直线段 $\overline{OP}$ 所围图形的面积为：

$$\int_0^x y\,\mathrm{d}x - \frac{1}{2}xy = x^2$$

上式两侧对 $x$ 求导，得到未知曲线函数应满足的微分方程：

$$y - \frac{1}{2}y - \frac{1}{2}xy' = 2x$$

整理为：

$$y' = \frac{y}{x} - 4$$

令 $y = ux$，则 $y' = u + xu'$，将变换代入上式，分离变量并积分：

$$\int \mathrm{d}u = -4\int \frac{\mathrm{d}x}{x}$$

将 $u$ 还原为 $x$ 和 $y$，得方程通解：

$$y = x(C - 4\ln x)$$

因曲线过 $A(1，1)$ 点，解出积分常数 $C = 1$。故曲线弧 $\overset{\frown}{OA}$ 的方程：

$$y = x(1 - 4\ln x)$$

由于 $\lim\limits_{x\to 0}y=\lim\limits_{x\to 0}\dfrac{1-4\ln x}{\dfrac{1}{x}}=\lim\dfrac{-\dfrac{4}{x}}{-\dfrac{1}{x^2}}=0$，故曲线连接原点。从图中不难看出，当 $x>1$ 时，

曲线弧 $\overset{\frown}{OP}$ 与直线段 $\overline{OP}$ 所围图形的面积仍为 $x^2$。

**【例题 8.3.3】** 弹性问题：设商品的需求价格弹性为 $\varepsilon=-k$（$k$ 为正常数），求该商品满足的微分方程，以及该商品的需求函数 $Q=f(P)$。

解：由题意

$$\frac{P}{Q}\cdot\frac{\mathrm{d}Q}{\mathrm{d}P}=\varepsilon=-k,$$

即所求微分方程为：

$$\frac{\mathrm{d}Q}{\mathrm{d}P}=-k\frac{Q}{P}。$$

由微分方程 $\dfrac{\mathrm{d}Q}{\mathrm{d}P}=-k\dfrac{Q}{P}$ 分离变量，得

$$\frac{\mathrm{d}Q}{Q}=-k\frac{\mathrm{d}P}{P},$$

两边积分得：

$$\ln Q=-k\ln P+\ln C=\ln(C\cdot P^{-k}),$$

解得需求函数为：

$$Q=C\cdot P^{-k}\ (C>0,\ k>0)。$$

## 第8章 习 题

**A 类**

1. 填空题。

（1） $y^3\dfrac{\mathrm{d}^2y}{\mathrm{d}x^2}+1=0$ 是未知函数____关于自变量____的____阶微分方程。

（2） $x^2\dfrac{\mathrm{d}^2y}{\mathrm{d}x^2}+x\dfrac{\mathrm{d}y}{\mathrm{d}x}+2y=\sin x$ 是未知函数____关于自变量____的____阶微分方程。

2. 指出下面微分方程的阶数，并回答方程是否线性的。

（1） $\dfrac{\mathrm{d}y}{\mathrm{d}x}=4x^2-y$；　　　　　　（2） $\dfrac{\mathrm{d}^2y}{\mathrm{d}x^2}-\left(\dfrac{\mathrm{d}y}{\mathrm{d}x}\right)^2+12xy=0$；

（3） $\left(\dfrac{\mathrm{d}y}{\mathrm{d}x}\right)^2+x\dfrac{\mathrm{d}y}{\mathrm{d}x}-3y^2=0$；　　（4） $x\dfrac{\mathrm{d}^2y}{\mathrm{d}x^2}-5\dfrac{\mathrm{d}y}{\mathrm{d}x}+3xy=\sin x$；

（5）$\dfrac{\mathrm{d}y}{\mathrm{d}x} + \cos y + 2x = 0$；　　　　　　（6）$\sin\left(\dfrac{\mathrm{d}^2 y}{\mathrm{d}x^2}\right) + \mathrm{e}^y = x$。

3. 判断并验证下列各函数是相应微分方程的解。

（1）$xy' + y = \cos x$，$y = \dfrac{\sin x}{x}$

（2）$y'' - 2y' + y = 0$，$y = c\mathrm{e}^x$（$c$ 是任意常数）

（3）$y'\mathrm{e}^{-x} + y^2 - 2y\mathrm{e}^x = 1 - \mathrm{e}^{2x}$，$y = \mathrm{e}^x$

（4）$y' + y^2 - 2y\sin x + \sin^2 x - \cos x = 0$，$y = \sin x$

4. 求下列曲线族满足的微分方程。

（1）$x = Ct + C^2$；

（2）$x = C_1 \mathrm{e}^t \cos t + C_2 \mathrm{e}^t \sin t$；

（3）$(t - C_1)^2 + (x - C_2)^2 = 1$

其中 $C$，$C_1$，$C_2$ 是参数。

5. 一船以恒定的速度 $v_0$ 垂直向河对岸驶去，设水流沿 $x$ 轴方向并且其速度与船离两岸的距离乘积成正比，比例系数为 $k$，河宽为 $a$。求该船的运动轨迹满足的微分方程。

6. 求满足曲线上任一点的切线介于两坐标轴之间的部分等于定长 $l$ 的微分方程。

7. 摩托艇以 5m/s 的速度在静水上运动，全速时停止了发动机，过了 20s 后，艇的速度减至 $v_1 = 3\mathrm{m/s}$。写出相应的微分方程，并求出确定发动机停止 2min 后艇的速度。假定水的阻力与艇的运动速度呈正比例。

## B 类

1. 求下列微分方程的通解。

（1）$\dfrac{\mathrm{d}y}{\mathrm{d}x} = \dfrac{y}{2x - y^2}$；　　　　　　（2）$\dfrac{\mathrm{d}y}{\mathrm{d}x} = \dfrac{1 + y^2}{xy + x^3 y}$；

（3）$y\mathrm{d}x - x\mathrm{d}y = (x^2 + y^2)\mathrm{d}x$；　　（4）$y\mathrm{d}x + (x - y^3)\mathrm{d}y = 0$；

（5）$y\mathrm{d}x - (x + y^3)\mathrm{d}y = 0$；　　（6）$y\mathrm{d}x - (x + \sqrt{x^2 + y^2})\mathrm{d}y = 0$。

2. 求曲线方程，使得曲线上任一点的切线与两坐标轴所围成的三角形的面积都等于常数 $a^2$。

3. 求微分方程 $\dfrac{\mathrm{d}y}{\mathrm{d}x} = -\dfrac{y^2}{x + 1}$ 满足初始条件 $y\big|_{x=0} = 1$ 的特解。

4. 试用分离变量法求下列一阶微分方程的解。

（1）$\dfrac{\mathrm{d}y}{\mathrm{d}x} = y^2 \cos x$；　　（2）$\dfrac{\mathrm{d}y}{\mathrm{d}x} = \mathrm{e}^{2y - 4x}$；　　（3）$\dfrac{\mathrm{d}y}{\mathrm{d}x} = \dfrac{2}{x^2 - 1}$；

（4）$\dfrac{\mathrm{d}y}{\mathrm{d}x} = \dfrac{y^2 - 1}{2}$；　　（5）$\dfrac{\mathrm{d}y}{\mathrm{d}x} = \mathrm{e}^x \cos^2 y$；　　（6）$\dfrac{\mathrm{d}y}{\mathrm{d}x} = \dfrac{\cos x}{3y^2 + \mathrm{e}^y}$。

5. 作适当的变量变换求解下列方程。

（1）$\dfrac{\mathrm{d}y}{\mathrm{d}x} = (x + y)^2$；

（2）$\dfrac{\mathrm{d}y}{\mathrm{d}x} = \dfrac{1}{(x+y)^2}$；

（3）$\dfrac{\mathrm{d}y}{\mathrm{d}x} = \dfrac{x-y+5}{x-y-2}$；

（4）$\dfrac{\mathrm{d}y}{\mathrm{d}x} = (x+1)^2 + (4y+1)^2 + 8xy + 1$；

（5）$\dfrac{\mathrm{d}y}{\mathrm{d}x} = \dfrac{y^6 - 2x^2}{2xy^5 + x^2y^2}$；

（6）$\dfrac{\mathrm{d}y}{\mathrm{d}x} = \dfrac{2x^3 + 3xy^2 + x}{3x^2y + 2y^3 - y}$。

6. 验证形如 $yg(xy)\mathrm{d}x + xh(xy)\mathrm{d}y = 0$ 的微分方程，可经过变量代换 $z = xy$ 化为可分离变量的方程。

## C 类

1. 解下列线性微分方程。

（1）$\dfrac{\mathrm{d}y}{\mathrm{d}x} - \dfrac{2y}{x+1} = (x+1)^{\frac{5}{2}}$；　　　　（2）$\dfrac{\mathrm{d}y}{\mathrm{d}x} + \dfrac{1}{x}y = \dfrac{\sin x}{x}$；

（3）$x\dfrac{\mathrm{d}y}{\mathrm{d}x} + y = \mathrm{e}^x\,(x>0)$；　　　　　（4）$x^2\mathrm{d}y + (3xy + x - 4)\mathrm{d}x = 0$；

（5）$(x+1)\dfrac{\mathrm{d}y}{\mathrm{d}x} - y = x\,(x > -1)$；　　　（6）$\dfrac{\mathrm{d}y}{\mathrm{d}x} - 2xy = x$。

2. 求下列微分方程的解。

（1）$\dfrac{\mathrm{d}y}{\mathrm{d}x} + y\sin x = 0$，$y\big|_{x=0} = \dfrac{3}{2}$；　　　（2）$\dfrac{\mathrm{d}y}{\mathrm{d}x} + 2xy = x$，$y\big|_{x=1} = 2$；

（3）$(1 + \mathrm{e}^y)\dfrac{\mathrm{d}y}{\mathrm{d}x} = \cos x$，$y\big|_{x=\frac{\pi}{2}} = 3$；　　（4）$y(1+x^2)\mathrm{d}y = x(1+y^2)\mathrm{d}x$，$y\big|_{x=0} = 1$。

3. 设有一过原点的曲线，其上任一点的切线斜率为 $\dfrac{\sqrt{1-y^2}}{1+x^2}$，试求该曲线方程。

4. 求一曲线，使其切线在纵轴上之截距等于切点的横坐标。

5. 一质量为 $m$ 的质点作直线运动，从速度等于零的时刻起，有一个和时间成正比（比例系数为 $k_1$）的力作用在它上面。此外质点又受到介质的阻力，这阻力和速度成正比（比例系数为 $k_2$）。试写出质点运动满足的微分方程，并求出此质点的速度与时间的关系。

6. 已知 $f(x)\displaystyle\int_0^x f(t)\mathrm{d}t = 1\,(x \neq 0)$，试求函数 $f(x)$ 的一般表达式。

7. 验证 $x = \dfrac{1}{t}\sin t$ 是方程 $\dfrac{\mathrm{d}^2x}{\mathrm{d}t^2} + \dfrac{2}{t}\dfrac{\mathrm{d}x}{\mathrm{d}t} + x = 0$ 的解，并求该方程的通解。

# 习题参考答案

 **第1章 习题答案**

**A 类**

1. 答案：（3）（4）（8）

2. 答案：（1）$\lim\limits_{x\to 2}\dfrac{x^2-x-2}{x-2}=\lim\limits_{x\to 2}\dfrac{(x-2)(x+1)}{x-2}=\lim\limits_{x\to 2}(x+1)=3$

（2）$\lim\limits_{x\to 0}\dfrac{2x}{\sqrt{x+5}-\sqrt{5}}=\lim\limits_{x\to 0}\dfrac{2x(\sqrt{x+5}+\sqrt{5})}{(x+5)-5}=2\lim\limits_{x\to 0}(\sqrt{x+5}+\sqrt{5})=4\sqrt{5}$

（3）$\lim\limits_{x\to 2}\dfrac{\sqrt[3]{3x+2}-2}{x-2}=\lim\limits_{x\to 2}\dfrac{3x+2-8}{(x-2)(\sqrt[3]{(3x+2)^2}+2\sqrt[3]{3x+2}+4)}$

$=\lim\limits_{x\to 2}\dfrac{3}{\sqrt[3]{(3x+2)^2}+2\sqrt[3]{3x+2}+4}=\dfrac{1}{4}$

（4）$\lim\limits_{x\to\infty}\dfrac{2x+\cos x}{3x-\sin x}=\lim\limits_{x\to\infty}\dfrac{2+\dfrac{1}{x}\cdot\cos x}{3-\dfrac{1}{x}\cdot\sin x}=\dfrac{2}{3}$

（5）$\lim\limits_{x\to\infty}\left(1+\dfrac{2}{x}\right)^{3x}=\lim\limits_{\frac{x}{2}\to\infty}\left[\left(1+\dfrac{1}{\frac{x}{2}}\right)^{\frac{x}{2}}\right]^6=\mathrm{e}^6$

（6）$\lim\limits_{x\to\infty}\left(\dfrac{x-1}{x+1}\right)^x=\lim\limits_{x\to\infty}\dfrac{\left(1-\dfrac{1}{x}\right)^x}{\left(1+\dfrac{1}{x}\right)^x}=\dfrac{\lim\limits_{x\to\infty}\left(1-\dfrac{1}{x}\right)^x}{\lim\limits_{x\to\infty}\left(1+\dfrac{1}{x}\right)^x}=\mathrm{e}^{-2}$

（7）$\lim\limits_{x\to 0}(1+2x)^{\frac{1}{x}}=\lim\limits_{x\to 0}\left[(1+2x)^{\frac{1}{2x}}\right]^2=\mathrm{e}^2$

（8）$\lim\limits_{x\to\infty}\left(\dfrac{x}{x+1}\right)^{-\frac{x}{2}}=\left[\lim\limits_{x\to\infty}\left(1+\dfrac{1}{x}\right)^x\right]^{\frac{1}{2}}=\sqrt{\mathrm{e}}$

(9) $\lim\limits_{x\to 0}(1+\sin x)^{\frac{1}{x}}=\lim\limits_{x\to 0}\left[(1+\sin x)^{\frac{1}{\sin x}}\right]^{\frac{\sin x}{x}}=e^{\lim\limits_{x\to 0}\frac{\sin x}{x}}=e$

(10) $\lim\limits_{x\to 0}\dfrac{1}{x}\left(\dfrac{1}{\sin x}-\dfrac{1}{\tan x}\right)=\lim\limits_{x\to 0}\dfrac{\tan x-\sin x}{x\sin x\tan x}=\lim\limits_{x\to 0}\dfrac{1-\cos x}{x\tan x}=\lim\limits_{x\to 0}\dfrac{1-\cos^2 x}{x\tan x(1+\cos x)}$

$=\lim\limits_{x\to 0}\dfrac{\sin x}{x}\cdot\lim\limits_{x\to 0}\dfrac{\cos x}{1+\cos x}=\dfrac{1}{2}$

(11) $\lim\limits_{x\to\infty}(\sqrt{x^2+1}-\sqrt{x^2-1})=\lim\limits_{x\to\infty}\dfrac{(\sqrt{x^2+1}-\sqrt{x^2-1})(\sqrt{x^2+1}+\sqrt{x^2-1})}{\sqrt{x^2+1}+\sqrt{x^2-1}}$

$=\lim\limits_{x\to\infty}\dfrac{x^2+1-x^2+1}{\sqrt{x^2+1}+\sqrt{x^2-1}}=0$

(12) $\lim\limits_{x\to 0}\dfrac{\sqrt{1+x\sin x}-1}{x^2}=\lim\limits_{x\to 0}\dfrac{1+x\sin x-1}{x^2(\sqrt{1+x\sin x}+1)}=\lim\limits_{x\to 0}\dfrac{x\sin x}{2x^2}=\dfrac{1}{2}$

(13) $\lim\limits_{x\to 0}\dfrac{\sqrt{1+x}-\sqrt{1+x^2}}{\sqrt{1+x}-1}=\lim\limits_{x\to 0}\left(\dfrac{\sqrt{1+x}-1}{\sqrt{1+x}-1}-\dfrac{\sqrt{1+x^2}-1}{\sqrt{1+x}-1}\right)=1-\lim\limits_{x\to 0}\dfrac{\sqrt{1+x^2}-1}{\sqrt{1+x}-1}$

$=1-\lim\limits_{x\to 0}\dfrac{x^2(\sqrt{1+x}+1)}{x(\sqrt{1+x^2}+1)}=1-0=1$

(14) $\lim\limits_{x\to 1}\dfrac{x^n-1}{x-1}=\lim\limits_{x\to 1}\dfrac{(x-1)(x^{n-1}+x^{n-2}+\cdots+x+1)}{x-1}=n$

(15) 由于 $\lim\limits_{x\to\infty}\dfrac{x^2-x+1}{2x^3}=\lim\limits_{x\to\infty}\dfrac{\dfrac{1}{x}-\dfrac{1}{x^2}+\dfrac{1}{x^3}}{2}=0$，所以 $\lim\limits_{x\to\infty}\dfrac{2x^3}{x^2-x+1}=\infty$

3. 答案：(1) 当 $x\to 2$ 时，$\tan(x-2)\sim(x-2)$。$\lim\limits_{x\to 2}\dfrac{\tan(x-2)}{x^2-4}=\dfrac{1}{4}$

(2) 当 $x\to 0$ 时，$1-\cos x\sim x^2/2$，$e^{x^2}-1\sim x^2$。$\lim\limits_{x\to 0}\dfrac{e^{x^2}-1}{1-\cos x}=2$

(3) 当 $x\to 0$ 时，$\sqrt{1+x^2}-1\sim\dfrac{1}{2}x^2$。$\lim\limits_{x\to 0}\dfrac{\sqrt{1+x^2}-1}{\sin^2 x}=\dfrac{1}{2}$

(4) 当 $x\to 0$ 时，$e^x-1\sim x$，$e^{-x}-1\sim(-x)$，$\sin x\sim x$。$\lim\limits_{x\to 0}\dfrac{e^x-e^{-x}}{\sin x}=2$

(5) 当 $x\to\infty$ 时，$e^{\frac{2}{x}}-1\sim\dfrac{2}{x}$。$\lim\limits_{x\to+\infty}(e^{\frac{2}{x}}-1)x=2$

(6) 当 $x\to 0$ 时，$2^x-1\sim x\ln 2$，$\ln(1-2x)\sim(-2x)$。$\lim\limits_{x\to 0}\dfrac{1-2^x}{\ln(1-2x)}=\ln\sqrt{2}$

(7) 当 $x\to 1$ 时，$\arcsin(1-x)\sim 1-x$，$\ln x\sim x-1$。$\lim\limits_{x\to 1}\dfrac{\arcsin(1-x)}{\ln x}=-1$

(8) 当 $x\to 1$ 时，$\sqrt{1+\ln x}-\dfrac{1}{2}\ln x$，$\ln x\sim x-1$。$\lim\limits_{x\to 1}\dfrac{\sqrt{1+\ln x}-1}{x-1}=\lim\limits_{x\to 1}\dfrac{\dfrac{1}{2}\ln x}{x-1}=\dfrac{1}{2}$

(9) $\lim\limits_{x\to 1}\dfrac{1+\cos\pi x}{(x-1)^2}=\lim\limits_{x\to 1}\dfrac{1-\cos(\pi x-\pi)}{(x-1)^2}=\lim\limits_{x\to 1}\dfrac{(\pi x-\pi)^2}{2(x-1)^2}=\dfrac{\pi^2}{2}$

当 $x \to 1$ 时，$1 - \cos(\pi x - \pi) \sim \dfrac{1}{2}(\pi x - \pi)^2$

（10）$\lim\limits_{x \to +\infty} x\left(\sqrt{x^2 + 1} - x\right) = \lim\limits_{x \to +\infty} x^2\left(\sqrt{1 + \dfrac{1}{x^2}} - 1\right) = \lim\limits_{x \to +\infty} \dfrac{x^2}{2x^2} = \dfrac{1}{2}$

（11）当 $x \to 0$ 时，$\tan x \sim x$，$e^{\sin x} - 1 \sim \sin x$，$\ln(1 + x^2) \sim x^2$。

$\lim\limits_{x \to 0} \dfrac{\tan x(e^{\sin x} - 1)}{\ln(1 + x^2)} = \lim\limits_{x \to 0} \dfrac{x \sin x}{x^2} = 1$

（12）当 $x \to 0$ 时，$1 - \cos x \sim x^2/2$。

$\lim\limits_{x \to 0} (\cos x)^{\frac{1}{x^2}} = \lim\limits_{x \to 0} \left[1 + (\cos x - 1)\right]^{\frac{1}{x^2}} = \lim\limits_{x \to 0} \left[1 + (\cos x - 1)\right]^{\frac{1}{\cos x - 1} \cdot \frac{\cos x - 1}{x^2}} = e^{-\frac{1}{2}}$

4. 解：令 $f(x) = x^3 - 6x + 2$

| $x$ | $-3$ | $-2$ | $-1$ | $0$ | $1$ | $2$ | $3$ |
|---|---|---|---|---|---|---|---|
| $f(x)$ | $-7$ | $6$ | $7$ | $2$ | $-3$ | $-2$ | $11$ |

方程的 3 个根分别位于以下区间内：$(-3, -2)$，$(0, 1)$，$(2, 3)$

证明方程 $x = e^{x-3} + 1$，至少有一个根在区间 $(0, 4)$ 内。

证：令 $f(x) = e^{x-3} + 1 - x$，显然，$f \in C[0, 4]$，$f(0) = e^{-3} + 1 > 0$，$f(4) = e - 3 < 0$。依据零点定理，$\exists \xi \in (0, 4)$ 使得 $f(\xi) = 0$。

**B 类**

1. 解：设 $F(x) = f[g(x)]$，则 $F(-x) = f[g(-x)] = f[g(x)] = F(x)$，$F(x)$ 是偶函数。设 $G(x) = g[f(x)]$，则 $G(-x) = g[f(-x)] = g[-f(x)] = g[f(x)] = G(x)$，$G(x)$ 是偶函数。

设 $H(x) = f[f(x)]$，则 $H(-x) = f[f(-x)] = f[-f(x)] = -f[f(x)] = -H(x)$，$H(x)$ 是奇函数。

2. 证：由 $0 < a < b < a + b$，$\dfrac{f(x)}{x}$ 单调增，可知 $\dfrac{f(a)}{a} < \dfrac{f(b)}{b} < \dfrac{f(a + b)}{a + b}$，故

（1）$f(b) > \dfrac{b}{a} f(a) > f(a)$；

（2）又 $\dfrac{a}{a + b} f(a + b) > f(a)$，$\dfrac{b}{a + b} f(a + b) > f(b)$，有 $f(a + b) > f(a) + f(b)$。

3. 答案：$C$。

4. 提示：已知条件仅给出此数列有界。答案：$C$。

5. 答案：（1）$\lim\limits_{x \to 0} \dfrac{e^x + e^{-x} - 2}{x^2} = \lim\limits_{x \to 0} \dfrac{e^{2x} - 2e^x + 1}{x^2 e^x} = \lim\limits_{x \to 0} \left(\dfrac{e^x - 1}{x}\right)^2 \cdot \lim\limits_{x \to 0} e^{-x} = 1$

（2）$\lim\limits_{x \to 1} \dfrac{x^n + x^{n-1} + \cdots + x^2 + x - n}{x - 1} = \lim\limits_{x \to 1} \left(\dfrac{x^n - 1}{x - 1} + \dfrac{x^{n-1} - 1}{x - 1} + \cdots + \dfrac{x^2 - 1}{x - 1} + \dfrac{x - 1}{x - 1}\right)$

$$= n + (n-1) + \cdots + 2 + 1 = \frac{1}{2}n(n+1)$$

（3） $\lim\limits_{x \to 0} \dfrac{e^{\sin x} - e^{\sin 2x}}{x} = \lim\limits_{x \to 0}\dfrac{e^{\sin x}-1}{x} - \lim\limits_{x \to 0}\dfrac{e^{\sin 2x}-1}{x} = \lim\limits_{x \to 0}\dfrac{\sin x}{x} - \lim\limits_{x \to 0}\dfrac{\sin 2x}{x} = -1$

6. 答案：解：$f(x) + \varphi(x) = \begin{cases} x+b & (x \le 0) \\ 2x+1 & (0 < x < 1) \\ x+a+1 & (x \ge 1) \end{cases}$，当 $a = b = 1$ 时，$f(x) + \varphi(x)$

在 $(-\infty, +\infty)$ 上连续。

7. 答案：

$$f(0-0) = \lim\limits_{x \to 0^-} \frac{\sin ax}{\sqrt{1 - \cos x}} = a \lim\limits_{x \to 0^-}\frac{\sin ax}{ax} \cdot \lim\limits_{x \to 0^-}\frac{x}{\sqrt{1 - \cos x}} = a \lim\limits_{x \to 0^-}\frac{x}{\sqrt{x^2/2}} = a \lim\limits_{x \to 0^-}\frac{\sqrt{2}x}{-x} = -\sqrt{2}af$$

$$(0+0) = \lim\limits_{x \to 0^+}\frac{1}{x}\left[\ln x - \ln(x^2 + x)\right] = \lim\limits_{x \to 0^+}\ln\left(\frac{1}{x+1}\right)^{\frac{1}{x}} = -\ln \lim\limits_{x \to 0^+}(1+x)^{\frac{1}{x}} = -\ln e = -1$$

由 $f(0-0) = f(0+0) = f(0)$，得 $a = \sqrt{2}/2$，$b = -1$。

8. 证：作辅助函数 $F(x) = f(x) - f\left(x + \dfrac{1}{2}\right)$，显然，$F \in C\left[0, \dfrac{1}{2}\right]$，且

$$F(0) = f(0) - f\left(\frac{1}{2}\right), \quad F\left(\frac{1}{2}\right) = f\left(\frac{1}{2}\right) - f(1) = f\left(\frac{1}{2}\right) - f(0)，即 \ F(0) \cdot F\left(\frac{1}{2}\right) < 0$$

依据零点定理，$\exists \xi \in (0, 1)$，使得 $F(\xi) = 0$，即 $f(\xi) = f\left(\xi + \dfrac{1}{2}\right)$。

## 第 2 章 习题答案

**A 类**

1. 答案：（1） $\ln 2 + 2^x \ln 2 + 2x$

（2） $\dfrac{t\cos t + \sin t - \sin^2 t}{(1 - \sin t)^2}$

（3） $e^{-\frac{x}{2}}\left(2\cos x - \dfrac{1}{2}\sin 2x\right)$

（4） $\dfrac{\cos x}{2\sqrt{1 + \sin x}} - 2x \cdot e^{x^2}$

（5） $10^{x\tan 2x} \cdot (2x\sec^2 2x + \tan 2x) \cdot \ln 10$

（6） $(\sin x)^{\cos x}\left[\dfrac{\cos^2 x}{\sin x} - \sin x \ln(\sin x)\right] - \sec^2 x \cdot 2^{\tan x} \cdot \ln 2$

2. 答案：$3e^{3x}\cos e^{3x} \cdot f'(\sin e^{3x}) + \sin f(x) \cdot f'(x) \cdot 3^{\cos f(x)} \cdot \ln 3$

3. 答案：$2^{f(x)}\ln 2 f'(x) + 2f(x)f'(x)$

4. 答案：$2\cot x \, dx$

5. 答案：$\dfrac{\mathrm{d}^2 y}{\mathrm{d}x^2} = \dfrac{4x}{(1 - x^2)^2}$

6. 答案：$\dfrac{1}{3}\sqrt[3]{\dfrac{x+2}{\sqrt{x^2+1}}}\left[\dfrac{1}{x+2} - \dfrac{x}{x^2+1}\right]$

7. 答案：$-4\mathrm{d}x$

8. 答案：2

9. 答案：$\dfrac{y\sin x + \cos(x+y)}{\cos x - \cos(x+y)}$

10. 答案：切线方程 $y - \dfrac{\sqrt{3}}{2} = -2\left(x - \dfrac{\sqrt{3}}{2}\right)$，法线方程 $y - \dfrac{\sqrt{3}}{2} = \dfrac{1}{2}\left(x - \dfrac{\sqrt{3}}{2}\right)$

## B 类

1. 答案：（1）$\dfrac{1}{2\sqrt{x}}$；（2）$\dfrac{2}{3}x^{-\frac{1}{3}}$；（3）$0.4x^{-0.6}$；（4）$-\dfrac{1}{2}x^{-\frac{3}{2}}$；（5）$\dfrac{-3}{x^4}$；（6）$\dfrac{7}{3}x^{\frac{4}{3}}$。

2. 答案：（1）$-a$；（2）$a$；（3）$-a$；（4）$2a$；（5）$(m-n)a$ 过程如下：

$$\lim_{h\to 0}\frac{f(x_0+mh)-f(x_0+nh)}{h} = \lim_{h\to 0}\frac{f(x_0+mh)-f(x_0)-[f(x_0+nh)-f(x_0)]}{h}$$

$$= \lim_{h\to 0}\frac{f(x_0+mh)-f(x_0)}{h} - \lim_{h\to 0}\frac{f(x_0+nh)-f(x_0)}{h}$$

$$= m\lim_{mh\to 0}\frac{f(x_0+mh)-f(x_0)}{mh} - n\lim_{nh\to 0}\frac{f(x_0+nh)-f(x_0)}{nh} = mf'(x_0) - nf'(x_0)$$

3. 答案：在点 $x=0$ 处，$f(0)=2$，$f'_-(0) = \lim_{x\to 0^-}\dfrac{f(x)-f(0)}{x-0} = \lim_{x\to 0^-}\dfrac{1-x+1-2}{x} = -1$

$f'_+(0) = \lim_{x\to 0^+}\dfrac{f(x)-f(0)}{x-0} = \lim_{x\to 0^+}\dfrac{1-x+1-2}{x} = -1$，即 $f'_-(0) = f'_+(0) = -1$。

在点 $x=1$ 处，$f(1)=1$，$f'_-(1) = \lim_{x\to 1^-}\dfrac{f(x)-f(1)}{x-1} = \lim_{x\to 1^-}\dfrac{1-x+1-1}{x-1} = -1$

$f'_+(1) = \lim_{x\to 1^+}\dfrac{f(x)-f(1)}{x-1} = \lim_{x\to 1^+}\dfrac{x-1+1-1}{x-1} = 1$

4. 答案：（1）切线 $2x-y=0$，法线 $x+2y=0$；

（2）切线 $\sqrt{3}x + 2y - 1 - \dfrac{\sqrt{3}}{3}\pi = 0$，法线 $2x - \sqrt{3}y + \dfrac{\sqrt{3}}{2} - \dfrac{2\pi}{3} = 0$

5. 答案：$\dfrac{1}{10}$

6. 答案：略

7. 答案：$\varphi'(x)$ 在 $x=1$ 处连续

8. 答案：函数 $f(x)$ 在点 $x=0$ 处不可导

9. 答案：$\dfrac{(-1)^{n-1}}{n(n+1)}$

10. 答案：A

11. 答案：略

12. 答案：（1）$a = 3$，$b = -1$

（2）$\mathrm{d}y\big|_{x=0} = 3\mathrm{d}x$

13. 答案：A

14. 答案：$\dfrac{\mathrm{d}y}{\mathrm{d}x} = \dfrac{y(y - x\ln y)}{x(x - y\ln x)}$

15. 答案：$x + y = \dfrac{\pi}{4} + \dfrac{1}{2}\ln 2$

16. 答案：$\dfrac{2}{\pi}x + y - \dfrac{\pi}{2} = 0$

17. 答案：$y = x + 1$

18. 答案：$\lim\limits_{n \to \infty} y(x_n) = \mathrm{e}^{-1}$

19. 答案：$\lim\limits_{x \to 0} \dfrac{xf(u)}{uf(x)} = 1$

20. 答案：$a = -\sqrt{\dfrac{1}{\sqrt{3} + \pi}}$，$b = -\sqrt{\dfrac{3}{\sqrt{3} + \pi}}$

21. 答案：C

22. 答案：C

## 第3章 习题答案

**A 类**

1. 答案：证：令 $f(x) = \arctan x$，$f \in \mathrm{C}[a, b] \cap \mathrm{D}(a, b)$，由 Lagrange 中值定理，有

$\arctan b - \arctan a = \dfrac{b - a}{1 + \xi^2}(a < \xi < b)$，故：（1）$\arctan b - \arctan a < b - a$；

（2）$\dfrac{b - a}{1 + b^2} < \arctan b - \arctan a < \dfrac{b - a}{1 + a^2}$。

2. 答案：证：

（1）设 $f(x) = \sin x + \tan x$，$f \in \mathrm{C}\left[0, \dfrac{\pi}{2}\right] \cap \mathrm{D}(0, \pi/2)$，由 Lagrange 中值定理，有

$f(x) - f(0) = f'(\xi)(x - 0)$，当 $0 < \xi < x < \dfrac{\pi}{2}$时，

$$\sin x + \tan x = \left(\cos\xi + \dfrac{1}{\cos^2\xi}\right)x \geqslant \dfrac{2x}{\sqrt{\cos\xi}} > 2x。$$

（2）在闭区间 $[\alpha, \beta]$ 上，对函数 $\tan x$ 应用 Lagrange 中值定理，有 $\tan\beta - \tan\alpha =$

$\dfrac{\beta - \alpha}{\cos^2 \xi}$，又当 $0 < \alpha < \beta < \dfrac{\pi}{2}$ 时，

$0 < \cos\beta < \cos\xi < \cos\alpha$ 故有 $\dfrac{\beta - \alpha}{\cos^2 \alpha} < \tan\beta - \tan\alpha < \dfrac{\beta - \alpha}{\cos^2 \beta}$。

（3）设函数 $f(x) = \ln(1 + x)$，$f \in \mathrm{C}[0, 1/n] \cap \mathrm{D}(0, 1/n)$，

由 Lagrange 中值定理，有

$$\ln\left(1 + \frac{1}{n}\right) = \ln\left(1 + \frac{1}{n}\right) - \ln 1 = \frac{1}{1 + \xi} \cdot \frac{1}{n} \quad \left(0 < \xi < \frac{1}{n}\right)$$

所以 $\dfrac{1}{1 + \dfrac{1}{n}} \cdot \dfrac{1}{n} < \ln\left(1 + \dfrac{1}{n}\right) < \dfrac{1}{1 + 0} \cdot \dfrac{1}{n}$

3. 答案：

（1）提示：作辅助函数 $F(x) = xf(x)$，$F \in \mathrm{C}[a, b] \cap \mathrm{D}(a, b)$。

（2）证：作辅助函数，令 $f(x) = 2\arctan x - \arcsin\dfrac{2x}{1 + x^2}$，显然，$f(0) = 0$。而

$$f'(x) = \frac{2}{1 + x^2} - \frac{1}{\sqrt{1 - \left(\dfrac{2x}{1 + x^2}\right)^2}} \cdot \frac{2(1 + x^2) - 2x \cdot 2x}{(1 + x^2)^2} = \frac{2}{1 + x^2} - \frac{2}{1 + x^2} = 0$$

当 $|x| \leqslant 1$ 时，$f(x) = C = f(0) = 0$，且 $-\dfrac{\pi}{2} \leqslant 2\arctan x \leqslant \dfrac{\pi}{2}$，$-\dfrac{\pi}{2} \leqslant \arcsin\dfrac{2x}{1 + x^2} \leqslant \dfrac{\pi}{2}$，

恒等式得证。

4. 答案：证：在闭区间 $[a, b]$ 上对函数 $f(x)$ 应用 Lagrange 中值定理，有

$$f(b) - f(a) = f'(\xi)(b - a) \qquad \xi \in (a, b)$$

设 $g(x) = \mathrm{e}^x$，在闭区间 $[a, b]$ 上对函数 $f(x)$ 和 $g(x)$ 应用 Cauchy 定理，有

$$\frac{f(b) - f(a)}{\mathrm{e}^b - \mathrm{e}^a} = \frac{f'(\eta)}{\mathrm{e}^\eta} \qquad \eta \in (a, b)$$

前式除以后式，得 $\dfrac{f'(\xi)}{f'(\eta)} = \dfrac{\mathrm{e}^b - \mathrm{e}^a}{b - a}\mathrm{e}^{-\eta} \qquad \xi, \eta \in (a, b)$

5. 答案：证：令 $f(x) = \ln(1 + x)$，$g(x) = \arctan x$。$f, g \in \mathrm{C}[0, x] \cap \mathrm{D}(0, x)$，$g'(x) \neq 0$。在区间 $[0, x]$ 上，对函数 $f, g$ 应用 Cauchy 定理，有

$$\frac{\ln(1 + x) - \ln(1 + 0)}{\arctan x - \arctan 0} = \frac{\dfrac{1}{1 + \xi}}{\dfrac{1}{1 + \xi^2}} = \frac{1 + \xi^2}{1 + \xi} \qquad (0 < \xi < x)$$

即 $\dfrac{\ln(1 + x)}{\arctan x} = \dfrac{1 + \xi^2}{1 + \xi} > \dfrac{1}{1 + \xi} > \dfrac{1}{1 + x} \qquad (0 < \xi < x)$。

6. 答案：由洛必达法则，$\displaystyle\lim_{x \to 1}\frac{x^3 - 3x + 2}{k(x - 1)^n} = \lim_{x \to 1}\frac{3x^2 - 3}{kn(x - 1)^{n-1}} = \lim_{x \to 1}\frac{6x}{kn(n - 1)(x - 1)^{n-2}} = 1$

则 $n = 2$，$k = 3$。

7. 答案：(1) 极大值 $y(1) = 2$；(2) 极小值 $y(0) = 0$；(3) 没有极值；(4) 极大值为 $f(-1) = f(1) = e^{-1}$，极小值为 $f(0) = 0$。

8. 答案：(1) $y' = \dfrac{1 - x^2}{(x^2 + 1)^2}$，函数在区间 $[0, 1)$ 上单调增，在 $(1, +\infty)$ 上单调减，所以 $x = 1$ 是函数的极大值点，也是函数的最大值点，函数的最大值为 $f(1) = 0.5$。在区间 $[0, +\infty)$ 上函数 $y = \dfrac{x}{x^2 + 1} \geqslant 0$ 且 $f(0) = 0$，$\lim\limits_{x \to +\infty} y = \lim\limits_{x \to +\infty} \dfrac{x}{x^2 + 1} = 0$，函数的最小值为 $f(0) = 0$。

(2) 拐点为 $(-1, \ln 2)$ 和 $(1, \ln 2)$，凸区间为 $(-\infty, -1) \cup (1, +\infty)$，凹区间为 $(-1, 1)$。

9. 答案：用洛必达法则计算。(1) 2；(2) $\ln ab$；(3) 6；(4) 0；(5) 3/4；(6) 3；(7) 1/2；(8) 0；(9) 1/6；(10) 1；(11) $e^{-1/2}$；(12) 1；(13) $e^{6/\pi}$。

10. 答案：(1) $\dfrac{1}{2}$；(2) $-\dfrac{2}{\pi}$；(3) $\dfrac{2}{3}$；(4) $e^{\frac{6}{\pi}}$；(5) $e^{-\frac{1}{2}}$；(6) $\dfrac{3}{2}$；(7) $\dfrac{1}{128}$。

11. 答案：函数在 $(-1, 1)$ 上单调减少，在 $(-\infty, -1)$ 及 $(1, +\infty)$ 上单调增加。

12. 答案：函数在 $(-\infty, 0)$ 及 $(0, \sqrt[3]{3})$ 上单调减少，在 $(\sqrt[3]{3}, +\infty)$ 上单调增加。

13. 答案：极大值 $\dfrac{1}{e}$，极小值 0。

14. 答案：极大值 4。

15. 答案：最大值 $\dfrac{1}{2}$，最小值 0。

16. 答案：最大值 8，最小值 0。

17. 答案：曲线在 $(0, 1)$ 内凸，在 $(1, +\infty)$ 内凹。

## B 类

1. 答案：证：将 $f(x)$ 在点 $x_0$ 处作二阶 Taylor 展开

$$f(x) = f(x_0) + f'(x_0)(x - x_0) + f''(\xi)\frac{(x - x_0)^2}{2},$$ $\xi$ 介于 $x_0$ 与 $x$ 之间，故 $f''(\xi) > 0$。

(1) 又 $x \neq x_0$，展开式的余项恒大于零。不等式 $f(x) > f(x_0) + f'(x_0)(x - x_0)$ 成立。

(2) 分别将 $x_1$，$x_2$ 代入不等式得
$$f(x_1) > f(x_0) + f'(x_0)(x_1 - x_0)$$
$$f(x_2) > f(x_0) + f'(x_0)(x_2 - x_0)$$

两式相加得 $f(x_1) + f(x_2) > 2f(x_0) + f'(x_0)(x_1 + x_2 - 2x_0)$，取 $x_0 = \dfrac{x_1 + x_2}{2}$，则
$$f(x_1) + f(x_2) > 2f(x_0)。$$

2. 答案：证：将 $f(x)$ 在点 $x_0$ 处作二阶 Taylor 展开

$$f(x) = f(x_0) + f'(x_0)(x - x_0) + f''(\xi)\frac{(x - x_0)^2}{2},$$ $\xi$ 介于 $x_0$ 与 $x$ 之间，故 $f''(\xi) > 0$。

（1）又 $x \neq x_0$，展开式的余项恒大于零。不等式 $f(x) > f(x_0) + f'(x_0)(x - x_0)$ 成立。

（2）分别将 $x_1$，$x_2$ 代入不等式得

$$f(x_1) > f(x_0) + f'(x_0)(x_1 - x_0)$$
$$f(x_2) > f(x_0) + f'(x_0)(x_2 - x_0)$$

两式相加得 $f(x_1) + f(x_2) > 2f(x_0) + f'(x_0)(x_1 + x_2 - 2x_0)$，取 $x_0 = \dfrac{x_1 + x_2}{2}$，则

$f(x_1) + f(x_2) > 2f(x_0)$。

3. 答案：（1）解：设矩形相邻两边分别为 $x$ 和 $12 - x$，以长为 $12 - x$ 的边为轴旋转，得圆柱体体积 $V = V(x) = \pi x^2(12 - x)$，由 $V' = 0$，解得 $x = 8$，即当矩形以边长是 4 的边为轴旋转时得到的圆柱体体积最大。

（2）解：设内接圆柱体的高为 $2x$，则其底半径 $r = \sqrt{a^2 - x^2}$，圆柱体积 $V = 2\pi x(a^2 - x^2)$，由 $V' = 0$，解得 $x = \dfrac{a}{\sqrt{3}}$，故 $V_M = \dfrac{4\pi a^3}{3\sqrt{3}}$。

（3）解：设内接矩形 $A$ 的左顶点的横坐标为 $x$，则高是 $3x$，右顶点的横坐标是 $15 - 1.5x$，所以矩形的面积

$$A = A(x) = 3x(15 - 1.5x - x), \quad 0 \leqslant x \leqslant 6$$

由 $A' = 45 - 15x = 0$ 得唯一驻点 $x = 3$。$A_M = A(3) = 67.5$。

4. 答案：（1）解：设月租金为 $1000 + 50x$，则公寓租出数为 $50 - x$，公司月收入

$$L(x) = (1000 + 50x)(50 - x) - 100(50 - x) = -50x^2 + 1600x - 5000$$

令 $L'(x) = 0$，得驻点 $x = 16$；即租金定为 1800 元/月时公司收入最多。公司最大收入为 $L_M = (1800 - 100) \times (50 - 16) = 57800$（元）。

（2）解：设售价为 $p$ 元时，微波炉的月销售量为 $x$ 台。$x = x(p) = 150 + \dfrac{15(400 - p)}{10}$，

月销售金额 $M = xp = 750p - 1.5p^2$，令 $\dfrac{dM}{dp} = 0$，当 $p = 250$ 元时，可获最大的月销售金额 93750 元。

（3）解：由于 $x + y = 3 \times 10^6$，有 $P = \sqrt[3]{(3 \times 10^6 - y)y^2} \quad 0 \leqslant y \leqslant 3 \times 10^6$

考虑 $P^3 = (3 \times 10^6 - y)y^2$，等式两侧同时对 $y$ 求导

$$(P^3)' = 3P^2 P' = 2y(3 \times 10^6 - y) - y^2 = y(6 \times 10^6 - 3y)$$

令 $P' = 0$ 得 $y = 2 \times 10^6$，当投到产品开发的资金为 200 万元时，得到的回报最大。

（4）解：每周收益 $L(q) = 5400q - (2400 + 4000q + 100q^2) = -2400 + 1400q - 100q^2$
$= -100(q - 2)(q - 12)$，可得，当 $2 < q < 12$ 时，$L(q) > 0$。即每周销售量在 2000杯至 12000 杯之间时可以获得利润。令 $L'(q) = 1400 - 200q = 0$，解出：$q = 7$，即每周酸奶销售量为 7000 杯时，可以获得最大收益。

5. 答案：解：（1）产品数量为 $x$ 时厂家利润为

$$L = L(x) = xp - (400 + 10x) = x\left(20 - \dfrac{x}{50}\right) - 400 - 10x = -\dfrac{x^2}{50} + 10x - 400$$

（2）由 $\dfrac{\mathrm{d}L}{\mathrm{d}x}=0$，得 $\dfrac{2x}{50}-10=0$，解出销量 $x=250$ 时，厂家所获利润最大。

（3）此时产品定价 $p=20-\dfrac{250}{50}=15$（万元）。

（4）所获最大利润 $L_M=L(250)=850$（万元）。

6. 答案：当底内半径与高相等为 $\sqrt[3]{\dfrac{V}{\pi}}$ 时用料最省。

7. 答案：箱子的长、宽、高分别为 6cm、3cm、4cm 时表面积最小。

8. 答案：圆周长为 $\dfrac{\pi a}{4+\pi}$，正方形周长为 $\dfrac{4a}{4+\pi}$ 时两图形的面积和为最小。

## 第4章 习题答案

**A 类**

1. 答案：（1） $\dfrac{1}{3}(x^2+1)^{\frac{3}{2}}-\sqrt{x^2+1}+C$；（2） $-\dfrac{1}{5(x^5+1)}+\dfrac{1}{5(x^5+1)^2}-\dfrac{1}{15(x^5+1)^3}+C$；

（3） $\ln\left|\dfrac{\sqrt{x}}{\sqrt{x}+2}\right|+C$；（4） $\dfrac{1}{8}\tan^2\dfrac{x}{2}+\dfrac{1}{4}\ln\left|\tan\dfrac{x}{2}\right|+C$；（5） $-\dfrac{\ln^2 x}{x}-\dfrac{2\ln x}{x}-\dfrac{2}{x}+C$；

（6） $\dfrac{2}{3}\ln|x+1|-\dfrac{1}{6}\ln|2x-1|+C$；（7） $\ln\left|\dfrac{xe^x}{1+xe^x}\right|+C$；

（8） $-\dfrac{1+\ln(1-x)}{x}+\ln\left|\dfrac{1-x}{x}\right|+C$。

2. 答案：（1） $-2\arcsin e^{-\frac{x}{2}}+c$；（2） $\dfrac{1}{2}\arctan\left(\dfrac{\sin^2 x}{2}\right)+c$；（3） $\tan\dfrac{x}{2}-\ln(1+\cos x)+c$

（4） $\sqrt{2}\arctan\left(\dfrac{1}{\sqrt{2}}\tan\dfrac{x}{2}\right)+c$；（5） $e^x\tan\dfrac{x}{2}+c$；（6） $\dfrac{1}{2}x^2-\dfrac{1}{2}x^4+c$；

（7） $\dfrac{1}{3}(x^2+1)^{\frac{3}{2}}-\sqrt{x^2+1}+c$；（8） $\ln\left|\dfrac{\sqrt{x}}{\sqrt{x}+2}\right|+c$；

（9） $\dfrac{1}{8}\tan^2\dfrac{x}{2}+\dfrac{1}{4}\ln\left|\tan\dfrac{x}{2}\right|+c$；（10） $\ln\left|\dfrac{xe^x}{1+xe^x}\right|+c$；

（11） $\dfrac{\sqrt{x^2-4}}{4x}+c$；（12） $\dfrac{1}{5}\sin^5 x-\dfrac{1}{7}\sin^7 x+c$；

（13） $2(\tan\sqrt{x}-\sqrt{x}+c)$；（14） $\ln\left|x+\sqrt{x^2-1}\right|-\dfrac{\sqrt{x^2-1}}{x}+c$。

**B 类**

1. 答案：

（1）$\dfrac{1+2x^2}{x^2(1+x^2)} = \dfrac{1+x^2+x^2}{x^2(1+x^2)} = \dfrac{1}{x^2} + \dfrac{1}{1+x^2}$，$I = \int\left(\dfrac{1}{x^2} + \dfrac{1}{1+x^2}\right)dx = -\dfrac{1}{x} + \arctan x + C$

（2）$\dfrac{x^4}{1+x^2} = \dfrac{1}{1+x^2} - \dfrac{1-x^4}{1+x^2} = \dfrac{1}{1+x^2} - 1 + x^2$，$I = \arctan x - x + \dfrac{x^3}{3} + C$

（3）$I = \int(1 + 5x^{\frac{1}{2}} + 10x + 10x^{\frac{3}{2}} + 5x^2 + x^{\frac{5}{2}})dx = x + \dfrac{10}{3}x^{\frac{3}{2}} + 5x^2 + 4x^{\frac{5}{2}} + \dfrac{5}{3}x^3 + \dfrac{2}{7}x^{\frac{7}{2}} + C$

或令 $t = 1 + \sqrt{x}$，则 $x = (t-1)^2$，$dx = 2(t-1)dt$

$I = 2\int t^5(t-1)dt = 2\int(t^6 - t^5)dt = \dfrac{2}{7}t^7 - \dfrac{1}{3}t^6 + C = \dfrac{2}{7}(1+\sqrt{x})^7 - \dfrac{1}{3}(1+\sqrt{x})^6 + C$

（4）$I = \int(\sec^2 x - 1)dx = \tan x - x + C$

（5）$I = \int_{-1}^{1} \dfrac{2x\,dx}{1+x^2} + \int_{-1}^{1} \dfrac{|x|\,dx}{1+x^2} = 2\int_{0}^{1} \dfrac{x\,dx}{1+x^2} = \int_{0}^{1} \dfrac{d(x^2+1)}{1+x^2} = \ln(x^2+1)\,\big|_0^1 = \ln 2$

（6）$I = \int_0^3 \sqrt{(x-2)^2}\,dx = \int_0^3 |x-2|\,dx = \int_0^2 (2-x)dx + \int_2^3 (x-2)dx = 2 + \dfrac{1}{2} = \dfrac{5}{2}$

（7）$I = \int_0^2 \dfrac{d(x-1)}{1+(x-1)^2} = \arctan(x-1)\,\big|_0^2 = \dfrac{\pi}{2}$

（8）$I = \int \dfrac{df(x)}{1+f(x)} = \int \dfrac{d[1+f(x)]}{1+f(x)} = \ln[1+f(x)] + C$

（9）$I = \int(1 - \cos x)dx = x - \sin x + C$

（10）$I = \int \dfrac{d(x+\sin x)}{(x+\sin x)^2} = -\dfrac{1}{x+\sin x} + C$

2. 答案：（1）$\int \sin^3 x \cos x\,dx = \int \sin^3 x\,d(\sin x) = \dfrac{\sin^4 x}{4} + C$

（2）$\int 2x e^{-x^2}dx = -\int e^{-x^2}d(-x^2) = -e^{-x^2} + C$

（3）$\int \dfrac{\sin\dfrac{1}{x}}{x^2}dx = -\int \sin\dfrac{1}{x}\,d\left(\dfrac{1}{x}\right) = \cos\dfrac{1}{x} + C$

（4）$\int \dfrac{\cos\sqrt{x}}{2\sqrt{x}}dx = \int \cos\sqrt{x}\,d\sqrt{x} = \sin\sqrt{x} + C$

（5）$\int \dfrac{\sin x}{\cos^2 x}dx = -\int \dfrac{d(\cos x)}{\cos^2 x} = \dfrac{1}{\cos x} + C$

（6）$\int \dfrac{\arctan x}{1+x^2}dx = \int \arctan x\,d(\arctan x) = \dfrac{(\arctan x)^2}{2} + C$

(7) $\int \dfrac{e^x}{1+e^{2x}}dx = \int \dfrac{de^x}{1+e^{2x}} = \arctan e^x + C$

(8) $\int \dfrac{dx}{\sqrt[5]{2+5x}} = \dfrac{1}{5}\int(2+5x)^{-\frac{1}{5}}d(2+5x) = \dfrac{1}{4}(2+5x)^{\frac{4}{5}} + C$

(9) $\int_0^1 x\sqrt{1-x^2}dx = -\dfrac{1}{2}\int_0^1 \sqrt{1-x^2}d(1-x^2) = -\dfrac{1}{3}(1-x^2)^{\frac{3}{2}}\Big|_0^1 = \dfrac{1}{3}$

(10) $\int_1^e \dfrac{dx}{x\sqrt{1+\ln x}} = \int_1^e \dfrac{d(1+\ln x)}{\sqrt{1+\ln x}} = 2\sqrt{1+\ln x}\Big|_1^e = 2\sqrt{2}$

(11) $\int_0^1 \dfrac{2x+1}{x^2+x+1}dx = \int_0^1 \dfrac{d(x^2+x+1)}{x^2+x+1} = \ln(x^2+x+1)\Big|_0^1 = \ln 3$

(12) $\int \dfrac{dx}{\sqrt{x}(1+x)} = 2\int \dfrac{d\sqrt{x}}{1+(\sqrt{x})^2} = 2\arctan\sqrt{x} + C$

(13) $\int \dfrac{dx}{\cos^2 x\sqrt{\tan x-1}} = \int \dfrac{d\tan x}{\sqrt{\tan x-1}} = \int \dfrac{d(\tan x-1)}{\sqrt{\tan x-1}} = 2\sqrt{\tan x-1} + C$

(14) $\int \dfrac{f'(x)}{1+f^2(x)}dx = \int \dfrac{df(x)}{1+f^2(x)} = \arctan f(x) + C$

3. 答案：原式 $= \int_{-1}^0 (x+1)dx + \int_0^1 x^2 dx = \left(\dfrac{x^2}{2}+x\right)\Big|_{-1}^0 + \dfrac{x^3}{3}\Big|_0^1 = \dfrac{5}{6}$

4. 答案：$\int_{-3}^1 f(x)dx = \int_{-3}^0 xe^{-x}dx + \int_0^1 \sqrt{2x-x^2}dx = \int_{-3}^0 xd(-e^{-x}) + \int_0^1 \sqrt{1-(x-1)^2}dx$

$= \left[-xe^{-x}-e^{-x}\right]_{-3}^0 + \int_{-\frac{\pi}{2}}^0 \cos^2\theta d\theta(令 x-1=\sin x) = \dfrac{\pi}{4} - 2e^3 - 1$

5. 答案：$\ln(e+1)$

6. 答案：$F(x) = \arcsin x + \dfrac{\pi}{6}$

7. 答案：$\int f(x)f'(x)dx = \int f(x)df(x) = \dfrac{1}{2}f^2(x) + c = \dfrac{1}{2}\dfrac{(\cos x - \sin^2 x)^2}{(1+x\sin x)^4} + c$

8. 答案：$f(x) = F'(x) = \dfrac{\sin^2 2x}{\sqrt{x-\dfrac{1}{4}\sin 4x+1}}$

9. 答案：$\int f(ax+b)f''(ax+b)dx = \dfrac{1}{2d}f^2(ax+b) + c$

10. 答案：$f(x) = x - \dfrac{x^2}{2} + C$

## 第5章 习题答案

**A 类**

1. 答案：(1) A；(2) B；(3) D；(4) A；(5) B。

2. $\left[ -\dfrac{\pi}{2}, \dfrac{\pi}{2} \right]$。

**B 类**

1. 答案：（1）令 $x = \sin t (0 \leqslant t \leqslant \pi/2)$，则 $\mathrm{d}x = \cos t \mathrm{d}t$，$\displaystyle\int_0^1 \sqrt{1 - x^2}\mathrm{d}x = \int_0^{\pi/2} \cos^2 t \mathrm{d}t = \dfrac{\pi}{4}$

（2）令 $x = \sec t$，则 $\mathrm{d}x = \dfrac{\sin t}{\cos^2 t}\mathrm{d}t$，$\displaystyle\int \dfrac{\mathrm{d}x}{x\sqrt{x^2 - 1}} = \int \mathrm{d}t = \arccos\dfrac{1}{x} + C$

（3）令 $x = \sin t (0 \leqslant t \leqslant \pi/2)$，则 $\mathrm{d}x = \cos t \mathrm{d}t$，

$I = \displaystyle\int_0^{\pi/2} \dfrac{\cos t \mathrm{d}t}{1 + \cos t} = \int_0^{\pi/2} \mathrm{d}t - \int_0^{\pi/2} \dfrac{\mathrm{d}t}{1 + \cos t} = \dfrac{\pi}{2} - \int_0^{\pi/2} \dfrac{\mathrm{d}t}{2\cos^2 t/2} = \dfrac{\pi}{2} - \tan\dfrac{\pi}{4} = \dfrac{\pi}{2} - 1$

（4）令 $x = \sin t$ $(0 \leqslant t \leqslant \pi/2)$，则 $\mathrm{d}x = \cos t \mathrm{d}t$，

$I = \displaystyle\int_0^{\pi/2} \sin^2 t \cos t \cos t \mathrm{d}t = \int_0^{\pi/2} \sin^2 t \mathrm{d}t - \int_0^{\pi/2} \sin^4 t \mathrm{d}t = \dfrac{1}{2} \cdot \dfrac{\pi}{2} - \dfrac{3}{4} \cdot \dfrac{1}{2} \cdot \dfrac{\pi}{2} = \dfrac{\pi}{16}$

（5）令 $x = \tan t$，则 $\mathrm{d}x = \dfrac{\mathrm{d}t}{\cos^2 t}$，

$I = \displaystyle\int_{\pi/4}^{\pi/3} \dfrac{\mathrm{d}t}{\tan^2 t \sec t \cos^2 t} = \int_{\pi/4}^{\pi/3} \dfrac{\cos t \mathrm{d}t}{\sin^2 t} = \dfrac{-1}{\sin t}\bigg|_{\pi/4}^{\pi/3} = \sqrt{2} - \dfrac{2}{\sqrt{3}}$

（6）$I = \displaystyle\int \dfrac{1 + x}{\sqrt{1 - x^2}}\mathrm{d}x = \int \dfrac{\mathrm{d}x}{\sqrt{1 - x^2}} + \int \dfrac{x\mathrm{d}x}{\sqrt{1 - x^2}} = \arcsin x - \sqrt{1 - x^2} + C$

2. 答案：（1）$\displaystyle\int x e^x \mathrm{d}x = \int x \mathrm{d}(e^x) = x e^x - \int e^x \mathrm{d}x = x(e^x - 1) + C$

（2）$\displaystyle\int \arcsin x \mathrm{d}x = x \arcsin x - \int \dfrac{x\mathrm{d}x}{\sqrt{1 - x^2}} = x \arcsin x + \sqrt{1 - x^2} + C$

（3）$\displaystyle\int_0^{\pi/2} x \sin x \mathrm{d}x = -\int_0^{\pi/2} x \mathrm{d}(\cos x) = -x\cos x\bigg|_0^{\pi/2} + \int_0^{\pi/2} \cos x \mathrm{d}x = \sin x\bigg|_0^{\pi/2} = 1$

（4）$\displaystyle\int x^2 \cos x \mathrm{d}x = \int x^2 \mathrm{d}(\sin x) = x^2 \sin x - 2\int x \sin x \mathrm{d}x = (x^2 - 2)\sin x + 2x\cos x + C$

（5）$\displaystyle\int_1^4 \dfrac{\ln x}{\sqrt{x}}\mathrm{d}x = 2\int_1^4 \ln x \mathrm{d}\sqrt{x} = 2\sqrt{x}\ln x\bigg|_1^4 - 2\int_1^4 \sqrt{x}\mathrm{d}\ln x = 8\ln 2 - 2\int_1^4 \dfrac{\mathrm{d}x}{\sqrt{x}} = 8\ln 2 - 4$

3. 答案：（1）1；（2）1；（3）8/3；

（4）$I = -\displaystyle\int_0^{+\infty} e^{-mt}\mathrm{d}\cos t = e^{-mt}\cos t\bigg|_0^{+\infty} + \int_0^{+\infty} -me^{-mt}\cos t \mathrm{d}t = 1 - m\int_0^{+\infty} e^{-mt}\mathrm{d}\sin t$，则

$I = 1 - me^{-mt}\sin t\bigg|_0^{+\infty} - m^2\displaystyle\int_0^{+\infty} e^{-mt}\sin t \mathrm{d}t = 1 - m^2 I$，回归有 $I = \dfrac{1}{1 + m^2}$

4. 答案：令 $x = \dfrac{\pi}{2} - u$，

$\displaystyle\int_0^{\frac{\pi}{2}} f(\sin x)\mathrm{d}x = \int_{\frac{\pi}{2}}^0 f(\cos u)(-\mathrm{d}u) = \int_0^{\frac{\pi}{2}} f(\cos u)\mathrm{d}u = \int_0^{\frac{\pi}{2}} f(\cos x)\mathrm{d}x$

5. 答案：

$$y' = \arctan\frac{1}{x} + \frac{x}{1 + \frac{1}{x^2}} \cdot \left(-\frac{1}{x^2}\right) + \mathrm{e}^{x^2} = \arctan\frac{1}{x} - \frac{x}{1 + x^2} + \mathrm{e}^{x^2}; \quad y'(1) = \frac{\pi}{4} - \frac{1}{2} + \mathrm{e}$$

6. 答案：$y' = \dfrac{y}{\mathrm{e}^y - x}$。

7. 答案：$F'(x) = (1 + x)\arctan x$，令 $F'(x) = 0$，得驻点 $x = -1$，$x = 0$，又 $F''(x) = \arctan x + \dfrac{1 + x}{1 + x^2}$，$F''(-1) = -\dfrac{\pi}{4} < 0$，$F''(0) = 1 > 0$，故在 $x = -1$ 时取得函数的极大值为：

$$F(-1) = \int_1^{-1}(1 + t)\arctan t\,\mathrm{d}t = -2\int_0^1 t\arctan t\,\mathrm{d}t = -\left[t^2\arctan t\,\Big|_0^1 - \int_0^1 \frac{t^2}{1 + t^2}\mathrm{d}t\right]$$

$$= -\left[\frac{\pi}{4} - (1 - \arctan t\,\big|_0^1)\right] = 1 - \frac{\pi}{2}$$

## C 类

1. 答案：$I = \displaystyle\int_0^2 \frac{\sin x}{1 + \sin x}\mathrm{d}x = \int_0^2\left(1 - \frac{1}{1 + \sin x}\right)\mathrm{d}x = x\,\big|_0^2 - \int_0^2 \frac{\mathrm{d}x}{\left(\cos\frac{x}{2} + \sin\frac{x}{2}\right)^2}$

$$= 2 - 2\int_0^2 \frac{\mathrm{d}\left(\frac{x}{2}\right)}{\left(1 + \tan\frac{x}{2}\right)^2\cos^2\frac{x}{2}} = 2 - 2\int_0^2 \frac{\mathrm{d}\left(1 + \tan\frac{x}{2}\right)}{\left(1 + \tan\frac{x}{2}\right)^2} = 2 + \frac{2}{1 + \tan\frac{x}{2}}\Bigg|_0^2 = \frac{2}{1 + \tan 1}$$

2. 答案：(1) $\dfrac{\pi^2}{64} + \dfrac{\pi}{16} - \dfrac{1}{8}$；(2) $0$；(3) $\dfrac{\pi}{2}$；(4) $\dfrac{271}{6}$；(5) $\dfrac{\pi}{4} - \dfrac{1}{2}$；(6) $\ln 2$；

(7) $4\sqrt{2}$；(8) $2.5$；(9) $\dfrac{1}{6}\ln 2$；(10) $\pi$；(11) $2 - \dfrac{3}{4\ln 2}$；(12) $-\dfrac{\pi\sqrt{3}}{9} + \dfrac{\pi}{4} + \dfrac{1}{2}\ln\dfrac{3}{2}$；

(13) $-2(2\mathrm{e}^{-2} + \mathrm{e}^{-2} - 1)$；(14) $2 + 4\ln\dfrac{3}{2}$；(15) $\dfrac{9}{10} \cdot \dfrac{7}{8} \cdot \dfrac{5}{6} \cdot \dfrac{3}{4} \cdot \dfrac{1}{2} \cdot \dfrac{\pi}{2}$；

(16) $2\left(\dfrac{1}{\sqrt{2}} - \dfrac{1}{\sqrt{3}}\right)$；(17) $\dfrac{22}{3}$；(18) $\dfrac{3}{8} - \dfrac{1}{4}\ln 2$；(19) $\dfrac{\pi}{2}$；(20) $\dfrac{1}{5}\ln 3$；

(21) $\dfrac{9}{2} - \dfrac{1}{2}\ln 10$；(22) $\dfrac{1}{24}$；(23) $\dfrac{\sqrt{2}}{2}\arctan\dfrac{1}{2}$；(24) $\dfrac{1}{\sqrt{2}}\arctan\dfrac{\sqrt{2}}{2}$；

(25) $\dfrac{1}{2}\left(\ln 2 + \dfrac{7}{144}\pi^2\right)$；(26) $2 - \dfrac{\pi}{2}$；(27) $7 + 2\ln 2$；(28) $\ln 2 - 2 + \dfrac{\pi}{2}$；

(29) $\arctan f(2) - \arctan f(1)$。

3. 答案：设 $u = x - 2$，则 $\mathrm{d}u = \mathrm{d}x$

$$\int_1^4 f(x - 2)\mathrm{d}x = \int_{-1}^2 f(u)\mathrm{d}u = \int_{-1}^0 \frac{\mathrm{d}x}{1 + x^2} + \int_0^1 x\sqrt{1 + x^2}\,\mathrm{d}x$$

$$= \arctan x\,\big|_{-1}^0 + \frac{1}{3}(1 + x^2)^{\frac{3}{2}}\big|_0^1 = \frac{\pi}{4} + \frac{1}{3}(2\sqrt{2} - 1)$$

4. 答案：$f\left(\dfrac{1}{x}\right) = \displaystyle\int_1^{1/x} \dfrac{\ln t}{1+t}\mathrm{d}t$，令 $t = \dfrac{1}{u}$，则 $\mathrm{d}t = -\dfrac{\mathrm{d}u}{u^2}$

$$f\left(\dfrac{1}{x}\right) = \int_1^x \dfrac{\ln\dfrac{1}{u}}{1+\dfrac{1}{u}}\left(-\dfrac{\mathrm{d}u}{u^2}\right) = \int_1^x \dfrac{\ln u}{u(1+u)}\mathrm{d}u = \int_1^x \dfrac{\ln u}{u}\mathrm{d}u - \int_1^x \dfrac{\ln u}{1+u}\mathrm{d}u = \dfrac{1}{2}\ln^2 x - f(x)$$

$$f(x) + f\left(\dfrac{1}{x}\right) = \dfrac{1}{2}\ln^2 x$$

5. 答案：$\displaystyle\int_0^1 \dfrac{x^m - x^n}{\ln x}\mathrm{d}x = \int_0^1 \left(\int_n^m x^t \mathrm{d}t\right)\mathrm{d}x = \int_n^m \left(\int_0^1 x^t \mathrm{d}x\right)\mathrm{d}t = \int_n^m \left[\dfrac{x^{t+1}}{t+1}\right]_0^1 \mathrm{d}t = \int_n^m \dfrac{\mathrm{d}t}{t+1} = \ln\dfrac{m+1}{n+1}$

## 第 6 章　习题答案

**A 类**

1. 答案：(1) Ⅳ；(2) Ⅴ；(3) Ⅷ；(4) Ⅲ。

2. 答案：$(-3, 2, 1)$，$(3, 2, -1)$，$(-3, -2, -1)$，$(-3, -2, 1)$，$(3, 2, 1)$，$(3, -2, -1)$，$(3, -2, 1)$。

3. 答案：$(-4, 3, 0)$，$(0, 3, 5)$，$(-4, 0, 5)$，$(-4, 0, 0)$，$(0, 3, 0)$，$(0, 0, 5)$。

4. 答案：$(a, a, -a)$，$(-a, a, a)$，$(-a, -a, a)$，$(a, -a, a)$。

5. 答案：(1) 7；(2) $\dfrac{1}{2}\sqrt{430}$；(3) $\dfrac{1}{2}\sqrt{262}$。

6. 答案：$(6, 1, 19)$，$(9, -5, 12)$。

7. 答案：$(-1, 2, 4)$，$(8, -4, -2)$。

8. 答案：$(0, 1, -2)$。

**B 类**

1. 答案：$f(tx, ty) = t^2 f(x, y)$。

2. 答案：$f(x, y) = \mathrm{e}^{\frac{x^2+y^2}{2}}xy$，$f(\sqrt{2}, \sqrt{2}) = 2\mathrm{e}^2$。

3. 答案：(1) $\{(x, y) \mid y^2 - 2x + 1 > 0\}$；(2) $\{(x, y) \mid x + y > 0, \ x - y > 0\}$；
(3) $\{(x, y) \mid x \geqslant 0, \ y \geqslant 0, \ x^2 \geqslant y\}$；(4) $\{(x, y) \mid x - y > 0, \ 且\ x + y \geqslant 0\}$。

4. 答案：(1) 1；(2) $\ln 2$；(3) $-2$；(4) 2；(5) 2；(6) 0；(7) $+\infty$；(8) 0。

5. 答案：$\{(x, y) \mid y^2 - 2x = 0\}$。

6. 答案：略

7. 答案：(1) $\dfrac{\partial z}{\partial x} = 3x^2 y - y^3$，$\dfrac{\partial z}{\partial y} = x^3 - 3xy^2$

（2）$\dfrac{\partial s}{\partial u} = \dfrac{1}{v} - \dfrac{v}{u^2}$，$\dfrac{\partial s}{\partial v} = \dfrac{1}{u} - \dfrac{u}{v^2}$

（3）$\dfrac{\partial z}{\partial x} = \dfrac{1}{2x\sqrt{\ln(xy)}}$，$\dfrac{\partial z}{\partial y} = \dfrac{1}{2y\sqrt{\ln(xy)}}$

（4）$\dfrac{\partial z}{\partial x} = y\mathrm{e}^{xy} + 2xy$，$\dfrac{\partial z}{\partial y} = x\mathrm{e}^{xy} + x^2$

（5）$\dfrac{\partial z}{\partial x} = y\left[\cos(xy) - \sin(2xy)\right]$，$\dfrac{\partial z}{\partial y} = x\left[\cos(xy) - \sin(2xy)\right]$

（6）$\dfrac{\partial z}{\partial x} = \dfrac{2}{y}\csc\dfrac{2x}{y}$，$\dfrac{\partial z}{\partial y} = -\dfrac{2x}{y^2}\csc\dfrac{2x}{y}$

（7）$\dfrac{\partial z}{\partial x} = y^2(1 + xy)^{y-1}$，$\dfrac{\partial z}{\partial y} = (1 + xy)^y\left[\ln(1 + xy) + \dfrac{xy}{1 + xy}\right]$

（8）$\dfrac{\partial u}{\partial x} = \dfrac{y}{z}x^{\frac{y}{z}-1}$，$\dfrac{\partial u}{\partial y} = \dfrac{1}{z}x^{\frac{y}{z}}\ln x$，$\dfrac{\partial u}{\partial z} = -\dfrac{y}{z^2}x^{\frac{y}{z}}\ln x$

（9）$\dfrac{\partial u}{\partial x} = \dfrac{z(x - y)^{z-1}}{1 + (x - y)^{2z}}$，$\dfrac{\partial u}{\partial y} = -\dfrac{z(x - y)^{z-1}}{1 + (x - y)^{2z}}$，$\dfrac{\partial u}{\partial z} = \dfrac{(x - y)^z\ln(x - y)}{1 + (x - y)^{2z}}$

（10）$\dfrac{\partial z}{\partial x} = 5x^4 - 24x^3y^2$，$\dfrac{\partial z}{\partial y} = 6y^5 - 12x^4y$

（11）$\dfrac{\partial z}{\partial x} = \mathrm{e}^x(\cos y + x\sin y + \sin y)$，$\dfrac{\partial z}{\partial y} = \mathrm{e}^x(x\cos y - \sin y)$

（12）$\dfrac{\partial z}{\partial x} = \dfrac{1}{x + \ln y}$，$\dfrac{\partial z}{\partial y} = \dfrac{1}{y(x + \ln y)}$

8. 答案：略

9. 答案：$f_x(x, 1) = 1$

10. 答案：$\dfrac{1}{4}$

11. 答案：略

12. 答案：（1）$\dfrac{\partial^2 z}{\partial x^2} = 12x^2 - 8y^2$，$\dfrac{\partial^2 z}{\partial y^2} = 12y^2 - 8x^2$，$\dfrac{\partial^2 z}{\partial x\partial y} = -16xy$

（2）$\dfrac{\partial^2 z}{\partial x^2} = \dfrac{2xy}{(x^2 + y^2)^2}$，$\dfrac{\partial^2 z}{\partial y^2} = -\dfrac{2xy}{(x^2 + y^2)^2}$，$\dfrac{\partial^2 z}{\partial x\partial y} = \dfrac{y^2 - x^2}{(x^2 + y^2)^2}$

（3）$\dfrac{\partial^2 z}{\partial x^2} = y^x\ln^2 y$，$\dfrac{\partial^2 z}{\partial y^2} = x(x - 1)y^{x-2}$，$\dfrac{\partial^2 z}{\partial x\partial y} = y^{x-1}(1 + x\ln y)$

13. 答案：$f_{xx}(0, 0, 1) = 2$，$f_{xz}(1, 0, 2) = 2$，$f_{yz}(0, -1, 0) = 0$，$f_{zzx}(2, 0, 1) = 0$

14. 答案：$\dfrac{\partial z}{\partial x}\bigg|_{(1,1)} = 2xy|_{(1,1)} = 2$，$\dfrac{\partial z}{\partial y}\bigg|_{(2,1)} = x^2|_{(2,1)} = 4$，$\dfrac{\partial^2 z}{\partial x\partial y} = 2x$

15. 答案：$\dfrac{\partial z}{\partial x} = \mathrm{e}^{\frac{x}{y}}\dfrac{1}{y}$，$\dfrac{\partial z}{\partial y} = \mathrm{e}^{\frac{x}{y}}\left(-\dfrac{x}{y^2}\right)$，

$\dfrac{\partial^2 z}{\partial x\partial y} = \left(\mathrm{e}^{\frac{x}{y}}\dfrac{1}{y}\right)'_y = \mathrm{e}^{\frac{x}{y}}\left(-\dfrac{x}{y^2}\right)\dfrac{1}{y} + \mathrm{e}^{\frac{x}{y}}\left(-\dfrac{1}{y^2}\right) = -\dfrac{1}{y^2}\mathrm{e}^{\frac{x}{y}}\left(\dfrac{x}{y} + 1\right)$

16. 答案：$\dfrac{\partial z}{\partial x} = 3x^2\sin y - y\mathrm{e}^x$，$\dfrac{\partial z}{\partial y} = x^3\cos y - \mathrm{e}^x$　$\dfrac{\partial^2 z}{\partial x \partial y} = 3x^2\cos y - \mathrm{e}^x$

17. 答案：$\mathrm{d}u = \mathrm{d}x + \left(\dfrac{1}{2}\sin\dfrac{y}{2} - \dfrac{z}{y^2+z^2}\right)\mathrm{d}y + \dfrac{y}{y^2+z^2}\mathrm{d}z$.

18. 答案：（1）$\left(y + \dfrac{1}{y}\right)\mathrm{d}x + x\left(1 - \dfrac{1}{y^2}\right)\mathrm{d}y$；（2）$-\dfrac{1}{x}\mathrm{e}^{\frac{x}{x}}\left(\dfrac{y}{x}\mathrm{d}x - \mathrm{d}y\right)$；

（3）$\mathrm{d}z = y^x\ln y\,\mathrm{d}x + xy^{x-1}\mathrm{d}y$；（4）$\mathrm{d}z = -\dfrac{2y}{(x-y)^2}\mathrm{d}x + \dfrac{2x}{(x-y)^2}\mathrm{d}y$；

（5）$-\dfrac{x}{(x^2+y^2)^{\frac{3}{2}}}(y\mathrm{d}x - x\mathrm{d}y)$；（6）$yzx^{yz-1}\mathrm{d}x + zx^{yz}\ln x\,\mathrm{d}y + yx^{yz}\ln x\,\mathrm{d}z$。

19. 答案：$\dfrac{\partial z}{\partial x} = \mathrm{e}^{\sin(xy)}\cos(xy)y$，$\dfrac{\partial z}{\partial y} = \mathrm{e}^{\sin(xy)}\cos(xy)x$，

$\mathrm{d}z = \mathrm{e}^{\sin(xy)}\cos(xy)y\,\mathrm{d}x + \mathrm{e}^{\sin(xy)}\cos(xy)x\,\mathrm{d}y$

20. 答案：$\dfrac{\partial z}{\partial x} = \dfrac{1}{1+(xy)^2}y = \dfrac{y}{1+(xy)^2}$，$\dfrac{\partial z}{\partial y} = \dfrac{1}{1+(xy)^2}x = \dfrac{x}{1+(xy)^2}$，

$\mathrm{d}z = \dfrac{y\mathrm{d}x}{1+(xy)^2} + \dfrac{x\mathrm{d}y}{1+(xy)^2}$

21. 答案：$\dfrac{1}{3}\mathrm{d}x + \dfrac{2}{3}\mathrm{d}y$

22. 答案：$\dfrac{4}{21}\mathrm{d}x + \dfrac{8}{21}\mathrm{d}y$

23. 答案：$0.25\mathrm{e}$

24. 答案：

$\dfrac{\mathrm{d}z}{\mathrm{d}x} = (2x+y)^{x+2y}\left(\dfrac{2(x+2y)}{2x+y} + \ln(2x+y)\right)$，$\dfrac{\mathrm{d}z}{\mathrm{d}y} = (2x+y)^{x+2y}\left(\dfrac{(x+2y)}{2x+y} + 2\ln(2x+y)\right)$

25. 答案：$\mathrm{d}u\big|_{(1,1,1)} = -\mathrm{d}x + 2\mathrm{d}y + \mathrm{d}z$

26. 答案：$\dfrac{\partial z}{\partial x} = 4x$，$\dfrac{\partial z}{\partial y} = 4y$

27. 答案：

$\dfrac{\partial z}{\partial x} = \dfrac{2x}{y^2}\ln(3x-2y) + \dfrac{3x^2}{(3x-2y)y^2}$；$\dfrac{\partial z}{\partial y} = -\dfrac{2x^2}{y^3}\ln(3x-2y) - \dfrac{2x^2}{(3x-2y)y^2}$

28. 答案：$\mathrm{e}^{\sin t - 2t^3}(\cos t - 6t^2)$

29. 答案：$\dfrac{3(1-4t^2)}{\sqrt{1-(3t-4t^3)^2}}$

30. 答案：$\dfrac{\mathrm{e}^x(1+x)}{1+x^2\mathrm{e}^{2x}}$

31. 答案：$\mathrm{e}^{ax}\sin x$

32. 答案：略

33. 答案：$\dfrac{\mathrm{d}z}{\mathrm{d}t} = z'_x x'_t + z'_y y'_t = 3\mathrm{e}^{3x+2y}(-\sin t) + 2\mathrm{e}^{3x+2y}(2t)$

$$= (-3\sin t + 4t) \, e^{3x+2y} = e^{3\cos t + 2t^2} (-3\sin t + 4t) \text{ 或}$$

$$z = e^{3\cos t + 2t^2}, \quad \frac{dz}{dt} = e^{3\cos t + 2t^2} (-3\sin t + 4t)$$

34. 答案：$\left. \dfrac{\partial z}{\partial y} \right|_{(1,2)} = x^2 y^{x^2-1} + e^{xy} x \Big|_{(1,2)} = 1 + e^2$

35. 答案：$\dfrac{\partial z}{\partial x} = y e^{x+y^2} + xy e^{x+y^2} + \dfrac{1}{y^2} \cos \dfrac{x}{y^2}$，$\dfrac{\partial z}{\partial y} = x e^{x+y^2} + 2xy^2 e^{x+y^2} - \dfrac{2x}{y^3} \cos \dfrac{x}{y^2}$

36. 答案：（1）$\dfrac{\partial u}{\partial x} = 2x f_1' + y e^{xy} f_2'$，$\dfrac{\partial u}{\partial y} = -2y f_1' + x e^{xy} f_2'$

（2）$\dfrac{\partial u}{\partial x} = \dfrac{1}{y} f_1'$，$\dfrac{\partial u}{\partial y} = -\dfrac{x}{y^2} f_1' + \dfrac{1}{z} f_2'$，$\dfrac{\partial u}{\partial z} = -\dfrac{y}{z^2} f_2'$

（3）$\dfrac{\partial u}{\partial x} = f_1' + y f_2' + yz f_3'$，$\dfrac{\partial u}{\partial y} = x f_2' + xz f_3'$，$\dfrac{\partial u}{\partial z} = xy f_3'$

37. 答案：略

38. 答案：略

39. 答案：$\dfrac{\partial z}{\partial x} = y \left[ f\left(\dfrac{y}{x}\right) + x f'\left(\dfrac{y}{x}\right) \left(-\dfrac{y}{x^2}\right) \right] = y f\left(\dfrac{y}{x}\right) - f'\left(\dfrac{y}{x}\right) \dfrac{y^2}{x}$

$$\frac{\partial z}{\partial y} = x \left[ f\left(\frac{y}{x}\right) + y f'\left(\frac{y}{x}\right) \frac{1}{x} \right] = x f\left(\frac{y}{x}\right) + y f'\left(\frac{y}{x}\right)$$

$$x \frac{\partial z}{\partial x} + y \frac{\partial z}{\partial y} = 2xy f\left(\frac{y}{x}\right) = 2z$$

40. 答案：（1）$\dfrac{\partial^2 z}{\partial x^2} = y^2 f_{11}''$；$\dfrac{\partial^2 z}{\partial x \partial y} = f_1' + y\ (x f_{11}'' + f_{12}'')$；$\dfrac{\partial^2 z}{\partial y^2} = x^2 f_{11}'' + 2x f_{12}'' + f_{22}''$

（2）$\dfrac{\partial^2 z}{\partial x^2} = f_{11}'' + \dfrac{2}{y} f_{12}'' + \dfrac{1}{y^2} f_{22}''$；$\dfrac{\partial^2 z}{\partial x \partial y} = -\dfrac{x}{y^2}(f_{12}'' + \dfrac{1}{y} f_{22}'') - \dfrac{1}{y^2} f_2'$；$\dfrac{\partial^2 z}{\partial y^2} = \dfrac{2x}{y^3} f_2' + \dfrac{x^2}{y^4} f_{22}''$

（3）$\dfrac{\partial^2 z}{\partial x^2} = 2y f_2' + y^4 f_{11}'' + 4xy^3 f_{12}'' + 4x^2 y^2 f_{22}''$；

$$\frac{\partial^2 z}{\partial x \partial y} = 2y f_1' + 2x f_2' + 2xy^3 f_{11}'' + 2x^3 y f_{22}'' + 5x^2 y^2 f_{12}''$$

$$\frac{\partial^2 z}{\partial y^2} = 2x f_1' + 4x^2 y^2 f_{11}'' + 4x^3 y f_{12}'' + x^4 f_{12}''$$

41. 答案：$\dfrac{\partial^2 z}{\partial x^2} = 2f' + 4x^2 f''$，$\dfrac{\partial^2 z}{\partial x \partial y} = 4xy f''$，$\dfrac{\partial^2 z}{\partial y^2} = 2f' + 4y^2 f''$

42. 答案：（1）$\dfrac{y^2 - e^x}{\cos y - 2xy}$；（2）$\dfrac{x+y}{x-y}$；（3）$\dfrac{y(x\ln y - y)}{x(y\ln x - x)}$；

（4）$\dfrac{\partial z}{\partial x} = \dfrac{yz - \sqrt{xyz}}{\sqrt{xyz} - xy}$，$\dfrac{\partial z}{\partial y} = \dfrac{xz - 2\sqrt{xyz}}{\sqrt{xyz} - xy}$；（5）$\dfrac{\partial z}{\partial x} = \dfrac{z}{x+z}$，$\dfrac{\partial z}{\partial y} = \dfrac{z^2}{y(x+z)}$。

43. 答案：略

44. 答案：略

45. 答案：略

46. 答案：略

47. 答案：$\left.\dfrac{\partial u}{\partial x}\right|_{(0,1,-1)} = 5$

48. 答案：$\dfrac{2y^2 z\mathrm{e}^z - 2xy^3 z - y^2 z^2 \mathrm{e}^z}{(\mathrm{e}^z - xy)^3}$

49. 答案：$\dfrac{z(z^4 - 2xyz^2 - x^2 y^2)}{(z^2 - xy)^3}$

50. 答案：$\dfrac{\partial^2 z}{\partial x \partial y} = \dfrac{(3z^2 - 2)^2 - 6z(y-1)(x-2y)}{(3z^2 - 2)^3}$

51. 答案：$\dfrac{\partial^2 z}{\partial x^2} = \dfrac{-4y^2 \mathrm{e}^z}{(\mathrm{e}^z - 1)^3}$，$\dfrac{\partial^2 z}{\partial x \partial y} = \dfrac{2(\mathrm{e}^z - 1)^2 - 4xy\mathrm{e}^z}{(\mathrm{e}^z - 1)^3}$

52. 答案：略

53. 答案：$\dfrac{x}{y}\dfrac{\partial^2 f}{\partial x^2} - 2\dfrac{\partial^2 f}{\partial x \partial y} + \dfrac{y}{x}\dfrac{\partial^2 f}{\partial y^2} = -2\mathrm{e}^{-x^2 y^2}$

54. 答案：0

55. 答案：

（1）切线方程：$\dfrac{x - \frac{1}{2}}{1} = \dfrac{y - 2}{-4} = \dfrac{z - 1}{8}$，法平面方程：$2x - 8y + 16z - 1 = 0$

（2）切线方程：$\dfrac{x - x_0}{1} = \dfrac{y - y_0}{\frac{m}{y_0}} = \dfrac{z - z_0}{-\frac{1}{2z_0}}$，

法平面方程：$(x - x_0) + \dfrac{m}{y_0}(y - y_0) - \dfrac{1}{2z_0}(z - z_0) = 0$

（3）答案：$P_1(-1, 1, -1)$ 和 $P_2\left(-\dfrac{1}{3}, \dfrac{1}{9}, -\dfrac{1}{27}\right)$

（4）答案：切线方程：$\dfrac{x - 4}{1} = \dfrac{y - 8}{1} = \dfrac{z - 16}{8}$，法平面方程：$x + y + 8z = 140$

（5）答案：$(0, 0, 0)$ 和 $(-2, -4, -8)$

（6）答案：切平面方程：$x + 2y - 4 = 0$，法线方程：$\begin{cases} \dfrac{x - 2}{1} = \dfrac{y - 1}{2} \\ z = 0 \end{cases}$

（7）答案：切平面方程：$ax_0 x + by_0 y + cz_0 z = 1$，

法线方程：$\dfrac{x - x_0}{ax_0} = \dfrac{y - y_0}{by_0} = \dfrac{z - z_0}{cz_0}$

（8）答案：略

（9）答案：切平面方程：$(x - 2) + (2 - 2\mathrm{e})(y + 1) + 2\mathrm{e}z = 0$，

法线方程：$x - 2 = \dfrac{y + 1}{2 - 2\mathrm{e}} = \dfrac{z}{2\mathrm{e}}$

（10）答案：（－1，1，1）

56. 答案：极大值：$f(2，-2) = 8$

57. 答案：极小值：13

58. 答案：极大值：$f(3，2) = 36$

59. 答案：极小值：$f\left(\dfrac{1}{2}，-1\right) = -\dfrac{e}{2}$

60. 答案：极小值：$f(2，-1) = -1$

61. 答案：此函数无极值

62. 答案：极大值：$z\left(\dfrac{1}{2}，\dfrac{1}{2}\right) = \dfrac{1}{4}$

63. 答案：极大值和极小值分别为：$f\left(\dfrac{1}{3}，-\dfrac{2}{3}，\dfrac{2}{3}\right) = 3$，$f = f\left(-\dfrac{1}{3}，\dfrac{2}{3}，-\dfrac{2}{3}\right) = -3$

64. 答案：极小值：$z = \dfrac{a^2 b^2}{a^2 + b^2}$

65. 答案：当两边都是$\dfrac{l}{\sqrt{2}}$时，可得最大的周长

66. 答案：当长、宽都是$\sqrt[3]{2k}$，而高为$\dfrac{1}{2}\sqrt[3]{2k}$时，表面积最小

67. 答案：$\left(\dfrac{8}{5}，\dfrac{16}{5}\right)$

68. 答案：$x = y = z = \sqrt[3]{a}$，这时它们的平方和为最小

69. 答案：$x = 3$，$y = -1$ 时面积取到最大值9

70. 答案：（1）$x_1 = 0.75$（万元），$x_2 = 1.25$（万元）；（2）$x_1 = 0$，$x_2 = 1.5$（万元）

71. 答案：$p_1 = 80$，$p_2 = 120$，利润 $L = 605$

72. 答案：$p = 21$，$q = 28$

73. 答案：$x = 525$，$y = 475$

74. 答案：（1）产品的产量分别为4000只和3000只时利润最大，最大利润为$L(4，3) = 37$（单位）

（2）产品的产量分别为3200只和2800只时利润最大，最大利润为$L(3.2，2.8) = 3.2$（单位）

## C 类

1. 答案：$8\pi(5 - \sqrt{2}) < I < 8\pi(5 + \sqrt{2})$；2. 答案：$\dfrac{1}{e}$；3. 答案：0；

4. 答案：（1）$\displaystyle\int_0^1 dx \int_{x-1}^{1-x} f(x，y) dy$ 或 $\displaystyle\int_{-1}^0 dy \int_0^{1+y} f(x，y) dx + \int_0^1 dy \int_0^{1-y} f(x，y) dx$；

（2）$\displaystyle\int_1^3 dx \int_x^{3x} f(x，y) dy$ 或 $\displaystyle\int_1^3 dy \int_1^y f(x，y) dx + \int_3^9 dy \int_{\frac{y}{3}}^3 f(x，y) dx$；

$(3)$ $\int_3^5 \mathrm{d}x \int_{\frac{3x+1}{2}}^{\frac{3x+4}{2}} f(x,y)\mathrm{d}y$ 或 $\int_5^{6\frac{1}{2}} \mathrm{d}y \int_3^{\frac{2y-1}{3}} f(x,y)\mathrm{d}x + \int_{6\frac{1}{2}}^8 \mathrm{d}y \int_{\frac{2y-4}{3}}^{\frac{2y-1}{3}} f(x,y)\mathrm{d}x + \int_8^{9\frac{1}{2}} \mathrm{d}y \int_{\frac{2y-4}{3}}^5 f(x,y)\mathrm{d}x;$

$(4)$ $\int_{-\sqrt{2}}^{\sqrt{2}} \mathrm{d}x \int_{x^2}^{4-x^2} f(x,y)\mathrm{d}y$ 或 $\int_0^2 \mathrm{d}y \int_{-\sqrt{y}}^{\sqrt{y}} f(x,y)\mathrm{d}x + \int_2^4 \mathrm{d}y \int_{-\sqrt{4-y}}^{\sqrt{4-y}} f(x,y)\mathrm{d}x;$

$(5)$ $\int_0^4 \mathrm{d}x \int_{3-\sqrt{4x-x^2}}^{3+\sqrt{4x-x^2}} f(x,y)\mathrm{d}y$ 或 $\int_1^5 \mathrm{d}y \int_{2-\sqrt{4-(y-3)^2}}^{2+\sqrt{4-(y-3)^2}} f(x,y)\mathrm{d}x。$

5. 答案：$(1)$ $1$；$(2)$ $\frac{1}{2}(1-\cos 1)$；$(3)$ $\mathrm{e}^{-\frac{1}{2}}$。

6. 答案：$(1)$ $\int_0^1 \mathrm{d}x \int_{x^2}^x f(x,y)\mathrm{d}y$；$(2)$ $\int_0^1 \mathrm{d}y \int_{\mathrm{e}^y}^{\mathrm{e}} f(x,y)\mathrm{d}x$；$(3)$ $\int_0^1 \mathrm{d}y \int_{-\sqrt{1-y^2}}^{\sqrt{1-y^2}} f(x,y)\mathrm{d}x$；

$(4)$ $\int_0^1 \mathrm{d}y \int_y^{2-y} f(x,y)\mathrm{d}x$；$(5)$ $\int_0^1 \mathrm{d}y \int_{\sqrt{y}}^{3-2y} f(x,y)\mathrm{d}x。$

7. 答案：$(1)$ $\frac{76}{3}$；$(2)$ $-2$；$(3)$ $9$；$(4)$ $\frac{33}{140}$；$(5)$ $\frac{6}{55}$；$(6)$ $10-\frac{\ln 3}{2}$；$(7)$ $8$；

$(8)$ $2$；$(9)$ $\frac{27}{64}$；$(10)$ $1-\sin 1$

8. 答案：

$(1)$ $\int_0^1 \mathrm{d}y \int_{\frac{y^2}{2}}^{\sqrt{3-y^2}} f(x,y)\mathrm{d}x = \int_0^{\frac{1}{2}} \mathrm{d}x \int_0^{\sqrt{2x}} f(x,y)\mathrm{d}y + \int_{\frac{1}{2}}^{\sqrt{2}} \mathrm{d}x \int_0^1 f(x,y)\mathrm{d}y + \int_{\sqrt{2}}^{\sqrt{3}} \mathrm{d}x \int_0^{\sqrt{3-x^2}} f(x,y)\mathrm{d}y;$

$(2)$ $\int_0^1 \mathrm{d}y \int_{-\sqrt{2-y^2}}^y f(x,y)\mathrm{d}x = \int_{-\sqrt{2}}^{-1} \mathrm{d}x \int_0^{\sqrt{2-x^2}} f(x,y)\mathrm{d}y + \int_{-1}^0 \mathrm{d}x \int_0^1 f(x,y)\mathrm{d}y + \int_0^1 \mathrm{d}x \int_x^1 f(x,y)\mathrm{d}y;$

$(3)$ $\int_0^1 \mathrm{d}x \int_0^{x^2} f(x,y)\mathrm{d}y + \int_1^3 \mathrm{d}x \int_0^{\frac{3-x}{2}} f(x,y)\mathrm{d}y = \int_0^1 \mathrm{d}y \int_{\sqrt{y}}^{3-2y} f(x,y)\mathrm{d}x;$

$(4)$ $\int_{\frac{1}{2}}^1 \mathrm{d}y \int_{\frac{1}{y}}^2 f(x,y)\mathrm{d}x + \int_1^2 \mathrm{d}y \int_y^2 f(x,y)\mathrm{d}x = \int_1^2 \mathrm{d}x \int_{\frac{1}{x}}^x f(x,y)\mathrm{d}y。$

9 答案：$\iint_D f(x,y)\mathrm{d}x\mathrm{d}y = \int_0^{\frac{\pi}{2}} \mathrm{d}\theta \int_0^{2R\sin\theta} f(r\cos\theta,\ r\sin\theta)r\mathrm{d}r$

10. 答案：$(1)$ $\int_0^{\frac{\pi}{2}} \mathrm{d}\theta \int_0^{2R\sin\theta} f(r\cos\theta,\ r\sin\theta)r\mathrm{d}r$；$(2)$ $\frac{\pi}{2}\int_0^R f(r^2)r\mathrm{d}r$；

$(3)$ $\int_0^{\frac{\pi}{2}} \mathrm{d}\theta \int_0^{a\sin 2\theta} f(r\cos\theta,\ r\sin\theta)r\mathrm{d}r$；$(4)$ $\frac{R^2}{2}\int_0^{\arctan R} f(\tan\theta)\mathrm{d}\theta。$

11. 答案：$\int_0^a \mathrm{d}x \int_0^x \sqrt{x^2+y^2}\mathrm{d}y = \int_0^{\frac{\pi}{4}} \mathrm{d}\theta \int_0^{a\sec\theta} r^2\mathrm{d}r。$

12. 答案：$(1)$ $\iint_D \sqrt{x^2+y^2}\mathrm{d}x\mathrm{d}y = \int_0^{2\pi} \mathrm{d}\theta \int_a^b r^2\mathrm{d}r = \theta\big|_0^{2\pi}\cdot\frac{r^3}{3}\bigg|_a^b = \frac{2\pi(b^3-a^3)}{3}$

$(2)$ $\iint_D \sin\sqrt{x^2+y^2}\,dxdy = \int_0^{2\pi}d\theta\int_\pi^{2\pi}\sin r\,rdr = \theta\big|_0^{2\pi}\cdot\big[-\int_\pi^{2\pi}rd(\cos r)\big] = 2\pi(-r\cos r\big|_\pi^{2\pi} +$

$\int_\pi^{2\pi}\cos r\,dr) = 2\pi(-r\cos r\big|_\pi^{2\pi} + \int_\pi^{2\pi}\cos r\,dr) = 2\pi(-2\pi-\pi+\sin r\big|_\pi^{2\pi}) = -6\pi^2$

$(3)$ $\iint_D(x^2+y^2)\,dxdy = \int_0^{2\pi}d\theta\int_0^a r^2rdr = \theta\big|_0^{2\pi}\cdot\dfrac{r^4}{4}\Big|_0^a = \dfrac{\pi a^4}{2}$

$(4)$ $\iint_D e^{-(x^2+y^2)}\,dxdy = \int_0^{2\pi}d\theta\int_0^2 e^{-r^2}rdr = 2\pi\Big(-\dfrac{1}{2}\Big)\int_0^2 e^{-r^2}d(-r^2) = -\pi e^{-r^2}\big|_0^2 = \pi(1-e^{-4})$

$(5)$ $\iint_D \ln\sqrt{(x^2+y^2)}\,d\sigma = \int_0^{2\pi}d\theta\int_1^e r\ln rdr = \dfrac{1}{2}\int_0^{2\pi}d\theta\int_1^e \ln rd(r^2) = \dfrac{1}{2}\int_0^{2\pi}d\theta\big[r^2\ln r\big|_1^e -$

$\int_1^e r^2\dfrac{1}{r}dr\big] = \dfrac{1}{2}\int_0^{2\pi}\Big(e^2 - \dfrac{e^2-1}{2}\Big)d\theta = \dfrac{1}{4}\int_0^{2\pi}(e^2+1)d\theta = \dfrac{\pi(e^2+1)}{2}$

$(6)$ $\iint_D xy\,d\sigma = \int_0^{\frac{\pi}{3}}d\theta\int_1^{2\cos\theta}r\cos\theta r\sin\theta rdr = \int_0^{\frac{\pi}{3}}\cos\theta\sin\theta\dfrac{r^4}{4}\Big|_1^{2\cos\theta}d\theta$

$= 4\int_0^{\frac{\pi}{3}}\cos^5\theta\sin\theta d\theta - \dfrac{1}{4}\int_0^{\frac{\pi}{3}}\cos\theta\sin\theta d\theta = -4\dfrac{\cos^6\theta}{6}\Big|_0^{\frac{\pi}{3}} - \dfrac{1}{4}\dfrac{\sin^2\theta}{2}\Big|_0^{\frac{\pi}{3}} = \dfrac{18}{32}。$

13. 答案：$\iint_D|y-x|\,dxdy = \int_0^1 dx\int_x^1(y-x)dy + \int_0^1 dx\int_0^x(x-y)dy = \int_0^1\big[y^2/2 - xy\big]_x^1 dx +$

$\int_0^1\big[xy - y^2/2\big]_0^x dx = 1/6 + 1/6 = 1/3$

14. 答案：$\iint_{x^2+y^2\leq4}|x^2+y^2-1|\,d\sigma = \iint_{x^2+y^2\leq1}(1-x^2-y^2)d\sigma + \iint_{1\leq x^2+y^2\leq4}(x^2+y^2-1)d\sigma$

$= \iint_{x^2+y^2\leq1}(1-x^2-y^2)d\sigma + \iint_{1\leq x^2+y^2\leq4}(x^2+y^2-1)d\sigma$

$= \int_0^{2\pi}d\theta\int_0^1(1-r^2)rdr + \int_0^{2\pi}d\theta\int_1^2(r^2-1)rdr$

$= 2\pi\int_0^1(1-r^2)rdr + 2\pi\int_1^2(r^2-1)rdr$

$= 2\pi\Big(\dfrac{r^2}{2} - \dfrac{r^4}{4}\Big)\Big|_0^1 + 2\pi\Big(\dfrac{r^4}{4} - \dfrac{r^2}{2}\Big)\Big|_1^2 = 5\pi$

15. 答案：$S = \iint_D dxdy = \int_{-1}^2 dx\int_{x^2}^{x+2}dy = \dfrac{9}{2}$

16. 答案：$S = \iint_D dxdy = \int_{-1}^2 dy\int_{y^2}^{y+2}dx = \dfrac{9}{2}$

17. 答案：$V = \iint_D(3-x-y)dxdy = \int_0^{2\pi}d\theta\int_0^1(3-r\cos\theta-r\sin\theta)rdr$

$= \int_0^{2\pi}\Big(\dfrac{3}{2} - \dfrac{1}{3}\cos\theta - \dfrac{1}{3}\sin\theta\Big)d\theta = 3\pi$

18. 答案：$V = \iint_D(1+x+y)dxdy = \int_0^1 dx\int_0^{1-x}(1+x+y)dy$

$= \int_0^1\Big[1-x^2 + \dfrac{1}{2}(1-x)^2\Big]dx = \dfrac{5}{6}$

19. 答案：$V = \iint_D [(2-x^2) - (x^2 + 2y^2)]\mathrm{d}x\mathrm{d}y = 2\int_0^{2\pi}\mathrm{d}\theta\int_0^1(1-r^2)r\mathrm{d}r = \pi$

20. 答案：$\dfrac{4}{3}a^3\left(\dfrac{\pi}{2} - \dfrac{2}{3}\right)$。

## 第 7 章 习题答案

**A 类**

1. 答案：发散

2. 答案：发散

3. 答案：$|q| < 1$，$|q| \geqslant 1$

4. 答案：$u_n = \dfrac{1}{(5n-4)(5n+1)}$

5. 答案：（1）发散；（2）发散；（3）发散；（4）收敛；（5）收敛

6. 答案：（1）收敛；（2）收敛；（3）收敛

7. 答案：（1）收敛，$\dfrac{1}{4}$；（2）收敛，$-\ln 2$；（3）收敛，$\dfrac{2}{2-\ln 3}$

**B 类**

1. 答案：（1）收敛；（2）收敛；（3）收敛；（4）发散；（5）收敛；（6）收敛

2. 答案：（1）发散；（2）发散；（3）收敛；（4）发散；

（5）当 $p > 1$ 时收敛，$p \leqslant 1$ 时发散；（6）当 $a > 1$ 时收敛，$a \leqslant 1$ 时发散；

（7）发散；（8）发散；（9）收敛；（10）收敛；（11）发散；（12）发散

3. 答案：（1）收敛；（2）收敛；（3）收敛；（4）收敛；（5）发散；（6）收敛；

（7）发散；（8）收敛

4. 答案：（1）发散；（2）发散；（3）发散；（4）发散；（5）收敛；（6）收敛；

（7）发散；（8）发散；（9）收敛；（10）收敛；（11）发散

5. 答案：（1）绝对收敛；（2）发散；（3）绝对收敛；（4）绝对收敛；（5）绝对收敛；

（6）发散；（7）绝对收敛；（8）绝对收敛；（9）绝对收敛；（10）条件收敛；

（11）条件收敛；（12）条件收敛

**C 类**

1. 答案：（1）1，$(-1, 1)$；（2）$x = 0$；（3）$\infty$，$(-\infty, +\infty)$；（4）1，$(2, 4)$；

（5）1，$[4, 6)$；（6）1，$(-2, 0]$；（7）1，$(0, 2]$；（8）1，$[-1, 1]$；

（9）$\dfrac{2}{3}$，$\left[-1, \dfrac{1}{3}\right)$；（10）$\sqrt{2}$，$(-\sqrt{2}, \sqrt{2})$；（11）1，$(-1, 1]$；

(12) $+\infty$, $(-\infty, +\infty)$; (13) $x=0$; (14) 1, $[-2, 0]$

2. 答案：(1) $\dfrac{1}{(1-x)^2}$；(2) $\dfrac{2+x^2}{(2-x^2)^2}$，3；(3) $\arctan x$，$-\dfrac{\sqrt{3}}{2}\arctan\dfrac{\sqrt{3}}{2}$；

(4) $e^x$；(5) $\ln(1-x)$；(6) $\arctan x$；(7) $\cos x$；(8) $\sin x$；(9) $\dfrac{1}{(1-x)^2}$

3. 答案：$\dfrac{5}{2}$，$\left[-\dfrac{5}{2}, \dfrac{5}{2}\right)$

4. 答案：$(-\sqrt{3}, \sqrt{3})$

## D 类

1. 答案：(1) $\ln(e+x) = 1 + \displaystyle\sum_{n=0}^{\infty} \dfrac{(-1)^n}{(n+1)e^{n+1}}x^{n+1}$，$x \in (-e, e)$；

(2) $\ln(1+x) = \displaystyle\sum_{n=1}^{\infty} (-1)^{n-1}\dfrac{x^n}{n}$，$x \in (-1, 1]$；

(3) $xe^{-x} = \displaystyle\sum_{n=0}^{\infty} (-1)^n \dfrac{x^{n+1}}{n!}$，$x \in (-\infty, +\infty)$；

(4) $\arcsin x = x + \displaystyle\sum_{n=1}^{\infty} \dfrac{(2n-1)!!}{(2n+1)(2n)!!}x^{2n+1}$，$x \in (-1, 1)$；

(5) $x\ln(1+x^2) = \displaystyle\sum_{n=1}^{\infty} (-1)^n \dfrac{x^{2n+1}}{n}$，$x \in [-1, 1]$；

(6) $\dfrac{x}{\sqrt{1+x^2}} = \displaystyle\sum_{n=0}^{\infty} (-1)^n \dfrac{(2n-1)!!}{2^n \cdot n!}x^{2n+1}$，$x \in (-1, 1)$

2. 答案：(1) $\dfrac{1}{x} = \displaystyle\sum_{n=0}^{\infty} (-1)^n(x-1)^n$，$x \in (0, 2)$；

(2) $\ln(2+x) = \ln 3 + \displaystyle\sum_{n=1}^{\infty} (-1)^{n-1}\dfrac{(x-1)^n}{n \cdot 3^n}$，$x \in [2, 4]$；

(3) $\dfrac{1}{3-x} = \displaystyle\sum_{n=0}^{\infty} \dfrac{(x-1)^n}{2^{n+1}}$，$x \in (-1, 3)$；

(4) $\lg x = \dfrac{1}{\ln 10} \displaystyle\sum_{n=1}^{\infty} (-1)^{n-1}\dfrac{(x-1)^n}{n}$，$x \in (0, 2]$；

(5) $\dfrac{1}{x^2+4x+3} = \displaystyle\sum_{n=0}^{\infty} (-1)^n \left(\dfrac{1}{2^{n+2}} - \dfrac{1}{2^{n+3}}\right)(x-1)^n$，$x \in (-1, 3)$

3. 答案：$\dfrac{1}{x^2} = \displaystyle\sum_{n=1}^{\infty} (-1)^{n-1}\dfrac{n}{2^{n+1}}(x-2)^{n-1}$ $(0 < x < 4)$

第 8 章 习题答案

**A 类**

1. 答案：

（1） $y \quad x \quad 2$；

（2） $y \quad x \quad 2$

2. 答案：

（1） 1 阶，线性；

（2） 2 阶，非线性；

（3） 1 阶，非线性；

（4） 2 阶，线性；

（5） 1 阶，非线性；

（6） 2 阶，非线性

3. 答案：

（1） 是；

（2） 是；

（3） 是；

（4） 是

4. 答案：

（1） $x = t \dfrac{\mathrm{d}x}{\mathrm{d}t} + \left( \dfrac{\mathrm{d}x}{\mathrm{d}t} \right)^2$；

（2） $\dfrac{\mathrm{d}^2 x}{\mathrm{d}t^2} - 2 \dfrac{\mathrm{d}x}{\mathrm{d}t} + 2x = 0$；

（3） $\dfrac{\mathrm{d}^2 x}{\mathrm{d}t^2} = \pm \left[ 1 + \left( \dfrac{\mathrm{d}x}{\mathrm{d}t} \right)^2 \right]^{3/2}$

5. 答案：$\dfrac{\mathrm{d}y}{\mathrm{d}x} = \dfrac{v_0}{ky(a-y)}$

6. 答案：$\left( x - \dfrac{y}{y'} \right)^2 + (y - xy')^2 = l^2$

7. 答案：微分方程为 $\dfrac{\mathrm{d}v}{\mathrm{d}t} = -kt \,(k > 0 \text{ 是常数})$，$v(120) = 5 \cdot \left( \dfrac{5}{3} \right)^{-6} \approx 0.233 \mathrm{m/s}$

**B 类**

1. 答案：

（1） $x = y^2 (C - \ln|y|)$，$y = 0$；

（2） $(1 + y^2)(1 + x^2) = Cx^2$，$C = \mathrm{e}^{2C_1}$，$C$，$C_1$ 为任意常数；

（3）$x^2y + y = C$；

（4）$x = \dfrac{y^3}{4} + \dfrac{C}{y}$，$y = 0$；

（5）$\dfrac{x}{y} - \dfrac{y^2}{2} = C$；

（6）$y^2 = 2Cx + C^2$

2. 答案：$\left| \left( x - \dfrac{y}{y'} \right) (y - xy') \right| = 2a^2$

3. 答案：通解：$y = \dfrac{1}{\ln|x+1| + C}$，$C = 1$，故满足初值条件 $x = 0$

4. 答案：

（1）$y = -\dfrac{1}{\sin x + C}$，$y = 0$；

（2）$e^{-4x} - 2e^{-2y} = C$；

（3）$y = \ln\left| \dfrac{x-1}{x+1} \right| + C$；

（4）$y = \dfrac{1 + Ce^x}{1 - Ce^x}$，$y = -1$；

（5）$y = \arctan(e^x + C)$，$y = k\pi + \dfrac{\pi}{2}$（$k$ 为任意整数）；

（6）$y^3 + e^y = \sin x + C$

5. 答案：

（1）$\arctan(x + y) = x + C$；

（2）$y = \arctan(x + y) + C$；

（3）$x^2 + y^2 - 2xy + 10x + 4y = C$；

（4）$\tan(6x + C) = \dfrac{2}{3}(x + 4y + 1)$；

（5）$(y^3 - 3x)^7 (y^3 + 2x) = C \cdot x^{15}$；

（6）$C(x^2 + y^2) = (x^2 - y^2 - 2)^5$

6. 答案：略

**C 类**

1. 答案：

（1）$y = C(x+1)^2 + \dfrac{2}{3}(x+1)^{\frac{7}{2}}$；

（2）$y = \dfrac{1}{x}(-\cos x + C)$；

（3）$y = \dfrac{e^x + C}{x}$；

（4）$x^3y + \dfrac{x^3}{3} - 2x^2 = C$；

（5）$y = C(x+1) + 1 + (x+1)\ln(x+1)$；

（6）$y = -\dfrac{1}{2} + Ce^{x^2}$

2. 答案：

（1）$y = \dfrac{3}{2}e^{\cos x - 1}$；

（2）$y = \dfrac{3}{2}e^{1-x^2} + \dfrac{1}{2}$；

（3）$y + e^y = \sin x + 2 + e^3$；

（4）$y = \sqrt{1 + 2x^2}$

3. 答案：该曲线方程为 $y = \sin(\arctan x)$

4. 答案：$y = Cx - x\ln|x|$

5. 答案：$m \cdot \dfrac{dv}{dt} = k_1 t - k_2 v$；　$v = \dfrac{mk_1}{k_2^2}e^{-\frac{k_2}{m}t} + \dfrac{k_1}{k_2}\left(t - \dfrac{m}{k_2}\right)$

6. 答案：$f(x) = \pm\dfrac{1}{\sqrt{2x}}$

7. 答案：方程的通解为 $x = \dfrac{1}{t}(C_1\sin t + C_2\cos t)$

# 参 考 文 献

［1］郑大川，董玉洲．高等数学．上册．高职高专及成人教育适用［M］．昆明：云南大学出版社，2007．

［2］李毅夫．高等数学［M］．北京：北方交通大学出版社，2004．

［3］韩旭里．高等数学教程．上册［M］．长沙：中南大学出版社，2000．

［4］范文祥．高等数学［M］．北京：中国电力出版社，2005．

［5］路建民．实用微积分［M］．北京：中国水利水电出版社，2007．

［6］刘士强．数学分析［M］．南宁：广西民族出版社，2000．

［7］赵更生，王学理，黄己立．高等数学（理工类）（下册）［M］．沈阳：东北大学出版社，2006．

［8］程国强，张宗超．高等数学［M］．西安：西北大学出版社，2008．

［9］戴立辉，陈光曙，徐辉．考研数学速记手册．经济类［M］．上海：同济大学出版社，2005．

［10］吴振奎．高等数学（微积分）复习及试题选讲［M］．北京：北京工业大学出版社，2005．

［11］陈凤平．高等数学1［M］．广州：华南理工大学出版社，2002．

［12］李心灿．高等数学［M］．北京：高等教育出版社，2003．

［13］白景富，刘严．新编高等数学．理工类［M］．大连：大连理工大学出版社，2003．

［14］郑长波．高等数学·通用模块．上册［M］．大连：大连理工大学出版社，2004．

［15］毛纲源．考研数学（数学三）常考题型及其解题方法技巧归纳［M］．武汉：华中科技大学出版社，2004．

［16］左艳芳，杨家坤．高等应用数学．上册［M］．昆明：云南大学出版社，2008．

［17］同济大学应用数学系主编．新世纪高级应用型人才培养系列教材：高等数学（上册）［M］．上海：同济大学出版社，2006．

［18］裴崇峻．经济数学基础［M］．长春：吉林大学出版社，2009．

［19］陈克东．高等数学［M］．重庆：重庆大学出版社，2002．

［20］合肥工业大学数学教研室．高等数学［M］．合肥：合肥工业大学出版社，2003．

［21］西北工业大学微积分教材编写组．经济数学基础——微积分［M］．兰州：西北工业大学出版社，2007．

［22］师其扬．微积分学［M］．天津：天津大学出版社，2003．

［23］上海大学理学院数学系．高等数学教程（中册）［M］．上海：上海大学出版社，2005．

［24］同济大学应用数学系．高等数学［M］．上海：同济大学出版社，2003．

［25］汪志宏，吴建国．高等数学知识点与典型例题解析［M］．北京：清华大学出版社，2005．

［26］师其扬．经济数学基础Ⅰ微积分学［M］．天津：天津大学出版社，2006．

［27］胡聪娥，宋晓新．高等数学［M］．郑州：河南大学出版社，2004．

［28］丁杰，高文杰．高等数学［M］．天津：天津大学出版社，2006．

［29］石德刚，李启培．新编高等数学讲义［M］．天津：天津大学出版社，2006．

［30］刘修生，夏恩德．高等数学．下册［M］．武汉：华中科技大学出版社，2002．

［31］毕燕丽．高等数学［M］．天津：天津大学出版社，2008．

［32］刘修生，程铭东．高等数学．下册［M］．武汉：华中科技大学出版社，2004．

［33］田立新．高等数学［M］．北京：北京理工大学出版社，1999．

［34］刘志刚，张喜娟，程贞敏，任征．微积分——经济应用数学［M］．北京：学苑出版社，2013．